国家生物安全出版工程

国家生物安全出版工程

—— 总主编 李生斌 沈百荣 ——

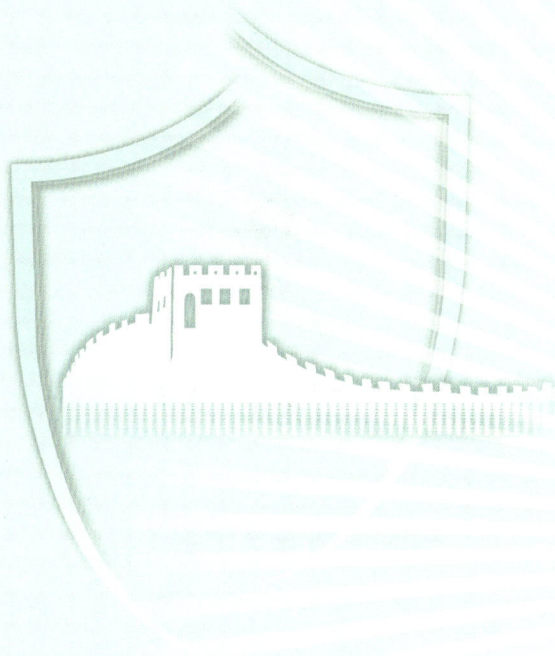

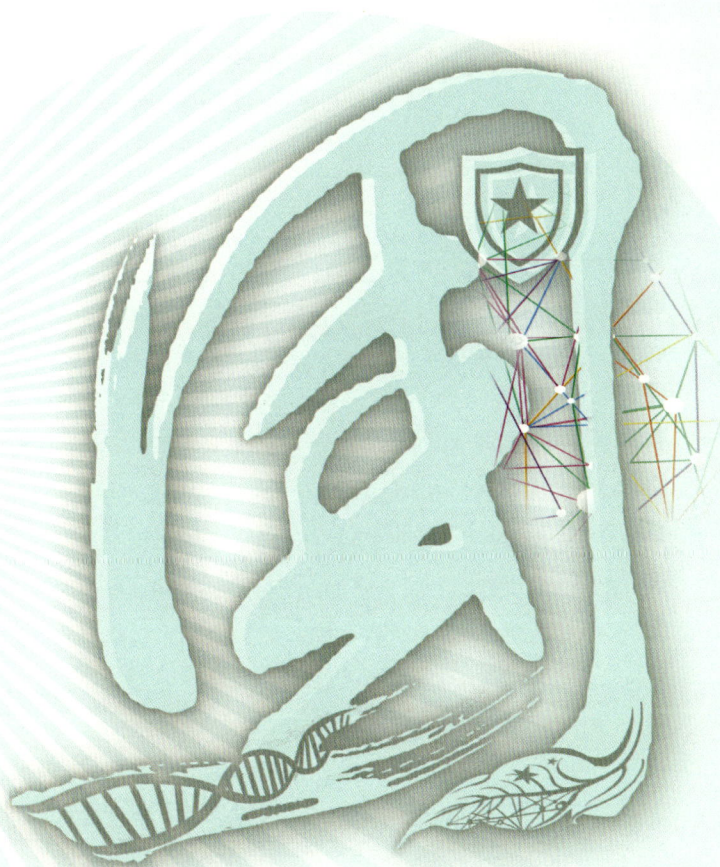

国家生物安全出版工程
—— 总主编 李生斌 沈百荣 ——

人类遗传资源保护与应用

主　编　张　建
副主编　赖江华　张　喆　路志勇

西安交通大学出版社
XI'AN JIAOTONG UNIVERSITY PRESS

图书在版编目(CIP)数据

人类遗传资源保护与应用/张建主编. — 西安：
西安交通大学出版社,2023.12
国家生物安全出版工程
ISBN 978-7-5693-3608-5

Ⅰ.①人… Ⅱ.①张… Ⅲ.①人类遗传学-种质资源
-资源保护-研究 Ⅳ.①Q987

中国国家版本馆 CIP 数据核字(2023)第 242081 号

RENLEI YICHUAN ZIYUAN BAOHU YU YINGYONG
书 名 人类遗传资源保护与应用
主 编 张 建
责任编辑 秦金霞
责任印制 张春荣 刘 攀
责任校对 肖 眉

出版发行 西安交通大学出版社
(西安市兴庆南路 1 号 邮政编码 710048)
网 址 http://www.xjtupress.com
电 话 (029)82668357 82667874(市场营销中心)
(029)82668315(总编办)
传 真 (029)82668280
印 刷 西安五星印刷有限公司

开 本 787mm×1092mm 1/16 印张 17 字数 346 千字
版次印次 2023 年 12 月第 1 版 2023 年 12 月第 1 次印刷
书 号 ISBN 978-7-5693-3608-5
定 价 198.00 元

如发现印装质量问题,请与本社市场营销中心联系。
订购热线:(029)82665248 (029)82667874
投稿热线:(029)82668805

编委会委员

（以姓氏笔画为序）

参编单位

安徽大学	河北大学
安徽科技学院	河北医科大学
百码科技(深圳)有限公司	华大基因
北京大学	华壹健康技术有限公司
北京航空航天大学	华壹健康医学检验实验室有限公司
北京警察学院	华中科技大学
北京市公安局	济宁医学院
滨州医学院	暨南大学
长安先导集团	嘉兴南湖学院
重庆市公安局	江苏大学
重庆医科大学	精密微纳制造技术全国重点实验室
大连理工大学	空天微纳系统教育部重点实验室
复旦大学	昆明医科大学
广东省毒品实验技术中心	南京医科大学
广州市第八人民医院	南通大学
广州市公安局	宁波市公安局
广州医科大学	清华大学
贵州医科大学	山东第一医科大学
国家生物安全证据基地	山东农业大学
国家卫生健康委法医学重点实验室	山西医科大学
海南大学	陕西省司法鉴定学会
海南医学院	陕西省医学会
海南政法职业学院	陕西省医学会生物安全分会
杭州锘崴信息科技有限公司	上海交通大学

上海市公安局

深圳大学

深圳华大基因科技有限公司

深圳市公安局

司法鉴定科学研究院

四川大学

四川大学华西医院

四川省公安厅

苏州大学

西安城市发展(集团)有限公司

西安交通大学

西安交通大学学报(医学版)第九届
　　编辑委员会

西安人才集团

西安市第三医院

西安市公安局

西安碳桢科技有限公司

西北工业大学

香港城市大学

新乡医学院

烟台大学

烟台市公安局

烟台市公共卫生临床中心

烟台业达医院

扬州大学

云南大学

云南省公安厅

浙江大学

浙江警察学院

中国电子技术标准化研究院

中国法医学会

中国疾病预防控制中心

中国科学院

中国科学院大学

中国人民公安大学

中国人民解放军军事科学院

中国人民解放军军事医学科学院

中国人民解放军空军军医大学

中国刑事警察学院

中国研究型医院学会

中国医科大学

中国医学科学院

中国政法大学

中华人民共和国公安部

中华人民共和国最高人民法院

中华人民共和国最高人民检察院

中南大学

中山大学

珠海市人民医院

国家出版基金项目
NATIONAL PUBLICATION FOUNDATION

《人类遗传资源保护与应用》
编委会

主　编
张　建

副主编
赖江华　张　喆　路志勇

编　委

国家生物安全出版工程

丛书总策划

刘夏丽

丛书总编辑

刘夏丽　李　晶　赵文娟

丛书编辑

刘夏丽　李　晶　赵文娟
秦金霞　张沛烨　郭泉泉
肖　眉　张永利　张家源

序 一
FOREWORD
国家生物安全出版工程

生物安全关注并解决全球、国家和地方规模的相关难题。这种跨学科的生物安全政策和科学方法,建立在人类、动物、植物和环境健康之间相互联系之上,以有效预防和减轻生物安全风险影响;同时提供一个综合视角和科学框架,来解决许多超越健康、农业和环境传统界限的生物安全风险。

面对全球生物安全风险的不断演变,我国政府高度重视生物安全体系建设,将生物安全纳入国家安全战略,积极推进多学科交叉整合和相关法律法规的制定与完善。生物安全内容涵盖了人类学、动物学、微生物学、植物学、基因组学、信息学、法医学、刑事科学、环境科学、人工智能、微纳传感、生物计算以及社会学、经济学等学科领域,主要用于调查和解决与生物安全风险相关活动、生物技术、药物滥用,以及生物威胁等问题,在确保全球公共卫生和安全方面发挥着至关重要的作用。因此,由国家出版基金资助,国家卫生健康委员会法医学重点实验室和国家生物安全证据基地牵头,联合西安交通大学、四川大学、中国科学院等90余所知名大学、科研机构的200余位专家共同编写了"国家生物安全出版工程"丛书。丛书共分 10 卷,包括《生物安全证据技术》《生物安全信息学》《生物安全多元数据与智能预警》《动物、植物与生物安全》《人类遗传资源保护与应用》《生物入侵与生态安全》《生物安全相关死亡的处理与应对》《生物安全威胁防控实践与进展》《实验室生物安全及规范管理》《法医微生物与生物安全》。

丛书统筹考虑国家生物安全涉及的各个要素间的关系,以生物安全证据为核心,探索生物安全智能分析、控制与预警应用,涉及相关技术、工具、算法等领域,包括生物溯源、生物分子分型、生物安全证据技术、生物威胁、死亡机制、遗传资源等方面。本项目首次较为系统地对生物安全证据方法、技术、标准以及教育科研等方面的研究进行了梳理,跟踪国内外生物安全证据与鉴定技术、科研、实验、标准的最新动向,为国家生物安全证据相关管理政策、技术标准的制定和立法评估等提供了技术支撑,也将成为在生物安全证据、司法鉴定、法医微生物等领域的新指南;有助于解决生物安全领域的争议或者纠纷事件,提供生物证据和预警依据,提升国家生物安全的防控能力,筑牢国家生物安全的防火墙。同时,书中关于建立微生物基因组分型的方法和技术,也将为确保全球公共卫生和生物安全方面发挥至关重要的作用。

丛书的编撰和出版,对于加快国家生物安全技术创新、保障生物科技健康发展、提升国家生物防御能力、防范生物安全事件、掌握未来生物技术、竞争制高点和有效维护国家安全具有重大意义。丛书审视当前国家生物安全的新特点,汇集整理了当今相关领域重要的研究数据,为后续研究提供了权威、可靠、较为全面的数据,为国家生物安全战略布局和进一步研究提供了重要参考。

在丛书编撰过程中,编写人员充分发挥了自己的专业优势,紧密结合国内外生物安全的最新动态,借鉴国际生物安全治理的经验,探讨了我国生物安全面临的风险与挑战,提出了切实可行的政策建议和管理措施。丛书不仅反映了我国生物安全领域的最新研究成果,也凝聚了所有编写人员的心血和智慧。

"国家生物安全出版工程"丛书的出版,不仅对提高全社会的生物安全意识、加强生物安全风险管理、促进生物技术健康发展具有重要意义,而且对推动我国生物安全领域的学术交流和人才培养、提升国家生物安全科技创新能力也将发挥积极作用。

我们期待这套丛书的出版能够为政府部门、科研机构、教育机构、法律司法机关以及广大读者提供一部了解生物安全、关注生物安全、参与生物安全的权威读本,为推动我国生物安全事业的发展、构建人类命运共同体贡献一份力量。

是为序。

2023 年 12 月 30 日

樊代明,中国工程院院士,美国医学科学院外籍院士,法国医学科学院外籍院士。

序 二
FOREWORD

　　生物安全是当今世界面临的重大挑战之一。它是健康－农业－环境的系统协同和演变的基础。应对生物安全的挑战,涉及人类、动物、植物、微生物、生态、科学、社会、立法、治理和专门人才等多个层面。为了应对这一挑战,我们亟须深入研究和了解生物安全及其相互作用因素之间的关联性、独立性、复杂性,并推动科学、技术和社会的协同发展,共同治理未来全球范围面临的生物安全风险。

　　"国家生物安全出版工程"丛书是一套包含 10 卷书的权威著作,涉及《中华人民共和国生物安全法》核心以及相关学术界的最新理论研究,旨在为读者提供全面的生物安全知识和研究成果。丛书涵盖了生物安全领域的多个层次,从遗传和细胞层面到社会和生态层面,从科学技术交叉融合到社会发展需要,凝聚了众多专家、学者的智慧贡献,致力于创新研究、跨学科和跨国合作及知识的交流和传播。

在新突发感染性疾病以及未知疾病等生物安全背景下,分子遗传和细胞层面的研究对于我们理解病原体的特性、传播途径和防控策略至关重要。"国家生物安全出版工程"丛书中的《生物安全证据技术研究》《生物安全信息学》和《生物安全多元数据与智能预警》分卷为读者提供了数据、信息和智能等最新技术在生物安全应对中的应用,帮助我们更好地预测、识别和应对生物安全威胁。在社会层面,生物安全问题不仅仅是对科学技术的挑战,更关系到社会发展,《动物、植物与生物安全》《人类遗传资源保护与应用》《生物入侵与生态安全》分卷探讨了生物安全与社会经济发展、生态平衡和人类福祉的关系,为我们建立可持续发展的生物安全框架提供理论指导和实践经验。《实验室生物安全及规范管理》《生物安全相关死亡的处理与应对》《生物安全威胁防控实践与进展》《法医微生物与生物安全》分卷则从具体的应用实践角度讨论生物安全在不同领域和社会生活中的具体问题及其应对措施。

科学技术交叉融合是推动生物安全领域创新的重要动力。"国家生物安全出版工程"丛书的编撰涉及生物学、信息学、医学、法学等多个学科的交叉,旨在促进不同领域之间的合作与交流,推动科学技术在生物安全领域的应用与发展。生物安全问题既是挑战,也是机遇。解决生物安全问题需要培养专业人才,提升国家的科技创新能力,推动新质生产力形成生物安全国家战略科技力量。

"国家生物安全出版工程"丛书为生物安全相关领域的人才培养提供了重要的参考和教材蓝本,可帮助读者了解生物安全领域的前沿知识和技能,培养创新思维和综合能力,为国家的生物安全事业贡献人才和智慧。在国家层面,生物安全已经成为国家战略的重要组成部分。保障国家安全和人民生命健康是国家的首要任务,而生物安全作为其中的重要方面,需要得到高度重视和有效管理。"国家生物安全出版工程"丛书将为政策制定者和决策者提供科学依据和政策建议,推动国家生物安全能力的提升和规范化建设。

生物安全学科作为新时代的重要学科方向,发展迅猛、日新月异。本套丛书是国内这一领域的一次开创性努力。由于我们在这一新领域的知识和视野有限,编写方面的疏漏和不当之处在所难免,恳请广大读者提出宝贵意见和建议,以期将来再版时修正。期待"国家生物安全出版工程"丛书的问世能促进生物安全知识的传播与交流,激发科技创新和社会发展的活力,推动国家生物安全事业迈上新的台阶。希望读者能够从中受到启发和获益,为构建安全、可持续的生物安全环境而共同努力!

2023 年 12 月

李生斌,国家卫生健康委法医学重点实验室主任,国家生物安全证据基地主任,欧洲科学与艺术学院院士。

沈百荣,四川大学华西医院疾病系统遗传研究院院长。

在科技飞速发展和经济全球化日益深入的今天,人类对于自身遗传和生物资源的认知与利用已经进入了一个全新的时代。这些资源不仅关系到每一个个体的合法权益和生命健康,更是国家生物安全的重要组成部分。在此背景下,《人类遗传资源保护与应用》一书的出版,无疑为我们提供了一个全面、深入研究和探讨这一领域的重要平台。这不仅为专业人士提供了宝贵资源,也为普通读者提供了拓宽视野的平台。

《中华人民共和国生物安全法》的颁布实施,为我国生物安全领域的法治建设奠定了坚实基础。作为生物安全的重要组成部分,人类遗传资源和生物资源的保护与应用,也需要在法治轨道上行稳致远。本书正是在这一背景下应运而生,旨在全面、系统地探讨人类遗传和生物资源的保护与利用问题,结合《中华人民共和国生物安全法》的相关规定,为相关领域的研究和实践提供有益参考。通过深入剖析人类遗传资源保护的重要性、面临的挑战、可行性策略等方面,以增强公众对生物安全的认识,提升生物资源保护和管理水平,促进人类遗传资源和生物资源的可持续利用。

生物安全是国家安全的重要组成部分,是维护人民健康和社会稳定的重要保障。在当前全球生物安全形势日益严峻的背景下,我们更加需要广大科技工作者积极投身其中,为保障国家生物安全和人民健康服务,共同推动我国生物安全事业的繁荣和发展。本书的编者为法庭科学领域默默奉献、勇于探索的优秀青年科技工作者,现在,我欣喜地看到他们积极投身于生物安全领域,希望他们能够以本书的出版为契机,充分发挥自身专业优势,为推动我国生物安全领域的科技创新和进步做出更大贡献。

　　人类遗传资源和生物资源的保护与应用是一项长期而艰巨的任务。希望通过本书的出版,能够引起更多人的关注和重视,共同推动我国人类遗传资源和生物资源保护与应用事业的健康发展。同时,我也期待与广大读者一起,共同探索和创新,为推动全球人类遗传和生物资源的科学保护、合理利用与可持续发展贡献智慧和力量。

2023 年 10 月 22 日

刘耀,中国工程院院士。

前言
PREFACE

随着对生物学和医学的深入研究,人类遗传资源和生物资源的重要性日益凸显。人类遗传资源是指与人类遗传特质相关的各类资源,既包括含有人体基因组、基因等遗传物质的器官、组织、细胞等遗传材料,也包括利用人类遗传资源材料产生的人类基因、基因组数据等信息资料。生物资源包括动物、植物和微生物的种质资源、基因和基因组数据等。这些资源对于农业、工业、医学等领域的研究和开发具有重要的意义,它们是研究生命规律、推动医学研究和促进新药创新的战略性、公益性、基础性资源。这些资源的保护和合理应用直接关系到我国生物安全,非法外流会对国民生命健康和国家安全造成负面影响。

然而,对遗传资源的采集、保藏、利用面临多方面的挑战和问题。为了维护国家安全,防范和应对生物安全风险,保障人民生命健康,保护生物资源和生态环境,促进生物技术健康发展,推动构建人类命运共同体,实现人与自然的和谐共生,中华人民共和国第十三届全国人民代表大会常务委员会第二十二次会议于2020年10月17日通过《中华人民共和国生物安全法》,并自2021年4月15日起施行,该法从法律层面阐释了生物安全的重要性。为了从遗传资源的专业技术角度讲述生物安全,共同宣传生物安全重要性,我们编写了这本书,为读者介绍遗传资源的基本概念、保护、开发与应用等方面的知识。

　　本书内容包括绪论、人类遗传资源、人类遗传资源的开发与应用、人类遗传资源的保护、生物资源的保护与应用、遗传资源研究应用的伦理原则、遗传资源开发应用的法规及国际公约 7 个章节。我们希望通过本书的编写,能够为读者提供系统、全面的遗传资源保护与应用的信息和知识,促进相关领域的发展和进步。

　　在本书的编写过程中,我们充分考虑了读者的需求和接受能力,采用了通俗易懂的语言和生动的案例,使读者能够更好地理解和应用所学知识。同时,我们也注重了内容的系统性和完整性,尽可能地覆盖了人类遗传资源和生物资源保护与应用的各个方面。

　　总的来说,本书是一本关于人类遗传资源和生物资源保护与应用的实用指南,适合生物学、医学、药学等相关领域的研究人员、教师和学生阅读参考。我们希望通过本书的出版,能够让更多的人了解生物安全,自觉维护国家安全,并为推动我国人类遗传资源和生物资源保护与应用事业的发展做出贡献。

张建

2023 年 10 月

目 录
—— CONTENTS ——

第6章 遗传资源研究与应用的伦理原则 / 181

第1章
绪 论

现代遗传学的故事应从1865年格雷戈尔·约翰·孟德尔(Gregor Johann Mendel)在布隆的自然科学协会年会上宣读自己的《植物杂交试验》论文开始讲起。孟德尔结合生物学与统计学,历经8个寒暑进行豌豆实验,对其展开详细论证,最终成功揭示了遗传学规律,即分离定律和自由组合定律,并在其论文中进行了系统阐述。

遗憾的是,他的超前理论在当时几乎无人问津,直到他去世16年后,他手中的豌豆才终于得以撒向了全世界。此后,托马斯·亨特·摩尔根(Thomas Hunt Morgan)通过研究果蝇中白眼、红眼的伴性遗传证明了基因的存在;弗雷德里克·格里菲斯(Frederick Griffith)和奥斯瓦尔德·艾弗里(Osward Avery)的肺炎双球菌转化实验与噬菌体实验表明了脱氧核糖核酸(deoxyribonucleic acid, DNA)是真正的遗传物质;1953年,詹姆斯·杜威·沃森(James Dewey Watson)和弗朗西斯·哈利·康普顿·克里克(Francis Harry Compton Crick)在罗莎琳·爱尔西·富兰克林(Rosalind Elsie Franklin)衍射图和查加夫法则(Chargaff's rules)的启发下,发现了DNA分子的双螺旋结构;弗雷德里克·桑格(Frederick Sanger)于1980年凭借着快速测定DNA序列的双脱氧链终止法(Sanger法)再度获得诺贝尔化学奖;1983年的一天,凯利·穆利斯(Kary Mullis)载着女友开车时的灵光一闪,使生物学界多了一种新的扩增DNA的方法——聚合酶链反应(polymerase chain reaction, PCR)。

一个又一个里程碑式的科研成果成为整个现代遗传学迅猛发展的加速器。此后,我们开始了长达10年的人类历史上第一个基因组序列的测定项目——人类基因组计划。彼时的基因测序技术并不理想,测一个人的基因组便花费了6个国家整整10年的时间;而如今科技腾飞,测一个人类的基因组已然成了非常简单的事情。

技术上的发展和革新不仅为人类的生活带来了福祉,也使得生物遗传资源的价值得以充分展现。在这样的背景下,鉴于对生物遗传资源与生物资源、遗传材料、遗传信息等关系的不同理解和把握,生物遗传资源不再是单纯的科学问题,已逐渐衍生出了经济利益、政治博弈、法律制度等相关问题。准确界定生物遗传资源的概念,把握生物遗传资源的特征,是更好地保护生物遗传资源的基础。

1.1 遗传资源的定义

了解和保护遗传资源的首要问题是明确其概念和界定,因为定义的不同将影响其保护范围和方式。联合国《生物多样性公约》缔约国大会制订的《生物多样性公约》(*Convention on Biological Diversity*,CBD)明确将遗传资源(genetic resources)定义为具有实际或潜在价值的遗传材料,这指的是来自植物、动物、微生物或其他来源的任何含有遗传功能单位的材料[1]。类似的,联合国粮食与农业组织拟定的《粮食和农业植物遗传资源国际条约》定义了粮食和农业植物遗传资源,即对粮食和农业具有实际或潜在价值的任何植物遗传材料,这里的"遗传材料"指任何植物源材料,包括含有遗传功能单位的有性和无性繁殖材料[2]。

随着技术进步,遗传资源的描述工作可依靠数字序列信息(digital sequence information,DSI)以更简易、更快速的方式实现。遗传资源样本的定性依据为遗传学特征或外观。虽然《生物多样性公约》和《粮食和农业植物遗传资源国际条约》都将遗传资源定义为"来自植物、动物、微生物或其他来源的任何含有遗传功能单位的材料",但是"遗传功能单位"其实是一种模糊的表达方式,这为各国的不同理解和界定留下了空间。发达国家将"遗传功能单位"理解为"基因",而发展中国家认为除了"基因"之外,还应包括生物化学化合物。由此可见,各国或地区是基于自身获益对生物遗传资源进行的界定,这将限制或扩张生物遗传资源的内涵和外延应用[3]。

生物遗传资源为生物遗传资源权的客体,可基于资源属性不同划分为微生物遗传资源、植物遗传资源、动物遗传资源等类型。但这样的简单分类并不能满足立法的基本要求。由于生物遗传资源所依附的品种存在驯化的过程,因此以是否驯化为标准对遗传资源进行细化,每个种类又可再划分为野生性遗传资源或传统知识性遗传资源。此外,根据生物遗传资源具有可复制性和可分离性等特点,其保护方式可被区分为就地保护和迁移保护,这些生物资源可能广泛分布于野生区、保育区、种质园、保种场、种植区等,故还可依据生物遗传资源的占有或保存情况进行三级划分。不仅如此,我们还需在对生物遗传资源进行上述细化分类的基础上,明确其归属,是属于区域抑或是国家间共有。

1.1.1　遗传资源材料

人类遗传资源材料：根据《中华人民共和国生物安全法》（简称《生物安全法》），人类遗传资源材料是指含有人体基因组、基因等遗传物质的器官、组织、细胞等遗传材料[4]。这些材料都是可以产生遗传资源信息的生物样本。

遗传物质即亲代与子代之间传递遗传信息的物质，它不仅控制性状从一代遗传到下一代，且能够通过性状形成和作用来映射其影响。生化物质成为遗传物质的前提是具有稳定的结构和高度的多样性，DNA 和蛋白质都满足这样的特性。从 20 世纪 40 年代开始，一系列的经典实验证明，DNA 才是可以在大多数生物中代代相传的物质，而非蛋白质。除了一部分病毒的遗传物质是 DNA 的转录产物核糖核酸（ribonucleic acid，RNA）外，其余病毒以及所有具有典型细胞结构的生物的遗传物质都是 DNA。

染色体（chromosome）的主要成分为遗传物质，其存在于细胞核及细胞核外的质体、线粒体等细胞器中。细胞、组织、器官是递进的被包含关系，因此上述材料都包含着丰富的遗传物质（如血液、尿液、粪便、脑脊液、器官、组织切片等样本），是需要被保护且应合理利用的遗传材料。

人类遗传资源材料的采集载体大多为以研究和检验为目的的研究项目，如以资源保藏或国际合作为目的的科研项目和临床诊疗、采供血（浆）服务、司法鉴定等的检验项目，收集对象为普通人群、重要遗传家系和特定地区人群。目前，遗传资源采集的方法、设备、对象选取和人员采集能力等方面的相关指导与要求都已较为完备。采集所得材料的样本运输、仪器使用、保存条件与方式的要求也已根据样本类型与其应用目的进行了明确规定。

1.1.2　遗传资源信息

《生物安全法》明确指出，遗传资源信息是指利用遗传资源材料产生的数据等信息资料。根据《中国人类遗传资源信息对外提供或开放使用备案信息表》，遗传资源信息的涵盖面较广，包括：①临床数据，如人口学信息、一般实验室检查信息等；②影像数据，如 B 超、CT、PET/CT、MRI、X 线等；③生物标志物数据，如诊断性生物标志物、监测性生物标志物、药效学/反应生物标志物、预测性生物标志物、预后生物标志物、安全性生物标志物、易感性/风险生物标志物；④基因数据，如全基因组测序、外显子组测序、目标区域测序、人线粒体测序、全基因组甲基化测序、长链非编码核糖核酸（long non-coding RNA，lncRNA）测序、转录组测序、单细胞转录组测序、smallRNA 测序等；⑤蛋白质数据；⑥代谢数据[5]。其中，基因组、转录组、蛋白质组、代谢组等数据是通过测序技术获得并建库储存的，在测序技术上，基因组与转录组测序涉及的技术相同，而蛋白质组与代谢组测序涉及的方法相同。

1.1.2.1 基因组测序技术

测序技术是基因组学的核心技术,桑格和艾伦·考尔森(Alan Coulson)于 1975 年开创了第一代基因测序技术,至今已发展到第三代。不同的测序技术在读长、通量和准确度上均有差异。

第一代测序技术是基于 DNA 合成反应中止法的测序技术,其核心原理是先合成再测序。在正常的 DNA 合成过程中,游离的脱氧核糖核苷三磷酸(deoxyribonucleoside triphosphate,dNTP)从 5′到 3′的方向与单链 DNA 序列配对,并与相邻的碱基通过磷酸二酯键连接形成互补双链。测序过程中由于加入了带有荧光标记的游离双脱氧核苷三磷酸(dideoxyribonucleoside triphosphate,ddNTP),其 3′端因脱氧无法与下一个碱基继续形成磷酸二酯键进行连接,从而导致 DNA 分子在不同碱基处终止合成,并得到一系列长度不一的核苷酸序列。其碱基序列可通过所有片段的荧光显色信息进行确定。第一代测序技术具有简单方便、分辨率高、测序片段长、污染低、结果直观、假性结果极低的优势,一直是测序界的"金标准"。首个人类基因组图谱是依靠第一代测序技术实现的。但第一代测序技术试剂昂贵、通量低,不适用于大样本的测序工作,因此催生了第二代测序技术。

第二代测序技术是基于 PCR 和基因芯片发展而来的高通量测序技术。与第一代测序技术的合成终止法不同,第二代测序技术开创性地引入了可逆终止末端,其核心原理为边合成边测序。第二代测序技术和第一代测序技术的共同点在于它们都对游离的 dNTP 进行荧光标记,且对其 3′端进行了修饰,比如因美纳(Illumina)平台使用可逆末端基团(reversible terminating group,RTG)进行修饰。经 RTG 修饰后的 dNTP 与 ddNTP 一样具有终止合成的功能,不同点在于 RTG 可被洗脱而后进行下一轮循环,由此实现了边合成边测序。第二代测序技术实现了大规模并行测序,极大地推动了生命科学领域基因组学的发展。现有的第二代测序技术的平台主要包括罗氏(Roche)公司的 454 FLX,Illumina公司的 Miseq、Hiseq、Novaseq,美国应用生物系统公司(ABI)的 SOLiD 技术等。基因簇扩增是第二代测序技术中的必要环节,但基因簇复制的协同性会随着基因序列的增长而降低,最终导致碱基测序质量下降。因此,第二代测序技术虽然通量高,但读长短,这一问题在第三代测序技术中得以解决。

第三代测序技术是单分子测序技术,实现了对每条 DNA 分子进行单独测序,不再需要基因簇扩增,因而避免了在基因簇复制过程中引入噪声,解决了测序读长度受限的问题。第三代测序技术有两种不同的类型:太平洋生物科技(Pacific Biosciences)公司的单分子实时(single molecular real‐time,SMRT)测序技术,以及牛津(Oxford)公司的纳米孔(Nanopore)实时测序技术。SMRT 延续了第二代测序技术中边合成边测序的核心原理,不同的是 dNTP 的 3′端没有终止合成反应的修饰物,且荧光分子被标记在磷酸中,荧光信号可在测序中被实时捕获,又因测序中 DNA 的合成不会被终止,故这种测序方法称为实时测序。与前者不同的是,Nanopore 实时测序技术并不借助荧光信号测序,而是通过电信号变化推测碱基组成。基于 ATCG 单个碱基带电性质迥异的特点,该方法采用电泳技术,驱动 DNA 单链分子穿过镶嵌了纳米孔的脂膜,并记录膜电流的变化,根据电信号的差异推测出通过的碱基序列。

SMRT 测序技术的测序读长度可以达到 100000 个碱基,Nanopore 实时测序技术更长,理论上可以测无限长的碱基序列。但这两种技术的测序误差较大,错误率在 10% ~ 15%。但因测序误差是随机发生的,因而可通过多次测序来减小误差。第三代测序技术在基因大尺度结构上的突变鉴定中有着不可替代的作用,也被广泛应用于遗传病及肿瘤基因检测中。

1.1.2.2 蛋白质测序技术

蛋白质测序,即蛋白质一级结构——多肽序列的测定。根据遗传学中心法则,我们知道蛋白质序列和基因序列之间有紧密关系,因此蛋白质的序列信息理论上是可以通过核酸测序加以间接推导的。但核酸序列与蛋白质一级结构间并不是一一对应关系,翻译过程中的突变以及翻译后蛋白的糖基化修饰都会影响蛋白质测序的准确性。因此,该测序结果主要是为其他方法的测序结果提供先验知识。

目前,质谱分析为实现蛋白质直接测序的主流代表性技术,其可有效确定蛋白质序列且应用广泛。质谱法可以实现靶蛋白的全序列测定、蛋白 N 段与蛋白 C 段测序及从头测序,且凭借其高适用性以及高分辨率成为蛋白序列分析的最常用技术[6]。

质谱法主要有两种思路:自下而上蛋白质组学分析方法和自上而下蛋白质组学分析方法。自下而上的方式是将蛋白质的一级结构打散为小的多肽,再进行质谱分析。自上而下的方式是从整个蛋白分子开始入手,通过电喷雾或基质辅助激光解析电离等技术,将整个蛋白质分子引入质谱中进行解离和串联质谱分析。质谱法已成为当前蛋白质测序的"金标准",但在检测灵敏度、动态检测范围和数据库依赖等方面仍然存在不足。此外,对于浓度很低的蛋白质序列测定,质谱法尚具挑战。

除这些传统的蛋白质一级结构测定手段外,一些全新的蛋白质测序技术逐渐出现,如纳米孔蛋白质测序和高通量单分子荧光蛋白质测序,它们与第三代测序技术的核心原理类似。这些技术大幅度提高了测序灵敏度,有望在将来实现低成本、大规模、单分子测序,从而辅助成为疾病早期诊断的有力工具。

蛋白质测序技术的持续发展,有助于更深刻地把握生命活动规律以及实现疾病的早期诊断和精准治疗。

1.2 遗传资源的价值

我国的遗传资源极为丰富,包括植物、动物和微生物等多个范畴的生物遗传资源,以及基于庞大人口和种族的多样性人类遗传资源,其潜在价值不容忽视。遗传资源对人类具有重要的生态、经济和社会价值,一个基因能够繁荣一个国家,所有的遗传资源都有可能给人类带来巨大惠益,这些资源不仅为人类社会提供衣、食等基础物质和良好的生态环境,还可为新品种选育提供丰富的遗传材料,为认识和研究生物物种提供最基本的原始材料,为疾病防治前沿研究、新药物与疫苗开发提供丰富的基因资源。

1.2.1 遗传资源在不同领域的价值

1.2.1.1 生态平衡

遗传资源在生态平衡中的价值是不能低估的,其多样性和复杂性为地球上的生态系统提供了强大的稳定性和适应性。

(1)遗传资源在生态系统的结构和功能方面发挥着关键作用。生态系统的结构是由各种不同的生物体组成的,而这些生物体拥有独特的基因组和遗传特性。物种之间的多样性形成了生态系统中各个生物群落的复杂网络,通过各种相互作用和关系维持了整个生态系统的平衡。例如,在一个湿地生态系统中,鸟类、植物和微生物的多样性相互交织,形成了复杂的湿地食物网和生态位(ecological niche)分工,确保了湿地生态系统的稳定和功能的正常运作。

(2)遗传资源对生态系统的适应性和恢复力产生显著影响。生态系统面临着各种自然和人为的压力,如气候变化、疾病暴发、人类活动等。拥有丰富遗传多样性的物种更容易适应这些变化,因为它们可能具有不同的遗传特性,使其能够更好地适应新的环境条件。这种适应性也反映在生物体的恢复力上,即在受到损害后,能够更快地恢复和重建生态系统。遗传多样性为生态系统提供了天然的保险机制,使其能够更好地抵御各种挑战,维持平衡状态。

(3)生物控制害虫和病原体是遗传资源在农业和生态系统中的另一个重要作用。一些具有特殊遗传特性的生物体对于控制害虫和病原体具有天然的抵抗力。通过利用这些具有抗病特性的遗传资源,可以减少对化学农药的使用,从而降低对环境的负面影响。这有助于保持农业生态系统的健康,维护农田生态平衡,同时保障农业的可持续发展。遗传资源为不同生物种类提供了各种各样的适应性和生存策略,使得整个生态系统中的各个生物体能够协同工作,共同维持平衡。每个物种都在生态系统中发挥着独特的作用,形成了相互依赖的关系。例如,一些植物通过它们的根系结构有助于土壤固定,防止侵蚀,从而填补了土壤保持的生态位。生态系统中的相互依赖性是维持生态平衡的重要因素之一。物种之间的相互依赖性意味着它们在食物链、食物网和生态位中相互关联。这种相互依赖性确保了生态系统中的能量流、物质循环和生物多样性的平衡。遗传资源通过提供多样性的生物体促使这种相互依赖性更加丰富和复杂,从而维持整个生态系统的健康状态。

(4)景观的多样性是由不同地区的遗传资源形成的。不同地域的生态系统呈现出独特的景观特征,这种多样性不仅对生态系统本身具有重要价值,还吸引着生态旅游和保护活动。例如,热带雨林、沙漠、草原等地的生态景观吸引了科学家、生态学家和游客前去研究和欣赏。遗传资源的多样性直接影响着这些生态景观的形成和维持,为地球提供了各种自然奇观和美丽景观。

(5)遗传资源对气候调节也具有重要影响。不同类型的植被和生物群落通过光合作用、蒸腾等过程参与了气候的调节。植物通过吸收二氧化碳释放氧气,有助于维持大气中的气体成分。这对于缓解气候变化、改善空气质量具有重要作用。遗传资源的多样性影响着不同地区的植被类型和植被结构,从而影响着地球的气候系统。

因此,遗传资源在生态平衡中的价值是多方面且丰富的。其多样性和适应性为生态系统提供了强大的稳定性和恢复力,对农业生态系统的害虫控制起到了积极作用,促进了物种的相互依赖性,形成了多样性的景观,同时参与了气候的调节。保护和合理利用遗传资源是维护生态平衡、促进可持续发展的重要措施。只有通过科学的管理和全球合作,才能更好地保护这一宝贵的生态资本,确保其长期的生态价值。

1.2.1.2 农业和食品安全

遗传资源在农业和食品安全中具有重要的价值,对培育耐逆性、高产性和抗病性的作物品种、改良家畜、提高农业生产效率以及确保食品供应发挥着关键作用。

(1)遗传资源为农业提供了丰富的基因池,使得育种工作者能够选择和利用不同品种的遗传特性。这对于培育适应不同气候、土壤和病虫害压力的作物品种至关重要。例如,一些遗传资源中可能携带有耐旱、耐盐碱或抗虫抗病的基因,通过杂交和选择,可以创造出更具适应性和稳定产量的新品种。

(2)遗传资源在改良家畜方面也具有显著价值。不同地区的畜种拥有不同的遗传特性,如抗病性、生长速度、适应性等。通过选择和交配,可以培育出更适应当地环境条件、生长更快、产量更高的优良家畜品种,提高畜牧业的效益。

(3)遗传资源对于农业生产效率的提升起到了关键作用。通过利用遗传多样性,育种者可以迅速适应新的农业挑战,如应对气候变化引发的不稳定性。高产、适应性强的作物品种和家畜品种有助于确保农业生产的稳定性,减轻粮食和食品短缺问题。

(4)遗传资源还对食品的多样性和品质产生积极影响。通过选择具有特殊口感、味道和营养价值的品种,可以生产更加丰富多样的食品,提高食品的整体品质。这对于满足人们对于多样化、健康和高营养价值食品的需求具有重要意义。

总体而言,遗传资源在农业和食品安全中的价值体现在其对于作物和家畜的改良、生产效率的提高、食品多样性的推动等多个方面。科学的遗传资源管理和合理的利用可以更好地满足不断增长的全球粮食需求,促进农业可持续发展,确保食品供应的安全和稳定。

1.2.1.3 药物和医学研究

遗传资源在药物和医学研究中发挥着不可替代的作用,为药物的发现、研发和医学科研提供了重要的基础。这些资源包括植物、微生物和动物等生物体,它们的遗传信息为研究人员提供了丰富的材料,有助于发现新的药物和治疗方法。

(1)植物是药物研究中的重要遗传资源之一。许多草药和药用植物传统上就被用于治疗多种疾病。通过深入研究这些植物的基因信息,科学家能够了解它们的生物活性成分和药理学特性,这为发现新的天然产物、提取有效成分以及合成相关化合物奠定了基础。

(2)微生物也是药物研究中的关键遗传资源。许多抗生素、抗真菌药物和其他一些治疗性药物最初都是从微生物中发现的。微生物的基因组可以提供关于其产生有益化合物的信息,为开发新型抗生素和药物提供了启示。此外,微生物还参与免疫调节和疾病防治等方面的研究。

(3)动物也对医学研究和药物开发提供了关键的遗传资源。例如,实验动物(laboratory animals)模型在临床试验前的药物研究中扮演着重要的角色。通过研究动物基因的结构和功能,科学家们可以更好地理解人类基因的特性,并在实验动物模型中测试新的治疗方法,为临床试验提供重要的参考。

(4)遗传资源在药物研究中的应用不仅局限于传统药物,还包括基因治疗和生物技术领域。通过深入了解生物体的基因信息,科学家能够开发出更加精准和个性化的治疗方法,实现对疾病的更有效干预。遗传资源对药物和医学研究的价值在于提供了多样性、适应性和特异性的基因信息,为药物的创新和发现提供了基础。

在全球范围内,对这些遗传资源的保护和管理至关重要,以确保它们的可持续利用,并为未来的医学研究和药物开发提供持续的支持。

1.2.1.4 经济发展

遗传资源在经济发展方面具有广泛而深远的价值,其多样性和适应性为各个领域的可持续发展提供了关键的支持。

(1)农业领域是遗传资源在经济中的一大支柱。不同的农作物和家畜品种拥有各自独特的遗传特性,这些特性对于提高农产品的产量、品质和适应性至关重要。通过利用遗传多样性,育种者可以培育出更耐旱、耐病、高产的新品种,从而提升农业生产效益,满足人类日益增长的粮食需求。

(2)遗传资源对草药和中药的经济价值也不可忽视。许多地方性的植物和微生物被用于中草药的制备,成为中医学和少数民族医学的重要组成部分。这些资源对于促进民族文化、提高医疗服务水平以及发展相关产业都具有较高的经济价值。

（3）遗传资源对经济的贡献不仅局限于农业和医学领域，还涉及其他产业。例如，森林生态系统中的植物和动物资源对于木材、纤维、天然树脂等的提取具有重要价值。这些原材料在建筑、制造业和工艺品生产中发挥着关键作用，为相关产业提供了支持。

（4）生物多样性和遗传资源对旅游业也有着巨大的经济潜力。一些地区独特的生物多样性和景观吸引着生态旅游者。生态旅游不仅为当地经济注入资金，还促进了环保和生态保护意识的提高，形成了可持续旅游业的发展模式。

（5）在科学研究领域，遗传资源为生命科学、医学研究等提供了丰富的研究材料。科学家通过研究不同生物体的基因组，可以深入了解生命的本质、演化过程和各种生物学现象。这些研究成果不仅推动了学科的发展，也为创新型产业的崛起提供了基础。

总之，遗传资源在经济发展中扮演着多重角色，包括农业、医学、工业、旅游和科学研究等多个方面。科学合理地管理和保护遗传资源，将为各国实现可持续经济增长、生态平衡和社会繁荣提供重要支持。

1.2.1.5 科学研究

遗传资源在科学研究方面发挥着不可替代的作用，为各个学科的深入研究提供了关键性的基础和材料。

（1）遗传资源为基因组学提供了重要的研究对象。通过分析不同生物体的基因组，科学家们能够深入了解基因的结构、功能和相互关系，这为理解遗传信息的传递、演化和表达提供了重要线索。基因组学的发展对于生命科学的进步起到了推动作用，同时也为疾病的研究和治疗提供了基础。

（2）遗传资源在医学研究中有着显著的价值。通过研究人类和其他生物的遗传信息，科学家们能够深入了解基因与健康之间的关系，探究遗传性疾病的发生机制。遗传信息的解读为个性化医学、基因治疗以及疾病的早期预测和干预提供了科学依据。实验动物模型也为医学研究提供了重要的工具，可以帮助科学家们模拟和研究各种疾病的发展过程。

（3）在生态学领域，遗传资源对于研究生态系统的结构和功能发挥了关键作用。通过分析不同地区的生物多样性和遗传多样性，科学家们可以揭示物种之间的相互关系、生态位的分工以及生态系统的稳定性。这有助于预测环境变化对生态系统的影响，制订有效的生态保护和管理策略。

（4）在农业科学领域，遗传资源对于作物和家畜的改良提供了宝贵的资源。通过深入了解植物和动物的遗传特性，科学家们能够培育更具抗病性、适应性强、高产的新品种，提高农业生产效益，对于解决全球粮食安全和农业可持续发展问题具有深远的意义。

（5）遗传资源在进化生物学、人类学、考古学等多个学科中也发挥了积极作用。通过研究遗传信息，科学家们能够还原物种的演化历程，了解人类的起源、迁徙和文化演变，有助于揭示生命的奥秘、推动人类对自身和自然界的认知。

总之，遗传资源在科学研究中的价值体现在对基因组学、医学、生态学、农业科学等多个学科的贡献。其丰富的多样性和适应性为科学家们提供了独特的研究对象，推动了科学知识的不断深化和扩展。科学合理地管理和保护遗传资源，可为未来的科学研究提供持续的支持和发展空间。

1.2.1.6 生态旅游

遗传资源在生态旅游方面具有丰富的价值，为游客提供了独特的自然体验，同时促进了生态保护和可持续发展。

（1）生态旅游通过展示不同地区的生物多样性和景观特色，使游客有机会亲身感受大自然的美丽和神奇。各地独特的植物、动物和生态系统为游客提供了与平日生活中不同的视觉和感官体验。例如，热带雨林、珊瑚礁、高山草甸等生态景观吸引着游客前去欣赏，形成了生态旅游的重要资源。

（2）生态旅游有助于推动对生态系统的保护和可持续管理。将自然环境开放给游客，可以提高公众对生态保护的关注和认识。游客在生态旅游中的参与和体验，促使他们更加珍惜和尊重自然资源。这种认知的提升有助于制定更加科学合理的生态保护政策，确保遗传资源的长期可持续利用。

（3）遗传资源丰富的地区通常具有独特的自然生态特征，吸引了大批游客，这为当地社区提供了经济发展的机会，推动了旅游业的发展。生态旅游所创造的就业机会、服务需求和相关产业发展，为当地经济注入了新的活力。通过吸引游客，遗传资源不仅为当地居民提供了收入来源，还促进了地方社区的可持续发展。

（4）生态旅游也在一定程度上促进了生态教育和科学研究。游客通过参与生态旅游活动，增加了对自然生态系统的了解。生态旅游景区通常设有解说员、导游和科学研究人员，向游客介绍当地的生态文化和自然景观。这有助于加深公众对生态知识的理解，推动科学研究和环境教育的发展。

（5）生态旅游有助于促进文化交流和跨文化理解。遗传资源所在的地区通常拥有独特的文化、传统和历史，通过生态旅游，游客有机会了解和体验当地的文化，促进了文化的传承和交流。这种跨文化的互动有助于促进社会和谐，增进人们对于不同文化之间的理解和尊重。

总之，遗传资源在生态旅游方面的价值体现在提供独特的旅游资源、促进生态保护和可持续发展、创造经济机会、推动生态教育和文化交流等多个方面。科学合理地管理和保护遗传资源，将为生态旅游业的可持续发展和地方社区的繁荣做出重要贡献。

综上所述,保护和合理利用遗传资源在维护生态平衡、促进经济发展、支持医学研究等方面都具有重要的意义。因而,我们需要谨慎管理和保护遗传资源,以防止过度开发和失去生物多样性。

1.2.2 生物遗传资源的价值

生物遗传资源是可持续发展的重要战略资源。生物遗传资源在解决粮食、健康和环境问题等方面发挥着重要作用,对于维护生态安全和生物多样性具有重要意义。随着基因技术的快速发展,生物遗传资源已经成为世界各国资源争夺的新领域,围绕其占有、保护与利用展开的竞争也愈发激烈。

生物遗传资源的价值源于人类的使用,这种使用不仅包括食品制造、衣物加工、制药等领域,还涉及了生活环境、生态系统及社会支持功能。遗传资源的总价值是直接价值与间接价值的总和。直接价值体现在它们可以作为食物、工业原料和能源,用于生产和研究,并推动社会经济发展,丰富人类物质生活。间接价值则体现在它们对物种多样性和生态平衡的维持,为人类抵御将来可能发生的气候变化、疾病暴发等未知变化提供选择的机会和原材料。此外,还有它们的美学价值与文学价值。

我国拥有上千年的农耕历史、开发培育自然界遗传资源的悠长文化,也是世界上生物资源最丰富的国家之一。我国生物资源种类多,数量大,并且分布广。植物种数占世界总数的11%,果树的种类更是在世界上排名第一,高等植物种类排名世界第三,仅次于巴西和哥伦比亚,并且物种特有程度高,在3万多种种子植物中,我国特有种约有1.7万种。在600余种栽培作物中,起源于我国或在我国种植1000年以上的就有289种。我国动物种类的拥有量占世界总量的10%以上,是世界上家养动物品种和类群最丰富的国家,也是世界上畜禽遗传资源最丰富的国家之一。此外,我国作为世界水产养殖大国,水产品产量连续十余年居世界首位,这基本得益于我国丰富的水生生物种质资源及其开发利用[7]。

生物遗传资源在育种的应用中有着不可替代的作用。一种优良基因的发现和利用常能引起生产的突破性进展。20世纪60年代,第一次"绿色革命"利用具有矮化基因的品系与其他品系杂交育种,成功降低了农作物株高,实现半矮化育种,使得全世界水稻和小麦产量翻了一番,解决了19个发展中国家的粮食自给问题。第一次"绿色革命"后,大多数发展中国家仍面临着贫困和食品短缺的威胁,土壤瘠薄的干旱和半干旱地区无法应用第一次"绿色革命"的成果,而且还有生态、环境及生产成本等问题急需解决。第二次"绿色革命"应运而生,旨在以环境保护和持续发展为前提条件,将常规育种技术与生物技术、信息技术相结合,培育了超级木薯、超级水稻、特种玉米、短季抗病马铃薯、抗病小麦。实现第二次"绿色革命"所涉及的抗病、抗虫、耐旱、营养高效利用、高产、优质等均是生物学基础较复杂的性状。我国科学家通过遗传资源研究、功能基因组研究和分子技术育种相结合的途径,在上述各方面的研究中取得了重要进展。

一个物种就能影响一个国家的经济,一个基因关系到一个国家的盛衰。过去数十年来,全世界植物新品种层出不穷,粮食亩产屡创新高,正是得益于生物物种资源的贡献。

除动、植物外,微生物的遗传资源也具有相当重要的价值。它们虽然个体微小,但与人类生活密切相关,广泛涉及健康、医药、工农业、环保等诸多领域。《科学》(Science)杂志曾将微生物基因组研究评为世界重大科学进展之一。人类病原微生物基因组的研究可以帮助设计新型疫苗、开发新型抗微生物药物;工业微生物基因组的研究可以发现新的特殊酶基因及功能基因,并将研究成果应用于生产以及传统工业改造中;农业微生物基因组的研究可以帮助揭示致病机制,制订控制病害的对策;极端环境微生物基因组的研究能带领我们深入认识生命本质。

1.2.3 人类遗传资源的价值

人类遗传资源既是战略资源和稀缺资源,也是开展健康相关研究的不可替代的资源。它不仅对破译人类自身演变历史有直接帮助,其相关科学研究也能够帮助人类更好地破译遗传疾病机制、服务人类健康、延续人类寿命。随着医学的进步,目前已确认有成千上万种疾病是因遗传物质发生改变或为致病基因控制所产生,这些发病与遗传因素相关的疾病被统称为遗传病。遗传病涵盖的种类很多,除了21-三体综合征、地中海贫血、白化病、唇腭裂等为我们所熟知的遗传病外,还有诸如高血压、糖尿病、骨质疏松、抑郁症等现代热议的疾病,也与遗传因素密切相关。

人类遗传资源可用于通过寻找致病基因来辅助疾病诊断。21-三体综合征是人类分析遗传资源材料鉴定的第一种染色体遗传病。随后,因性染色体数目异常所致的女性先天性卵巢发育不全综合征、男性先天性睾丸发育不全综合征也被发现。我国老一辈科学家吴旻院士很早就建立了染色体遗传病的产前诊断方法,并应用羊水细胞中的性染色体诊断出国内第一例先天性睾丸发育不全综合征患儿。随着现代无创产前诊断技术的普及,万千年轻夫妇顺利孕育出了健康的宝宝。此外,当前全球科研工作者的工作重心之一为探寻致病基因,我国亦在该领域取得了一些重要成果。比如,夏家辉院士团队克隆出神经性高频听力下降的耳聋疾病基因,实现我国本土克隆遗传病基因"从零到一"的突破;沈岩院士团队潜心分析临床遗传资源,在国际上首次发现钠通道 α 亚单元 9 (sodium voltage-gated channel alpha subunit 9,SCN9A)基因突变导致红斑肢痛症[8]。

人类遗传资源可用于在基因水平开发药物。遗传病与人类群体的遗传多样性密切相关,即遗传病在不同人群中呈现的易感性不同,靶向性药物的治疗效果也因人群不同而不同。遗传资源的丰富度是一个国家生物医药和相关产业发展的数据资源保证的基石。

我国人口基数大、民族多、疾病类型多、家系多,具有丰富的人类遗传资源。无论是促进科学研究、守护公众健康,还是维护国家安全和社会公共利益,人类遗传资源都是一个巨大的宝藏。

1.3　遗传资源的保护措施

遗传资源是地球上生物多样性的重要组成部分,涵盖了各种动物、植物、微生物的基因和相关生态系统。遗传资源的保护对于维护生态平衡、促进可持续发展以及保护人类文化传统至关重要。遗传资源包括动、植物基因和相关生态系统,涉及广泛的领域,从生物多样性到传统知识。为了应对日益严峻的生态挑战和文化传承的需求,全球需要采取一系列综合措施,确保遗传资源的可持续利用、公正分配和充分保护。

对拥有颇为丰富的生物遗传资源的发展中国家而言,生物遗传资源的国家立法十分重要;同样的,区域性立法动机的重要性亦不容小觑。某些国家或地区可能因生物遗传资源地域性分布而共同拥有某些生物遗传资源,区域性立法有助于协调各国或各地区对某一共有生物遗传资源的保护和利用。不仅如此,该区域国家或地区生物遗传资源的国际谈判能力也会因区域性立法而得到有效提升,进而成为影响生物遗传资源国际立法的关键一环[1]。

(1)推动国际法律和协定的制定:国际法律和协定的制定与遵守《生物多样性公约》是国际上最具权威性的法律框架之一,致力于保护全球的生物多样性和遗传资源。其核心思想在于公正而平等地访问与分享,以及对传统知识的尊重。各国应当积极参与《生物多样性公约》大会,履行相关国际协定,确保跨国范围内的遗传资源得到合理管理。同时,还需加强协调,推动新的国际法律和协定的制定,以适应不断变化的环境和社会需求。

(2)《访问与分享协议》(ABS)的实施:《访问与分享协议》是确保遗传资源合理访问和分享的实用工具。该协议规定了资源国和社区对其遗传资源和相关传统知识的权益,强调了公平、透明的原则。各国应该制定和实施符合《访问与分享协议》原则的国内法规,确保资源的使用符合公平和平等的原则,同时考虑到当地社区的权益。国际还需要促进《访问与分享协议》的跨国合作,加强信息共享,使得各国能够共同推动遗传资源的可持续利用。

(3)社区参与和知识共享:社区参与是遗传资源管理的关键环节。当地社区在资源的获取、利用和保护中应该发挥关键作用。通过与当地社区建立合作关系、尊重其传统知识,可以更好地保护和管理遗传资源。知识共享是一种平等尊重的方式,通过与当地社区分享科学知识,可以促进可持续发展,并确保社区从遗传资源的利用中受益。社区参与还有助于建立当地社区的保护观念,提高其对资源管理的责任感。

（4）法律法规的制定与实施：各国应当制定健全的法律法规，明确对遗传资源的获取、利用和分享的规范。这些法规应当包括知情同意的原则、隐私保护、资源可持续利用等方面的规定。同时，建立有效的执法机制，对非法获取和滥用遗传资源的行为进行监督和制裁，确保法规的有效实施。法律法规的不断完善和更新，能够适应快速变化的科技和社会环境，为遗传资源的保护提供坚实的法制基础。

（5）建立遗传资源中心：建立专门的遗传资源中心有助于集中管理和保护遗传资源。这些中心可以负责遗传资源样本的收集、保存和分享。建立标本库和数据库，可以更好地管理遗传资源的信息，确保其长期的可持续利用。此外，中心还可以成为科研机构、学术机构和社区进行合作的平台，促进各方力量共同参与遗传资源的保护工作。

（6）数字化技术的应用：现代数字技术的应用为遗传资源的保护提供了新的可能性。数字化记录和存储遗传资源的信息，有助于提高数据的可访问性和传播性。这为科学研究、教育和公众参与提供了更多的机会，可促进遗传资源的保护和可持续利用。数字技术还能够加强遗传资源的监测和管理，提高反应速度和决策效果，为资源保护提供更为智能化和高效的手段。

（7）可持续利用原则的倡导：可持续利用原则是遗传资源管理的基石。资源的获取和利用应该基于可持续的原则，以确保资源的合理收获、种植和管理。这需要综合考虑经济、社会和环境的多重因素，平衡人类需求与生态系统的健康。可持续利用的倡导不仅仅是一种理念，更是一种行动，需要各方共同努力，建立起支持可持续利用的政策、技术和文化体系。

（8）教育和意识提升：通过教育活动提高公众对遗传资源保护的认识至关重要。公众的参与和支持是遗传资源保护的关键。教育可以帮助人们更好地理解生物多样性的价值，以及保护遗传资源的重要性。同时，教育还能够提高公众对可持续利用和环保的意识，培养人们积极参与遗传资源保护的责任感。教育不仅需要在学校中进行，还需要通过社会宣传、媒体等多方渠道，将保护遗传资源的理念融入社会文化中。

（9）生态系统保护的综合管理：保护遗传资源需要与生态系统的整体保护相结合。设立自然保护区（natural reserve）是维护生态平衡、保护濒危物种和遗传资源的有效手段。这些区域的设立有助于保护生物多样性，同时提供合适的环境，使遗传资源能够得到有效的保护和利用。生态系统的综合管理需要综合考虑各种生态因素，确保各种生物在其自然环境中实现平衡共存。

（10）国际合作与信息共享：国际合作是保护遗传资源的重要途径。各国应当加强合作，分享科学知识、技术和经验。国际信息共享有助于加强对全球生物多样性的监测和管理，推动全球遗传资源保护的共同努力。在国际层面建立合作平台，可促进科研机构、学术界、政府和非政府组织之间的沟通和协作，有助于更好地应对全球性的遗传资源挑战。

在全球面临日益加剧的气候变化、生态破坏和文化传承下,保护遗传资源成为人类社会的共同责任。综合的保护措施需要跨越法律、科技、社会文化等多个领域,涉及多方参与和共同努力。只有通过国际合作、全社会共识和创新性的举措,才能真正实现遗传资源的可持续利用、公正分享和全面保护。这既是对当前时代的责任,更是对未来世代的承诺,以确保地球上独特而珍贵的生物多样性得以传承和延续。

1.3.1 "安第斯共同体"关于生物遗传资源相关知识产权的保护制度

南美洲地区拥有相对丰富的生物遗传资源,因此其生物遗传资源保护制度需求及立法动机更高。1969 年,由哥伦比亚、玻利维亚、智利、厄瓜多尔、秘鲁和委内瑞拉 6 个国家组成的"安第斯共同体"正式诞生。这 6 个国家在联合国《生物多样性公约》生效后成为其缔约国。1996 年 7 月,"安第斯共同体"卡塔赫纳协定委员会通过了《关于遗传资源获取共同制度的第 391 号决议》(简称《第 391 号决议》),并以此为依据推进了《生物多样性公约》第 15 条第 1 项的区域性生物遗传资源获取与惠益分享管制立法。简单而言,《第 391 号决议》在尊重国家主权的原则以及非强制性要求国家推行相关立法的基础上,制订了共同体内生物遗传资源的保护和利用的统一框架。部分学者认为,"安第斯共同体"内相关国家之所以相继制定国家政策是因为受到技术、社会及政治层面种种问题的影响,并最终促成了该国家在本国范围内推行实施《第 391 号决议》的现状。

值得一提的是,"安第斯共同体"在 2000 年制定的《关于知识产权共同制度的第 486 号决议》(简称《第 486 号决议》)使得该区域的生物遗传资源专利保护工作获得了令人欣喜的发展进度。其与《第 391 号决议》的不同点在于,后者聚焦于生物遗传资源的获取规范,前者则更注重规范化专利授权中的来源披露和相关利益分析等问题。其中,该决议的第 26 条和第 75 条分别对"专利来源披露"及"若违背披露义务可能导致专利无效的后果"进行了明确定义。以上条款意味着《第 486 号决议》采取的是强制性来源披露政策,将有效推动建立积极的生物遗传资源保护制度。

1.3.2 非洲联盟:《关于保护地方社区、农民与育种者权利和规范生物遗传资源获取示范法》

非洲被称为是全球唯一一个拥有各类大型哺乳动物的地区,但其生物多样性因环境污染、气候变化、土壤盐碱化、外来物种入侵、人为破坏等因素而受到严重影响。不仅如此,非洲国家经济发展水平与世界平均经济发展水平差距较大,因此未能有效发展、利用其丰富的生物遗传资源。为避免生物剽窃及进一步协调非洲地区生物遗传资源获取、保护与惠益分享等问题,非洲联盟在 2000 年制定了《关于保护地方社区、农民与育种者权利和规范生物遗传资源获取示范法》(简称《示范法》),并以此为各成员国提供国内立法指导,其中包括育种者权、农民权及社区权利和责任等不同领域。非洲联盟自此代表联盟体内国家,积极参与历届《生物多样性公约》缔约方大会,表达、提出与生物遗传资源获取、保护及惠益分享相关的新诉求,并借此加强、完善非洲生物资源保护及相关法制建设。

《示范法》的立法体例深受《粮食和农业植物遗传资源国际条约》和《生物多样性公约》的影响,其不仅明确规定事先知情同意及惠益分享等问题,还纳入"农民权"和"社区权"等。举例而言,"农民权"明确且具体化了决策参与权、农民留种权和惠益分享权等内容,如《示范法》第六部分的"植物育种者权"对本区域植物遗传资源、传统知识社区权和农民权的保护事项进行了明确规定,表明了为确保有效发展生物遗传资源保护及加强其应用的可持续性,《示范法》不仅强调了国家对生物遗传资源的有效管制,亦强调了社区、农民等群体被赋予的相关权利。

1.3.3　东盟:《生物遗传资源获取框架协定草案》

因受地理、气候、历史、文化等因素影响,东南亚国家联盟(简称东盟)成员国对共同保护生物遗传资源制度存在一定需求。东盟的生物遗传资源保护体系建设与"安第斯共同体"和非洲联盟存在一定差距,其先后在 2000 年制定了《生物遗传资源获取框架协定草案》、2003 年通过了《东盟遗产公园宣言》、2005 年确立了《成立东南亚生物多样性中心的协议》等。但《生物遗传资源获取框架协定草案》至今仍未正式通过,相关谈判进程也较为缓慢。具体而言,《生物遗传资源获取框架协定草案》的制定目标之一在于确定东盟成员国中生物遗传资源法律保护的最低适用标准,因此其以《生物多样性公约》为基础明确了相关法律框架及基本原则,并且规范了生物遗传资源获取的事先知情同意原则和生物遗传资源利用中的惠益分享、技术合作等内容。除此以外,《生物遗传资源获取框架协定草案》就生物遗传资源的知识产权保护制度进行了细化:该草案不认可微生物、植物、动物或任意相关部分,以及土著与传统知识所申请的专利。不仅如此,在东盟区域搜集但未经《生物多样性公约》通过的材料将被定义为是有益于全人类共同利益且被信托管理的移地材料,因而无法进行知识产权事项申请。

2003 年,非东盟成员国的中国与东盟签订《全面经济合作框架协议》,并就此开展了更为密切且深度的合作。我国于 2010 年与东盟携手建成自由贸易区,并在此后相继确立双方合作机制等重要工作,即澜沧江 - 湄公河、大湄公河次区域经济合作机制,以及中国 - 东盟东部增长区合作等次区域合作框架。值得一提的是,在国际多边条约的指导下,我国与东盟国家已成功构建了囊括双边条约、多边条约及复边条约在内的全面知识产权合作体系。随着我国与东盟国家合作机制的建立及不断完善,双方在生物遗传资源领域的合作前景亦十分令人期待。从地理位置上来看,我国与东盟成员国老挝、缅甸、越南等国家位置相邻,拥有相似的气候条件;就资源种类而言,我国与东盟成员国(尤其是相邻国家)拥有较多共有物种,合作空间较大。遗憾的是,达成合作的基础问题仍未解决,即站在中国和东盟加入的国家条约及各国立法层面上来看,目前的生物遗传资源保护仍为多头管理,缺乏主导机构去协调各国生物遗传资源法律制度之间冲突的难题。当前,我国以"一带一路"倡议为切口,在 4 个方面建立、加强与东盟国家的合作机制,即提高东盟国家群众的遗传资源保护意识,确立基于区域遗传资源保护项目的政府间沟通机制,推行区域遗传资源保护的相关特殊法,以及构建独立信托基金会。

1.3.4 美国对生物遗传资源保护的方法

美国拥有全球先进的生物技术,其生物技术及相关成果的保护机制超前,但对生物遗传资源的保护则相对排斥。

1.3.4.1 美国对生物遗传资源的保护

作为全球遗传资源最丰富的国家之一,美国拥有许多珍贵的动、植物遗传资源,其立法和行政机构对其重要性拥有清晰、深刻的认知。美国的生物技术及制药保健公司利用生物遗传资源创造出了惊人的财富,并将所得利润投入到生产规模的扩大工作中,从而实现生产水平和生产技术的两面开花,形成正向积极循环。这不仅可以有效促进美国生物技术的发展,更能在确保生物遗传资源得到充分利用的同时对其进行有效保护。这也意味着美国已经解决了生物遗传资源利用和保护这一两难问题。

1.3.4.2 美国对生物遗传资源的立法与政策保护措施

美国完善的知识产权法律体系极大地推动了其生物遗传资源的商业转化进程。早期,美国将生命物质排除于知识产权的对象客体外,如 1930 年的《植物专利法》和 1970 年的《植物品种保护法》,前者为无性繁殖的非根茎类植物的专利保护方法,后者为"植物育种者权",即为有性繁殖材料的育种者提供特别权利保护。20 世纪 70 年代末,随着生物技术的高歌猛进,美国司法当局敏锐地意识到,如果要巩固美国的生物技术领先地位,他们需要对生命体展开强有力的全面保护。1980 年,美国联邦法院在戴蒙迪·查克拉巴蒂(Diamond Chakrabarty)案中认可了具有生命活性的人工微生物的专利性,并认为《专利法》保护的主体对象为"太阳下的任何人为事物"(anything under the sun that is made by man)。《专利法》主体对象完善后的美国生物技术如虎添翼。目前,美国针对生物遗传资源知识产权保护构建了"三管齐下"的保护体系,涵盖了立法、司法和产业政策等保护,如植物品种有性繁殖的植物品种保护认证、植物品种无性繁殖的植物专利、植物品种有性繁殖和无性繁殖的实用专利等。

1.3.4.3 美国对生物遗传资源惠益分享的态度

在生物遗传资源的获取问题上,美国持自由获取及转让的态度,并坚持以合同条约为基准来处理生物遗传资源利用和惠益等相关问题。合同谈判机制明确要求,遗传资源获取权利方应向相关当局汇报其发明成果,并在专利应用说明中陈述其遗传资源的获取来源。这意味着,美国是利用合同机制来确保生物遗传资源的国际交易和惠益分享的合理性,而非通过推行特别立法来规范生物遗传资源的保护和利用问题。美国认为,对知识产权展开严格保护是确保其生物技术领先全球水平的关键一环,因而不愿意在其优势领域中推行影响其知识产权保护力度的措施。这也是《生物多样性公约》一直不被美国国会认可的原因。许多国家对美国这一做法予以了回击:委内瑞拉中止了与美国公司的合作协议;印度、巴西、印度尼西亚和马来西亚等国家曾试图禁止美国获取本国的生物遗传资源。虽然这些举措未能实施,但美国许多大型生物技术公司、跨国制药集团却因此改变了对《生物多样性公约》的看法,并重新审视《生物多样性公约》的价值与意义。因为如果不遵从《生物多样性公约》制定的规则,不仅可能被国际社会所排斥,还可能被禁止在生物遗传资源所在国进行科研、经营活动,由此而引发的一系列经济代价非一般企业所能承担。商业竞争在高度发达的商业社会和愈渐复杂的国际环境中愈发激烈,这意味着尽管该企业可能为实力雄厚的大公司,但也有可能在一瞬间陷入破产合并的窘境。为避免在生物遗传资源获取活动中被限制,美国的一些生物公司开始遵守《生物多样性公约》相关规定,并基于《生物多样性公约》精神利用合同规限生物遗传资源的获取活动,其典型案例如美国黄石国家公园和蒂沃萨公司、美国国家癌症研究所、国际生物多样性合作组、哥斯达黎加国家生物多样性研究所和默沙东公司等项目的合同。

1.3.5 欧盟对生物遗传资源保护的方法

欧盟及其成员国采取类似于美国的生物遗传资源私法保护机制,即鼓励以合同方式自由制约各方权利义务,除非严重违反相关法律法规或公序良俗,否则政府不对协议内容进行干预。欧盟结合自身情况对私法保护机制进行具体调整,因此其与美国的私法管制模式存在一定程度的区别。

1.3.5.1 欧盟对生物遗传资源利用的现状

欧洲是专利制度的发源地,威尼斯共和国在15世纪末推行了全球第一部《专利法》,这充分体现了欧洲对知识产权的浓厚保护意识。17—18世纪,生产技术飞腾式进步,经济随之迅猛发展,新发明、新技术随之成为争夺市场的核心竞争手段。各国更因此加强对知识产权的保护,专利制度也逐渐成为全球发展的关键一环。欧洲地中海地区因拥有较为丰富的生物遗传资源而成为生物遗传资源获取关系中的"提供者"。与此同时,欧洲生物技术发展较早,其生物技术全球竞争力亦名列前茅,仅次于美国。不仅如此,欧洲也构建了许多供科研使用的动植物园、农业种子及微生物收集培养中心,这意味着欧洲在生物遗传资源获取关系中为"使用者"。欧洲的化妆品、育种、医药及生命科技研发等产业对生物遗传资源需求较大,相关企业先从生物遗传资源中提取出有利物质,经过一系列研发工作后,推出具有较高商业价值及市场前景的产品。目前,利用生物遗传资源所研发的相关产品已在全球市场流通,且供不应求,为企业创造了高额利润。生命科学产业已然成为欧盟的支柱产业,其不仅提供了大量社会就业机会,帮助企业赚取丰厚利润,而且政府也增加了税收,形成了积极正向的多赢局面。在生物技术管制上,欧洲并不像美国那般严格,其生物技术研发产品可快速通过审批并实现大规模生产。

1.3.5.2　欧盟对生物遗传资源的立法

1998 年,欧盟欧洲议会和欧盟理事会制定了《关于生物技术发明的法律保护的第98/44/EG 号指令》(简称《第 98/44/EG 号指令》),并用于构建生物遗传资源来源披露制度,以保障生物遗传资源来源披露的相关工作。但其仅为宣示性条款,即鼓励来源披露行为,并未规定不披露行为的法律后果。换而言之,披露行为并不会对专利申请中的行政审查过程及专利有效性挑战等环节造成影响。欧盟各成员国需确保本国法律与指令内容保持一致,即要求各成员国修改或撤销与指令相冲突的国家现行法令法规。为此,欧盟各成员国主要采取了三种做法:第一种为"回避策略",其代表国家为英国、西班牙,它们不对生物遗传资源来源披露义务进行规定,以回避《第 98/44/EG 号指令》。第二种为"全盘纳入策略",其代表国家为德国、瑞典、比利时,它们全盘纳入指令内容,制定生物遗传资源来源披露义务的非强制性规定。第三种策略为"定制化策略",其代表国家为意大利、挪威、丹麦,它们根据国情现状或自身意愿对指令原规定进行修改,如意大利严格化生物遗传资源来源披露义务标准——未披露或者披露未达到标准的专利申请将不予通过,已通过的专利权将被撤销或判为无效;同属北欧国家的丹麦与挪威国情相似,都将生物遗传资源来源披露义务写入刑法责任中,若违反披露义务,将分别根据丹麦《刑法典》第 163 条和挪威《刑法典》第 166 条,针对情节严重性及具体情节进行制裁。

1.3.5.3　欧盟解决生物遗传资源惠益的新尝试

为实现对国际社会的承诺,欧盟在签署《名古屋议定书》后通过了《511/2014 号法令》(亦称《欧盟 ABS 条例》),其效力比指令、决议、意见和建议等欧盟其他规范性文件更高。有学者总结,该条例在欧盟国家中具有普适性且具有法律约束力,所有成员国应遵循该条例。该条例不仅重申、强调了《名古屋议定书》的相关规定,更对其进行了细化,其主要内容包括最佳做法认定制度、藏品注册名录制度、监督和检查制度以及相关的配套措施。与此同时,该条例明确规定,欧盟采取的是私法管制模式,这与欧盟一贯态度一致,保障了欧盟各成员国的利益(欧盟需要大量生物遗传资源投入至其生物技术产业发展中,私法管制模式相对宽松,可促进欧盟生物产业的发展)。欧盟虽然与美国一样采取的是私法管制模式,但两者间存在一定区别,主要体现在交易的介入程度,欧盟介入得更深。欧盟为以私法为主体的交易活动提供便利及指导,以避免交易各方因实力不均衡、信息不对称等因素导致合同失去公平性。

1.3.5.4　典型的实践案例

2006 年,瑞士对《专利法》进行修订,并修改了基因序列的保护范围。修改前,瑞士对基因专利实行全面的"绝对产品保护型"保护,即无论某些基因序列功能是否已被揭示,或是否已在专利申请书中被披露过,专利制度都将对其进行全方面保护。但因绝对产品保护型保护范围过于宽泛,专利持有者的垄断权较大,瑞士针对以上两点进行了《专利法》修改。修改后的瑞士《专利法》根据权利要求所明确的基因序列用途对其保护范围进行了限制。部分学者提出,在该保护法的背景下,基因专利申请人务必公开基因特定用途,且其保护范围缩小。这将能有效解决生物科技产业链中上游基因专利的垄断地位,并帮助下游生物技术公司参与相关的基因技术研究。瑞士立法机关特意在《专利法》的修改过程中指明基因序列与化合物的不同之处:前者拥有两重属性,其不仅是一种化合物,还是某种遗传信息的载体,这一属性差异决定了两者专利保护方式的不同。

1993 年,凭借对生物技术发展前景的深刻认知,德国政府制定了《基因技术管理法》以对基因相关研究提供支持。1996 年,德国研究与技术部开展了生物区域竞争计划,目的是促进同区域生物科技公司间的交流以促进创新协同工作,提高其科研水平和资金利用效率,鼓励企业改革及联合重组公司。德国的生物技术行业在经历一系列举措后,其生物技术经济产值及专利申请量均居于欧洲前列。

1.3.6　我国对于人类遗传资源管控的法规

我国从 1998 年开始对人类遗传资源进行管理。《人类遗传资源管理暂行办法》经国务院批准同意后正式实施,该文件提高了我国对遗传资源的合理利用和有效保护,更加强了人类基因的研究与开发工作,促进平等互利的国际合作与交流。《人类遗传资源管理暂行办法》的内容为总则、管理机构、申报与审批、知识产权、奖励与处罚、附则,共 6 章 26 条,其规范了在我国范围内所进行的遗传资源相关活动行为准则,包括我国遗传资源的定义、《人类遗传资源管理暂行办法》适用范围、确定在我国境内进行遗传资源相关活动的指导规范等。《人类遗传资源管理暂行办法》在管理对象界定和实际实施可操作性等方面并不完善,但其为第一份国务院办公厅印发的人类遗传资源规范性文件,对我国人类遗传资源的法制化建设具有重要意义。随着时代的不断发展和国际、国内形势的不断变化,《人类遗传资源管理暂行办法》在条文深度和覆盖广度上已无法满足错综复杂的时代发展要求,如遗传资源的合作规定不够详细,采集获取利用遗传资源的细节不够明确等。

2019 年 3 月 20 日,国务院第 41 次常务会议通过《中华人民共和国人类遗传资源管理条例》(简称《人类遗传资源管理条例》),其于 2019 年 5 月 28 日公布,自 2019 年 7 月

1 日起开始施行。该条例的颁布,是我国遗传资源法制化进程中的关键节点。《人类遗传资源管理条例》的出台对我国遗传资源保护和利用工作,以及开启遗传资源的管理进程具有重大意义。《人类遗传资源管理条例》在总结之前实践经验并结合现行《人类遗传资源管理暂行办法》的一系列缺位问题后,作为更为详细全面的行政法规出台,这也是我国人类遗传资源管理法规的重要依据[9]。

《人类遗传资源管理条例》较之前的《人类遗传资源管理暂行办法》有几点重要改进:①加大了保护的力度。如第五条指出,国家加强对我国人类遗传资源保护,开展人类遗传资源调查,对重要遗传家系和特定地区人类遗传资源实行申报登记制度;第二十一条指出,如外国单位需要利用我国遗传资源进行科学研究,则需与中方单位采取合作形式进行等。②鼓励合理利用。如第十八条指出,若科研机构、高等学校、医疗机构、企业利用人类遗传资源开展研究开发活动,则其研究开发活动以及成果的产业化将依照法律、行政法规和国家有关规定予以支持等。③更加规范化。如第十二条指出,采集我国人类遗传资源,应当事先告知人类遗传资源提供者采集目的、采集用途、可能对健康产生的影响、个人隐私保护措施及其享有的自愿参与和随时无条件退出的权利,须在征得人类遗传资源提供者书面同意后再进行。在告知人类遗传资源提供者前款规定信息时,必须全面、完整、真实、准确传递信息,不得存在隐瞒、误导或欺骗等行为。④增加了技术服务,鼓励采用互联网技术服务,使申请、审批、备案等事务更为便利化。

自《人类遗传资源管理条例》发布后,关于其在实务中具体实施的问题和条文解释存在着的许多困惑亟待解决,2022年《人类遗传资源管理条例实施细则(征求意见稿)》回应了《人类遗传资源管理条例》中的许多实务问题,包含了人类遗传资源的使用申请、保藏、对使用遗传资源项目的监督和对违规使用、保藏遗传资源的处罚,涵盖了人类遗传资源管理的全过程。

2020年10月17日,中华人民共和国第十三届全国人民代表大会常务委员会第二十二次会议通过了《生物安全法》,该法律自2021年4月15日起实施。自此,生物安全被纳入国家安全体系,并以立法的形式固定下来。《生物安全法》的第六章专门对人类遗传资源与生物资源安全制定了更为全面详细的法律规定,这标志着我国遗传资源法律体系的建立进程进入了新篇章。

1.4 遗传资源的共享

由于遗传资源在科研、经济、政治上的巨大价值,其不可避免地引起全球化的激烈争夺。科技、经济不发达但拥有极为丰富遗传资源的国家容易受到科技、经济发达国家对其所有遗传资源的生物剽窃。一些跨国公司往往在未经资源拥有国允许的情况下,对该国的遗传资源进行开发与利用,随后将所得成果通过西方的自由法律体系固定成知识产权,使其掠夺行为合法化,并以此开发产品赚取利益。因此,虽然目前全球91%以上的生物物种在亚洲、非洲、南美洲,但发达国家却控制着世界87%的微生物基因库、88%的家禽基因库和69%的种子基因库。

我国蕴藏着丰富的遗传资源,是遗传资源拥有量大国,但同时也是一些国家生物剽窃的重点目标。在我国遗传资源保护意识还比较淡薄的时候,便发生了大量的生物剽窃事件。比如新西兰的支柱产业——奇异果出口,其全球奇异果市场份额占有率为30%,年产值高达35亿美元,但该产品其实是基于对我国猕猴桃生物遗传资源的剽窃。新西兰本不产猕猴桃,20世纪初一个名为詹姆斯的新西兰人从我国中原一带收集了野生的猕猴桃种子并带回新西兰,在20世纪30年代进行产业化的种植,并取名为"奇异果",而后畅销全球,成了新西兰的经济支柱产业。现如今,新西兰仍不断地在我国收集野生猕猴桃的生物遗传资源以改良奇异果品种,但我国从未从该遗传资源的开发利用中获得任何利益,反而需要支付更高费用以进口奇异果这一原产于我国本土的水果。不仅如此,如果我们想要栽培奇异果,还需要向新西兰支付高额的专利费。

我国是大豆的原产国,但在1979年,一个美国人把我国上海近郊的野生大豆种子带回美国,美国孟山都公司对其进行研究,通过生物技术发现了该种子内的高产基因,继而在全球范围内注册了大量专利技术。孟山都公司利用大豆专利技术在全球大量敛财,但因专利保护,我国甚至无法对本属于上海近郊的大豆种子进行研究开发。不仅如此,任意一个国家若要种植该大豆品种都需交付高额的专利费,使得美国如今已成为全球最大的大豆生产国和出口国。数据显示,截止2021年底,美国大豆产量达到1.08亿吨,占全球大豆总产量的34%。而我国2021年的大豆产量仅为1960万吨,且早已取代欧盟成为世界上最大的大豆进口国。

显而易见,遗传资源提供方和遗传资源获取方之间在遗传资源的共享中存在诸多矛盾,其中最为明显的表现在以下两个方面。

1.4.1　遗传资源输出国与开发利用国之间的利益冲突

如前所述,遗传资源的输出国往往是生物科技不发达的发展中国家,这些国家以低廉的价格将本国的遗传资源提供给发达国家,发达国家利用本国先进的生物科技将这些遗传资源开发研究形成专利技术,使其商业化,并在全球范围兜售这些生物科技商品以赚取巨大的利益。但遗传资源提供国却无法从中获取应有的回报,反而需要支付高额费用来购买这些由本国的生物遗传资源所产生的商品。

1.4.2　遗传资源提供方与遗传技术开发方的利益冲突

遗传资源为开发方提供了大量的遗传资源,开发方在此资源基础上进行技术开发,所得成果形成知识产权和专利,并获得大量利益回报。但遗传资源的提供方与遗传资源的价值增值之间并不存在任何关系,更无法获得合理的回报。

国际社会很早就意识到,需要建立一个完善的遗传资源共享机制来避免这种科技侵略的现象,保障生物科技不发达国家的利益,同时使国际生物遗传资源的利用更为规范化。

1992 年,联合国《生物多样性公约》出台,其目标是确保在获得生物资源和共享利益的过程中,社会能够促进世界生物多样性保护和持续利用。该公约的三大目标(①保护生物的多样性;②可持续利用自然资源;③公正和公平地分享利用遗传资源所产生的惠益)之一就是建立惠益分享机制。《生物多样性公约》指出,生物遗传资源在获取上应符合生物遗传资源所有国的同意原则,在互相尊重与利益互惠的基础上展开,未经允许获得的生物遗传资源在产生利益后也应该分享。《生物多样性公约》规定,发达国家将以赠送或转让的方式向发展中国家提供新的补充资金以补偿它们为保护生物资源而日益增加的费用,应以更实惠的方式向发展中国家转让技术,从而为保护世界上的生物资源的发展中国家提供便利。

惠益分享,简单地说就是如果一个国家或组织因为使用某种生物遗传资源所获益,那么应将所获得利益的一部分分给生物遗传资源的拥有者。这种共享机制可在一定程度上保证遗传资源利用的公平性。

在国际社会争取遗传资源共享公平性的努力中,还有其他一些国际条约的产生,如联合国粮食农业组织(food and agriculture organization,FAO)通过的《关于植物基因资源的国际承诺》《人类基因组与人权问题的世界宣言》等。随着遗传资源共享进程的发展,2010 年《名古屋议定书》在联合国各国多年的努力下终于达成协议。《名古屋议定书》就生物遗传资源利用及其利益分配规则问题上规定,利益分配的对象仅限于议定书生效之后利用的生物遗传资源。为加强监管,防止不正当取得和使用,《名古屋议定书》规定遗传资源的利用国须设立至少一处以上监管机构。但《名古屋议定书》没有明确规定增加发展中国家资金援助的具体数额。

我国在遗传资源惠益分享方面的建设上尚未成熟,违反惠益分享规则的行为在我国还频频发生。2018 年 10 月 24 日,科学技术部的官方网站挂出一批行政处罚决定书,知名跨国药企阿斯利康公司上榜,其被处罚的原因为违规采集、收集、买卖、出口、出境人类遗传资源和开展超出审批范围的科研活动。境外公司通过低价收购或哄骗误导消费者等方式向他们提供低价基因服务,并违规收集大众生物信息、遗传资源,因而引起了我国监管部门的注意。1998 年国务院办公厅印发的《人类遗传资源管理暂行办法》就规定了,只要是中国患者的采集样本,包括但不限于全血、血清、血浆、组织、唾液、尿液、头发等样本都属于遗传资源。因此,无论是否出口、出境,所有外方参与的临床试验都必须在中国人类遗传资源管理办公室审批后才能启动。这一文件曾激起医药行业的强烈反响，被认为拖慢了新药上市进程。随着互联网技术的飞速发展，当下非法采集的人类遗传资源已由传统人体组织、细胞等实体样本携带出国，转变为通过互联网将基因数据发往国外。"隐蔽性越来越强，这很难发现"，中山大学肿瘤医院临床研究部主任洪明晃坦言。绝大多数提供超低价格基因检测服务的公司背后都有跨国公司的身影。种种遗传资源剽窃的案件屡见不鲜，这使得我国必须出台更详细、更全面的遗传资源共享制度，其不仅应确保我国丰富的遗传资源能最大程度上被利用，从而孵化出更多有利于人类健康、社会发展的生化产品，同时也要保护遗传资源提供方和国家的根本利益。这对我们国家来说，既是挑战也是机遇，挑战是遗传资源，因为目前出台的法律还不够完善，界定、获取、归属、交易、研发、生产、利益分配等多方面仍具有模糊性。所以我们需要加快遗传资源惠益分享机制的法律保护工作的推进。同时，一个适应当下国情的惠益分享机制将有利于我国遗传资源的开发，遗传资源的市场前景无论从科研价值、经济价值还是政治战略价值上来看都是十分广阔的，相信我国的遗传资源开发和利用工作将在一个完善的惠益分享机制下蓬勃发展[10]。

（张　喆）

参考文献

[1] 联合国. 生物多样性公约［EB／OL］.（1992 － 6 － 1）［2023 － 6 － 1］. https：//www. cbd. int/doc/legal/cbd － zh. pdf.

[2] 联合国. 粮食和农业植物遗传资源国际条约［EB/OL］.（2001 － 11 － 3）［2023 － 6 － 10］. https：//www. fao. org/3/i0510c/i0510c. pdf.

[3] 刘立甲. 生物遗传资源知识产权保护问题研究［D］.武汉：武汉大学，2019.

[4] 全国人民代表大会常务委员会.中华人民共和国生物安全法［J］.中华人民共和国全国人民代表大会常务委员会，2021（8）：15 － 21.

[5] 中华人民共和国科学技术部.科学技术部令第 21 号 人类遗传资源管理条例实施细则［EB/OL］.（2023 － 6 － 1）［2023 － 6 － 2］. https：//www. safea. gov. cn/xxgk/xinxifen-lei/fdzdgknr/fgzc/bmgz/202306/t20230601_186416. html.

[6] 陈厚凯，郝瑞，田瑞军. 蛋白质测序技术进展［J］. 科学通报，2021，66（25）：3309 － 3317.

[7] 中华人民共和国生态环境部. 保护生物物种资源，构建人与自然和谐社会［EB／OL］.（2020 － 5 － 4）［2023 － 6 － 11］. https：//www. dongzhi. gov. cn/OpennessCon-tent/show/966064. html.

[8] 中国科学院. 人类遗传资源是无价之宝［EB／OL］.（2019 － 8 － 48）［2023 － 6 － 11］. https：//www. cas. cn/kx/kpwz/201908/t20190822_4710901. shtml.

［9］中华人民共和国国务院.中华人民共和国人类遗传资源管理条例［J］.中华人民共和
国国务院公报, 2019(18):29－35.

［10］王文达.生物遗传资源获取与惠益分享国际法问题研究［D］.兰州:甘肃政法大
学, 2021.

第2章
人类遗传资源

人类遗传资源是可单独或联合用于识别人体特征的遗传材料或信息,是开展生命科学研究的重要物质和信息基础,是认知和掌握疾病的发生、发展和分布规律的基础资料,是推动疾病预防、干预和控制策略开发的重要保障,已成为公众健康和生命安全的战略性、公益性、基础性资源。本章对遗传、人类遗传的生物学基础、人类基因及突变、人类遗传性状等相关知识予以详细介绍。

2.1 遗传

2.1.1 遗传学的概念

遗传学是研究生物遗传和变异规律的科学。所谓遗传(inheritance)[1],就是指生物亲代与子代,以及子代个体间存在相似性的现象,是维持物种稳定的重要因素。正是因为遗传在生物中保持着子代与亲代的基本特征,使得生物可以长期发展延续下去。所谓变异,就是指生物亲代与子代个体间存在差异的现象,是物种产生和进化的动力。正是因为变异,地球上的生物才从单细胞生物发展、进化,形成了今天两百多万种动物、植物、微生物等丰富多彩的缤纷世界。

2.1.2 遗传学的发展

遗传学在发展中至少经历了三次飞跃。

遗传学是在植物杂交和育种的推动下发展起来的。奥地利布隆修道院神父格雷戈尔·约翰·孟德尔（Gregor Johann Mendel）在菜园种植豌豆时留心观察，发现自花授粉的豌豆虽然花冠有白有红、豆粒有饱满有皱缩、未熟豆荚有绿色有黄色，但这些特点的遗传非常稳定。孟德尔提出在亲代和子代间遗传的性状是由"遗传因子"决定的，由于当时对遗传的物质基础还不明确，这些"遗传因子"到底是什么，没有人能解释清楚。1865 年，孟德尔发表了长达 41 页的论文《植物杂交实验》，提出了两大发现。一是遗传分离，是指在杂合子细胞中，位于一对同源染色体上的等位基因具有一定的独立性，当细胞进行减数分裂时，等位基因会随着同源染色体的分开而分离，分别进入两个配子之中，独立地随配子遗传给后代。每个配子中就只含有亲代一对基因中的一个，完成不同遗传性状的独立传递。二是自由组合，是指控制不同性状的遗传因子在分离和组合时是互不干扰的，在形成配子时，决定同一性状的成对遗传因子彼此分离，决定不同性状的遗传因子自由组合，随机配对，机会均等，形成子代的基因型。遗憾的是，由于种种原因，他的这篇论文并未引起人们的重视，在故纸堆中被埋没了整整 35 年。直到 1900 年，荷兰的雨果·德·弗里斯（Hugo de Vries）、德国的卡尔·科伦斯（Carl Correns）和奥地利的埃里克·冯·切马克（Erich von Tschermak）各自独立研究再次发现了这一规律。他们经过对过去文献的调查，重新发现了孟德尔的论文，并加以研究、推广，这标志着现代遗传学的正式诞生。人们为了纪念孟德尔的巨大贡献，将这两大遗传发现命名为"孟德尔第一定律（遗传分离定律）"和"孟德尔第二定律（自由组合定律）"，并将孟德尔誉为"遗传学之父"。孟德尔关于"遗传因子"（也就是基因）的假设和两大定律的发现成为遗传学的肇始。

半个多世纪后，美国进化生物学家、遗传学家和胚胎学家托马斯·亨特·摩尔根（Thomas Hunter Morgan）发现了染色体的遗传机制，并创立了染色体遗传理论。他通过研究果蝇中白眼、红眼的伴性遗传，证明基因是实实在在存在的，并且位于染色体上。摩尔根在 1909—1911 年研究果蝇的遗传过程中发现，染色体可以自由组合，而排在一条染色体上的基因是不能自由组合的，他把这种特点称为基因的连锁。摩尔根在长期的试验中还发现，由于同源染色体的断离与结合而产生了基因的互相交换。连锁和交换定律（law of linkage and crossing－over），是摩尔根发现的遗传学第三定律。这些成果给神奇的遗传现象找到了物质基础，成为遗传学的第二次飞跃。1933 年，摩尔根获得诺贝尔生理学或医学奖。

继孟德尔提出"遗传因子"概念后，1909 年，丹麦植物学家维尔赫姆·路德维希·约翰逊（Wilhelm Ludwig Johannsen）用"基因[2]"一词取代了"遗传因子"。20 世纪 40 年代，科学家们搞清了核酸，特别是脱氧核糖核酸（DNA）是生物的遗传物质时，"基因"一词才有了确切的内容。英国实验专家罗莎琳·爱尔西·富兰克林（Rosalind Elsie Franklin）于 1952 年分辨了 DNA 的两种构型，并成功地拍摄了 DNA 晶体的 X 线衍射照片。1953 年，詹姆斯·杜威·沃森（James Dewey Watson）和弗朗西斯·哈利·康普顿·克里克(Francis Harry Compton Crick)在罗莎琳·爱尔西·富兰克林等科学家研究成果的基础上,首先提出了 DNA 双螺旋(DNA double helix)结构模型,同年 2 月 28 日,建立了日后被追认为分子生物学诞生标志的 DNA 双螺旋结构,并于 4 月 25 日在英国《自然》杂志发表了题为"核酸的分子结构脱氧核糖核酸的一个结构模型"的论文。沃森和克里克的决定性贡献在于,他们弄清了 DNA 的结构(两根相互缠绕的双螺旋),并在此后找到了 DNA 自我复制的生化机制。DNA 模型的建立,揭开了生物遗传信息传递的秘密,从遗传物质结构变化的角度解释了遗传性状宽度的原因,并标志着遗传学完成了由"经典"向"分子"时代的过渡,代表了人类对生命科学的研究已经从描述现象深入到阐明生命体的物质基础和基本规律,这是遗传学的第三次飞跃,这一成果在 1962 年获得诺贝尔生理学或医学奖。

2.2 人类遗传的生物学基础

人类遗传的生物学基础包括以下内容[3-4]。

2.2.1 细胞

人体由细胞构成各种组织,组织又构成器官,器官再形成各系统。细胞是人体生命活动的基本结构、功能、发育和遗传的单位,从遗传信息复制、传递到性状表达,都是在细胞中完成的。细胞是人体的结构和功能单位,共有 40 万亿～60 万亿个,除了成熟的红细胞外,所有细胞都有一个细胞核,是调节细胞作用的中心。最大的是成熟的卵细胞,直径在 0.1mm 以上;最小的是血小板,直径只有约 2μm。

2.2.1.1 细胞的基本结构

细胞是一切生物体结构和功能的基本单位。细胞的结构主要有细胞膜、细胞质和细胞核三个部分。在电子显微镜下观察细胞,可以分为膜相结构和非膜相结构。细胞膜是细胞表面的一层薄膜,它的厚度大约是 7.5nm,细胞膜的化学成分主要是类脂、蛋白质和一定量的糖类。细胞质是细胞膜与细胞核之间的部分。

1. 细胞膜

人体细胞的表层是细胞膜。磷脂双分子层是构成细胞膜的基本支架;功能是选择性地交换物质,吸收营养物质,排出代谢废物,分泌与运输蛋白质。细胞膜既能维持稳定代谢的胞内环境,又能调节和选择物质进出细胞;细胞膜通过胞饮作用、吞噬作用或胞吐作用吸收、消化和外排细胞膜外、内的物质。

2. 细胞质

细胞质是细胞膜以内、细胞核以外的一切半透明、胶状、颗粒状物质的总称,包括基质、细胞器和包含物,在活体状态下为透明的胶状物。基质是指细胞质内呈液态的部分,是细胞质的基本成分,主要含有多种可溶性酶、糖、无机盐和水等,为各种细胞器提供所需的离子环境并供给所需的一切物质。

3. 细胞器

细胞器是散布在细胞质内具有一定形态和功能的微结构或微器官,主要有线粒体、内质网、中心体、叶绿体、高尔基体、核糖体等。其中,叶绿体只存在于植物细胞,液泡只存在于植物细胞和低等动物细胞,中心体只存在于低等植物细胞和动物细胞。它们组成了细胞的基本结构,使细胞能正常地工作、运转。

(1)内质网:指细胞质中一系列囊腔和细管,彼此相通,形成一个隔离于细胞质基质的管道系统,是细胞内蛋白质加工、脂质合成的"车间"。内质网可分为滑面内质网和粗面内质网,粗面内质网加工蛋白,滑面内质网合成脂质。

(2)核糖体:细胞内一种核糖核蛋白颗粒,分为附着核糖体和游离核糖体。所有细胞都含有核糖体,它是合成蛋白质的场所。核糖体主要由 RNA 和蛋白质构成,其唯一功能是按照信使 RNA 的指令将氨基酸合成蛋白质多肽链。

(3)高尔基体:在分泌蛋白的合成与运输中起着重要的交通枢纽作用,可对来自内质网的蛋白质再加工,是分类和包装的"车间"及"发送站"。真核动、植物细胞中都含有高尔基体,高尔基体在动物细胞中参与分泌物的形成,在植物细胞中参与细胞壁的形成。

(4)溶酶体:单层膜结构,是"消化车间",内部含有多种水解酶,能分解衰老、损伤的细胞器,吞噬并杀死入侵的病毒或细菌,真核动、植物细胞中都含有溶酶体。溶酶体由高尔基体断裂产生,含有 60 多种能够水解多糖、磷脂、核酸和蛋白质的酸性酶,这些酶有的是水溶性的,有的则结合在膜上。溶酶体的功能有两个,一是与食物泡融合,将细胞吞噬进的食物或致病菌等大颗粒物质消化成生物大分子,残渣通过外排作用排出细胞;二是在细胞分化过程中,某些衰老细胞器和生物大分子等陷入溶酶体内并被消化掉。

(5)线粒体:细胞内产生三磷酸腺苷(ATP)的重要部位,是细胞内的动力工厂或能量转换器,细胞生命活动所需的能量大约95%来自线粒体。线粒体具有半自主性,能相对独立遗传,腔内有呈环状的 DNA 分子、少量 RNA 和70S 核糖体,它们都能自行分化,但是部分蛋白质还要在细胞质内合成,属于半自主性细胞器。

(6)中心体:细胞中一种重要的无膜结构的细胞器,存在于动物及低等植物细胞中,是细胞分裂时内部活动的中心。在细胞分裂前,中心体自身复制成两个,然后分别向细胞两极移动;到中期时,两个中心体分别移到细胞两极;到细胞分裂后期、末期,随细胞的分裂分配到两个子细胞中。

4. 细胞核

细胞核是细胞内遗传信息储存、复制和转录的主要场所,大多呈球形或椭圆形,通常位于细胞的中央,依靠双层多孔的核膜与细胞质分隔,核内含有核膜、核仁、核基质(核液)、染色质(或染色体)。细胞核内部含有细胞中大多数的遗传物质DNA,这些DNA与多种蛋白质(如组织蛋白)复合形成染色质,染色质在细胞分裂时会浓缩形成染色体,其中所含的所有基因合称为核基因。细胞核的作用是维持基因的完整性,并通过调节基因表达来影响细胞的活动。

2.2.1.2 细胞的组成成分

1. 核酸

核酸是由许多核苷酸单体聚合成的生物大分子化合物,是生物遗传信息的载体。核酸由核苷酸组成,而核苷酸单体由戊糖、磷酸基和含氮碱基组成,如果五碳糖是脱氧核糖,则形成的聚合物是脱氧核糖核酸[5](deoxyribo nucleic acid,DNA);如果五碳糖是核糖,则形成的聚合物是核糖核酸(ribonucleic acid,RNA)。

核苷酸分子由一个核苷酸碱基、一个核糖(或脱氧核糖)和一个磷酸基团组成。核苷酸碱基有两种,分别是嘌呤(purine)碱和嘧啶(pyrimidine)碱。嘌呤碱有腺嘌呤(adenine,A)和鸟嘌呤(guanine,G),嘧啶碱有胞嘧啶(cytosine,C)和胸腺嘧啶(thymine,T)或尿嘧啶(uracil,U)。DNA和RNA都有G、C和A,T存在于DNA中,U存在于RNA中。戊糖是含有五个碳原子的五碳糖,RNA中的戊糖为D－核糖;DNA中的戊糖为D－2脱氧核糖,即D－核糖的第二位碳原子上脱去了一个氧原子。另外,每个核苷酸上还有1~3个磷酸基团。

嘧啶碱的第一位氮原子或嘌呤碱的第九位氮原子与戊糖的第一位碳原子通过糖苷键连接成核苷,核苷中戊糖的第五位碳原子再与磷酸通过磷酸酯键连接成单核苷酸,单核苷酸之间通过磷酸二酯键连接而成多核苷酸链。如同氨基酸是蛋白质的基本单位一样,单核苷酸是核酸的基本组成单位。

(1)DNA结构:一般分为三级。DNA的一级结构是由四种不同的单核苷酸按照一定的数目、比例、排列顺序通过磷酸二酯键连接而成的多核苷酸长链,DNA的一级结构与它的生物学功能密切相关,任何一个核苷酸的插入、缺失或位置颠倒等细微变化,都会导致核酸的结构及生物功能的改变。如果这种改变可以遗传下来,遗传的性状就会发生改变。DNA的二级结构是指DNA的空间构象,规则的双螺旋结构是其最显著的特点。即DNA分子是由两条反向平行的多核苷酸长链(一条链是3′→5′走向,另一条链是5′→3′走向)围绕着同一个中心轴盘旋成螺旋状结构,中间通过碱基对(base pair,bp)之间的氢键相连。多核苷酸链上的碱基G与C配对,A与T配对,称为互补碱基。G与C之间有3个氢键结合,A与T之间有2个氢键结合。DNA的双螺旋结构是其半保留复制和遗传信息按孟德尔规律传递的基础。DNA的三级结构是由双螺旋DNA分子盘绕折叠而成的染色体,真核生物的染色体在细胞增殖周期的大部分时间是以染色质的形式存在的,在细胞分裂时期染色质进一步折叠压缩成染色体。

（2）RNA 结构：通常呈单链结构，就是类似于 DNA 一级结构的单核苷酸连接而成的多核苷酸长链。单个 RNA 分子高度倾向于形成分子内碱基配对，如发夹结构、茎、内环、突环、多枝环和假结等，又被称为二级结构。二级结构再往更高层次的压缩、折叠就形成 RNA 的三级结构。

2. 蛋白质

蛋白质是构成细胞的基本有机物，是组成人体一切细胞、组织的重要成分，是生命的物质基础、构成人体组织器官的支架和主要物质，占人体全部质量的 16%～20%，机体中的每一个细胞和所有重要组成部分都有蛋白质参与。人体内蛋白质的种类很多，性质、功能各异，但都是由 20 多种氨基酸按不同比例组合而成的，由 α - 氨基酸按一定顺序结合形成一条多肽链，再由一条或一条以上的多肽链按照其特定方式结合成高分子化合物，其具有一定的空间结构。

3. 糖类

糖类是自然界中分布广泛的一类重要的有机化合物，日常食用的蔗糖、粮食中的淀粉、植物体中的纤维素、人体血液中的葡萄糖等均属糖类，可分为单糖、二糖和多糖等。葡萄糖是单糖；麦芽糖、蔗糖、乳糖是二糖；多糖则是单糖缩合的多聚物，主要由碳、氢、氧三种元素组成，一般被称为"碳水化合物"。糖类在生命活动过程中起着重要的作用，是一切生命体维持生命活动所需能量的主要来源。

4. 脂类

脂类是人体需要的重要营养之一，可以供给机体所需的能量、提供机体所需的必需脂肪酸，也是人体细胞组织的组成成分之一，细胞膜、神经髓鞘中都含有脂类。脂类主要包括脂肪酸、中性脂肪、类固醇、蜡、磷酸甘油酯、鞘脂、糖脂、类胡萝卜素等，脂类化合物难溶于水，而易溶于非极性有机溶剂。

2.2.2　染色体

染色体[6]是染色质结构紧密折叠的结果，是细胞分裂时遗传物质存在的特定形式，由 DNA、组蛋白及少量 RNA 组成。在细胞从间期到分裂期的过程中，染色质通过螺旋化折叠成为染色体，而在细胞从分裂期到间期的过程中，染色体又解螺旋舒展成为染色质。真核细胞的基因大部分存在于染色体上，通过细胞分裂，基因伴随染色体的传递而传递，从亲代传给子代延续生命活动。

2.2.2.1　人类染色体的数目

人类细胞有 23 对染色体（包括 22 对常染色体和 1 对性染色体），即每个细胞共有 46 个染色单体。第 1 对到第 22 对叫作常染色体（autosome），为男、女所共有，第 23 对是一对性染色体(sex chromosome),雄性个体细胞的性染色体为 XY,雌性的性染色体则为 XX。每对染色体中一条来自父方,另一条来自母方,它们互称为同源染色体(homologous chromosome)。除此之外,人类细胞还有数百个线粒体 DNA 拷贝,其遗传方式与常染色体不同。

2.2.2.2 人类染色体的形态结构

染色体虽然形态、大小各自不同,但是每条染色体基本上由以下几部分构成。①着丝粒(centromere)是两条染色单体在此相连接,形成凹陷缩窄区域,也称初级缢痕(primary constriction)或主缢痕。着丝粒是细胞分裂中染色体与纺锤丝整合附着部位,与有序的染色体分离密切相关。②着丝粒将染色体划分为短臂(p)和长臂(q)两部分。③端粒(telomere)是染色体短臂和长臂末端的特殊结构,端粒对维持染色体稳定、防止染色体之间的粘连起着重要作用。④次级缢痕(secondary constriction)是某些染色体短臂或长臂上存在的凹陷狭窄区。⑤随体(satellite)是人类近端着丝粒染色体短臂末端存在的一个球形结构,与核仁形成有关。

根据着丝粒位置可以将人类染色体分为三种类型。①中着丝粒染色体:着丝粒位于或靠近染色体中央,在染色体纵轴的 1/2 ~ 5/8,可以将染色体分为长短相近的两个臂。②亚中着丝粒染色体:着丝粒位于染色体纵轴的 5/8 ~ 7/8,可以将染色体分为长短不同的两个臂。③近端着丝粒染色体:着丝粒靠近一端,位于染色体纵轴的 7/8 到末端,这类染色体短臂较短。

2.2.2.3 性别

人类体细胞23 对染色体中,有 22 对是男、女共有的常染色体,1 对是男、女间不同的性染色体,包括 X 染色体和 Y 染色体,性染色体与性别决定有直接关系。男性为异型性染色体,性染色体组成为 XY,体细胞中含有一条 X 染色体,一条 Y 染色体;女性为同型性染色体,性染色体组成为 XX,体细胞中含有两条 X 染色体。在配子形成过程中,男性可以产生两种精子,即含有 X 染色体的 X 型精子和含有 Y 染色体的 Y 型精子,两种精子的数目均等;而女性只能形成含有一种 X 染色体的卵子。受精时,X 型精子与卵子结合,形成性染色体为 XX 的受精卵,将来发育成女性;而 Y 型精子与卵子结合,形成性染色体为 XY 的受精卵,将来发育成男性。

2.2.2.4 人类染色体核型

将一个体细胞中全部染色体按照大小和形态特征,依次排列而成的图像称为核型(karyotype)。根据国际标准,人类23 对染色体按其大小和着丝粒位置分为 A、B、C、D、E、F、G 7 个组,A 组最大,G 组最小,X 染色体归入 C 组,Y 染色体归入 G 组。①A 组:1 ~ 3 号染色体,最大,着丝粒位置为中(1 号、3 号)和亚中(2 号)。②B 组:4、5 号染色体,次大,着丝粒位置为亚中。③C 组:6 ~ 12 号染色体、X 染色体,中等,着丝粒位置为亚中。④D 组:13 ~ 15 号染色体,中等,着丝粒位置为近端。⑤E 组:16 ~ 18 号染色体,小,着丝粒位置为中(16 号)和亚中(17 号、18 号)。⑥F 组:19、20 号染色体,次小,着丝粒位置为中。⑦G 组:21、22 号染色体和 Y 染色体,最小,着丝粒位置为近端。

核型的描述分为两部分,第一部分为染色体总数,第二部分为性染色体的组成,两者之间用“,”分隔开。正常女性核型描述为 46,XX,正常男性核型描述为 46,XY。

2.2.3　细胞分裂

细胞分裂是指活细胞增殖其数量,由一个细胞分裂为两个细胞的过程,分裂前的细胞称母细胞,分裂后形成的新细胞称子细胞。细胞有性生殖主要有有丝分裂和减数分裂两种形式。

有丝分裂是细胞分裂的主要方式,因为在分裂过程中可以看到纺锤丝,故称为有丝分裂。有丝分裂过程中,染色体复制一次,细胞核分裂一次,每一个子细胞有着和母细胞同样的遗传特性。因此,有丝分裂的生物学意义在于它保证了子细胞具有与母细胞相同的遗传性能,保持了遗传的稳定性。

减数分裂(meiosis)又称为成熟分裂,是性母细胞成熟时,配子形成过程中发生的一种特殊有丝分裂,因为它使体细胞染色体数目减半,故称为减数分裂。在减数分裂过程中,细胞连续分裂两次,但染色体只复制一次,同一母细胞分裂成的 4 个子细胞的染色体数只有母细胞的一半。通过减数分裂导致了有性生殖细胞(配子)的染色体数目减半,而在以后发生有性生殖时,二配子结合成合子,合子的染色体重新恢复到亲本的数目。这样周而复始,不仅使物种的遗传性具有相对的稳定性,又因为分裂过程中同源染色体发生了片段交换,产生了遗传物质的重组,丰富了遗传的变异性。

有丝分裂和减数分裂的相同点:细胞分裂中都出现了纺锤丝;染色体在细胞中都只复制一次。不同点:①有丝分裂时染色体复制一次细胞分裂一次,减数分裂时染色体复制一次细胞连续分裂两次;②有丝分裂无同源染色体联会行为,减数分裂在第一次分裂中发生联会,并出现姐妹染色单体的互换;③有丝分裂后形成两个体细胞,减数分裂后形成四个精子或一个卵细胞;④有丝分裂后子细胞中的染色体数目与母细胞相同,减数分裂后子细胞中染色体数目减半。

2.2.4　遗传学中心法则

现代生物学已充分证明,DNA 是遗传的主要物质基础[7]。生物机体的遗传信息以密码的形式编码在 DNA 分子上,表现为特定的核苷酸排列顺序,通过 DNA 的复制(replication)由亲代传递给子代。在后代的生长发育过程中,遗传信息自 DNA 转录(transcription)给 RNA,然后翻译(translation)成特异的蛋白质,以执行各种生命功能,使后代表现出与亲代相似的遗传性状。所谓"复制",就是指以 DNA 分子为模板合成相同分子的过程。所谓"转录",是指在 DNA 分子上合成出与其核苷酸顺序相对应的 RNA 分子的过程。"翻译"则是在 RNA 的控制下,根据核苷酸上每三个核苷酸决定一个氨基酸的三联体密码(triplet code)规则,合成具有特定氨基酸顺序的蛋白质肽链的过程。在某些情况下,RNA 也可以是遗传信息的基本携带者,如 RNA 病毒能以自身核酸分子为模板进行复制产生 RNA,部分致癌 RNA 病毒还能通过逆转录(reverse transcription)的方式将遗传信息传递给 DNA。1958 年,DNA 双螺旋的发现人之一克里克把上述遗传信息的传递归纳为遗传学中心法则(genetic central dogma)。

遗传学中心法则代表了大多数生物遗传信息储存和表达的规律,并奠定了在分子水平上研究遗传、繁殖、进化、代谢类型、生长发育、生命起源、健康或疾病等生命科学上的关键问题的理论基础。逆转录是 1970 年霍华德·马丁·特朗(Howard Martin Temin)发现逆转录现象后,对遗传学中心法则的扩充。

以 DNA 为主导的遗传学中心法则是个单向的信息流,体现了遗传的保守性;扩充了的遗传学中心法则,使 RNA 也可处于中心地位。蛋白质作为基因表达产物,又作用于复制、转录、翻译的各个过程。

2.2.4.1　遗传学中心法则的概念

遗传学中心法则是指遗传信息从 DNA 传递给 RNA,再从 RNA 传递给蛋白质,即完成遗传信息的转录和翻译的过程。在某些病毒中的 RNA 自我复制(如烟草花病毒等)和在某些病毒中能以 RNA 为模板逆转录成 DNA 的过程(某些致癌病毒)是对遗传学中心法则的补充。

由此可见,遗传信息并不一定是从 DNA 单向地流向 RNA,RNA 携带的遗传信息同样也可以流向 DNA。但是 DNA 和 RNA 中包含的遗传信息只是单向地流向蛋白质,迄今为止还没有发现蛋白质的信息逆向地流向核酸。这种遗传信息的流向,就是克里克概括的遗传学中心法则的遗传学意义。

2.2.4.2　遗传信息的传递(DNA 的复制)

DNA 复制最重要的特征是半保留复制(semiconservative replication)。复制时,母链的双链 DNA 解开成两股单链,各自作为模板,指导合成新的互补子链。新合成的 DNA 分子(即子代 DNA 双链),其中一股单链从亲代完整地接受过来,称为母链;另一条单链则完全重新合成,称为子链。由于碱基互补,两个子细胞的 DNA 双链都和亲代母链 DNA 碱基序列一致,这种方式称为半保留复制。

2.2.4.3　RNA 的合成(转录)

生物体以 DNA 为模板合成 RNA 的过程称为转录,意思是把 DNA 的碱基序列转抄成 RNA 的碱基序列。DNA 分子上的遗传信息是决定蛋白质氨基酸序列的原始模板。RNA

把遗传信息从染色体内贮存的状态转送至胞液,作为蛋白质合成的直接模板。

2.2.4.4 蛋白质的合成(翻译)

翻译就是把核酸中四种碱基组成的遗传信息以遗传密码翻译方式转变为蛋白质中20 种氨基酸的排列顺序。DNA 分子贮存遗传信息,通过转录生成信使 RNA(mRNA),由 mRNA 作为直接的模板来指导翻译。翻译在细胞质中进行,mRNA 则在细胞核内合成,mRNA 经过加工修饰后穿过核膜进入细胞质与核糖体结合,在核糖体 RNA(rRNA)和转移 RNA(tRNA)及一些蛋白质和酶的共同参与下,以各种氨基酸为原料,完成蛋白质的生物合成过程。在 mRNA 分子中,中间的一部分序列是一个特定多肽链的序列信息,这一段核苷酸序列称为多肽链编码区,通常从 mRNA 分子 5′端的第一个 AUG 开始,每三个核苷酸决定肽链上的一个氨基酸,称为三联体密码(triplet code)或密码子(codon),直至终止密码子(UAA、UAG 或 UGA)结束。

2.2.5 遗传方式

遗传方式(inheritance patterns)[8]指遗传信息传递的特点,通过分析亲代与子代遗传性状的相似及变异情况便可了解遗传方式。人类遗传方式主要分为单基因遗传方式和多基因遗传方式。位于常染色体的单基因遗传方式遵从孟德尔遗传规律;性染色体中的 Y 染色体大部分为父系遗传方式;而位于细胞质中的线粒体基因为母系遗传方式。

2.2.5.1 单基因遗传

单基因遗传(monogenic inheritance)是指某种表型的遗传主要受一对等位基因的控制,它们的传递方式遵循孟德尔遗传规律,根据等位基因所在染色体和基因性质的不同,单基因遗传又可分为常染色体遗传和性连锁遗传。常染色体遗传包括常染色体显性遗传和常染色体隐性遗传;性连锁遗传包括 X 连锁显性遗传、X 连锁隐性遗传和 Y 连锁遗传。如果控制某种性状或疾病的基因位于常染色体上,在杂合状态下就表现出某种性状或疾病,称为常染色体显性遗传,根据其基因表达情况不同,又可分为完全显性遗传、不完全显性遗传、不规则显性遗传、共显性遗传和延迟性显性遗传5 种类型;如果控制某种性状或疾病的基因位于常染色体上,只有在隐性纯合子的情况下才表达或发病,这种遗传方式称为常染色体隐性遗传。如果控制某种性状或疾病的基因位于性染色体上,且该性染色体上的非等位基因连在一起伴随性别而遗传,称为性连锁遗传。女性有两条 X 染色体,可以含有 X 连锁显性遗传和 X 连锁隐性遗传;Y 染色体只存在于男性之中,只要控制某种性状或疾病的基因位于 Y 染色体上,就会表现出某种性状或疾病。

2.2.5.2 多基因遗传

多基因遗传(polygenic inheritance)是指受多对基因控制的遗传方式,遗传性状一般由多个基因或很多基因所控制,它们共同作用于一个性状,体现的是多对基因的累加效应,每个基因的单独作用很微小。在单基因遗传中,表现形式主要是质量性状(qualitative traits),即一个群体中的变异分布是不连续的,可以明显地把变异个体区分开,这些个体间的差异显著,称为质量性状。而在多基因遗传中,表现形式主要是数量性状(quantitative traits),即一个群体中的变异分布是连续的,不同个体间区别的只是数量上的差异,称为数量性状。数量性状的遗传基础是有两对以上的基因;这些基因之间无显性、隐性的区别,都是共显性的;这些基因都是微效基因,有累加效应;数量性状除受多基因遗传因素影响外,环境因素也起到了一定的作用。

2.2.5.3　孟德尔遗传

孟德尔遗传是指按照孟德尔遗传定律进行的遗传特征的遗传,即孟德尔第一定律(分离定律)和孟德尔第二定律(自由组合定律)。分离定律(law of segregation)是指杂合体中决定某一性状的成对遗传因子,在减数分裂过程中,彼此分离,互不干扰,使得配子中只具有成对遗传因子中的一个,从而产生数目相等的、两种类型的配子,且独立地遗传给后代。自由组合定律(law of independent assortment)是指当具有两对(或更多对)相对性状的亲本进行杂交,在子一代产生配子时,在等位基因分离的同时,非同源染色体上的基因表现为自由组合。其实质是非等位基因自由组合,即一对染色体上的等位基因与另一对染色体上的等位基因的分离或组合是彼此间互不干扰的,各自独立地分配到配子中去的。

2.2.5.4　父系遗传

父系遗传(paternal inheritance)是指父系 Y 染色体通过男性后代一代一代向下传递的一种遗传方式。在 Y 染色体 DNA 中,除了拟常染色体区外,Y 染色体大部分不与 X 染色体重组,这些非重组部分的遗传标记从父亲直接传给儿子,子代男性每条 Y 染色体非重组部分的 DNA 序列保存有前辈父系的突变记录,一代一代呈父系单倍型遗传给儿子,具有高度的保守性和特异性。

2.2.5.5　母系遗传

人类生殖细胞精子和卵子结合时,精子中只有很少的线粒体,且位于精子中段,受精时几乎不进入受精卵,因此受精卵中的线粒体 DNA(mtDNA)几乎全部来自于卵子,母亲可以将 mtDNA 传递给她的儿子和女儿,但只有女儿能将其 mtDNA 传递给下一代。mtDNA 只通过卵细胞将其中的遗传信息传给下一代,使得子代中线粒体 DNA 序列和母亲一致,每个个体都是单倍体且仅有一种 mtDNA 型,这种传递方式称为母系遗传(maternal inheritance),这也是细胞质遗传的主要特征。母系遗传无有丝分裂和减数分裂的周期变化,遗传物质位于细胞器中,每个细胞中可以含有几百种 mtDNA 组,但只有两种核基因组。

2.3　人类基因及突变

基因(gene)[9]是遗传信息的结构和功能单位,人类基因以核酸的形式存在于细胞内,决定和控制着生物体的各种性状,并通过生殖细胞从亲代向子代传递。细胞内一套完整遗传信息的总和是基因组(genome),人类基因组包含了位于细胞核内染色体上的核基因组和位于细胞质中的线粒体基因组。

突变(mutation)是指生物体在一定的内、外环境因素的作用和影响下,其遗传物质发生的某些变化。广义的突变,既包括在细胞水平上的染色体数目异常和结构畸变,也包括发生在分子水平上的 DNA 碱基对的组成和序列改变,前者称为染色体畸变(chromosome aberration),后者称为基因突变(gene mutation)。狭义的突变指基因突变。基因突变既可发生在生殖细胞,也可发生在体细胞中。发生在生殖细胞中的基因突变,可以通过有性生殖而传递给后代;发生在体细胞中的基因突变,虽然不能传递给后代个体,但是却可以通过突变细胞的分裂增殖,在所产生的子细胞中传递,形成突变的细胞克隆(cellular clone),进而形成细胞癌变的基础。

2.3.1　人类核基因组的组成

人类基因组中的核基因组 DNA 约有 32 亿 bp,编码蛋白质的结构基因数目有 20000 ~ 25000 个,基因及其相关序列占整个核基因组的约 20%,基因外的 DNA 序列约占 80%。人类核基因组按 DNA 序列的拷贝数目不同,可分为单拷贝序列和拷贝数不等的重复序列。

2.3.1.1　单拷贝序列

单拷贝序列(single copy sequence)在基因组中仅有一个或少数几个拷贝,大多数为蛋白质编码基因。在人类基因组中,单拷贝序列占 60% ~ 70%,大多分散在重复序列之中。由于多数单拷贝序列编码蛋白质体现了生物的各种功能,其序列的变异通常与人类疾病相关,因此具有重要的意义。

2.3.1.2　重复序列

人类基因组 DNA 中存在大量的重复序列(repetitive sequence),重复单元长度不等,短的仅两个碱基,长的多达数百甚至上千个碱基。重复序列一般可分为高度重复序列和中度重复序列。高度重复序列重复频率可达百万(10^6)以上,包括串联重复序列(指不同长度核苷酸序列的重复单位串联在一起,可分为卫星 DNA、小卫星 DNA、微卫星 DNA)和反向重复序列,高度重复序列约占基因组长度的 20%;中度重复序列是人类基因组中重复数十至数万次的重复序列,这些序列大多不编码蛋白质,功能类似于高度重复序列,约占基因组长度的 12%。

（1）卫星 DNA（satellite DNA）：由很大的串联重复 DNA 排列组成，分布在 100kb 至数个 Mb 范围内。人类基因组中卫星 DNA 多聚集在染色体着丝粒异染色区，约占基因组长度的 5%～6%。

（2）小卫星 DNA（minisatellite DNA）：由重复单位 6～64 个核苷酸的串联重复序列组成，这些序列常在 100bp～20kb 范围内，分布于所有染色体的端粒，绝大部分不转录。小卫星 DNA 在人群中存在多态性现象，是一种重要的遗传标记（genetic marker）。

（3）微卫星 DNA（microsatellite DNA）：是由重复单位 2～6 个核苷酸组成的串联序列。它们数量众多，分散于基因组中，又称为短串联重复序列（short tandem repeat，STR）。微卫星 DNA 一般构成染色体着丝粒、端粒和 Y 染色体长臂的染色质区，大多由复制滑动产生，在人群中同样存在多态性现象，也是一种重要的遗传标记。

2.3.1.3　多基因家族和假基因

人类基因组的另一结构特点是存在多基因家族[10]（multigene family），是指由某一祖先基因经过重复和变异所产生的一组基因。多基因家族大致可分为两类：一类是基因家族成簇地分布在某一染色体上，可同时发挥作用，合成某些蛋白质，如组蛋白基因家族；另一类是一个基因家族的不同成员成簇地分布在不同染色体上，这些不同成员编码一组功能上紧密相关的蛋白质，如珠蛋白基因家族。

人类基因组中也存在假基因，假基因（pseudogene）是基因组中存在的一段与正常基因非常类似但又不能表达的 DNA 序列。这类基因可能曾有过功能，但在进化过程中发生了一个或几个突变，造成了序列上的细微变化，从而阻碍了正常的转录或翻译功能，使它们不能再编码蛋白质。

2.3.2　基因的结构

基因的结构通常包括两部分：一是蛋白质或功能 RNA 的基因编码序列；二是为表达这些结构基因所需要的启动子、增强子等调控区序列。大多数真核细胞的蛋白质编码基因是不连续的，由非编码序列将编码序列隔开，形成割裂基因。

2.3.2.1　外显子和内含子

外显子（exon）多数是结构基因内的编码序列，而内含子（intron）是基因内的非编码序列，二者间隔排列，内含子在转录成 mRNA 之前被剪切掉，不存在于成熟的 mRNA 序列中。每个外显子和内含子的接头部位都有一段高度保守的碱基序列，称为剪接识别信号。

2.3.2.2　启动子

启动子（promoter）是由一组短序列元件簇集在一个结构基因的上游构成的，一般位于基因转录起始位点上游 100～200bp 范围内，转录因子与启动子结合能够激活 RNA 聚合酶,在特定位置起始 RNA 合成。

2.3.2.3 增强子

增强子(enhancer)是可以增强真核基因启动子转录效率的顺式作用元件,其特异性地与反式作用因子结合,在启动子和增强子之间形成 DNA 环,增强基因的转录活性。

2.3.2.4 沉默子

沉默子(silencer)是与增强子具有相似性质的特定 DNA 序列,但是其结合一些反式作用因子时对基因的转录起遏制作用,使基因沉默。

2.3.2.5 终止子

终止子(terminator)由多聚腺苷酸附加信号 AATAAA 和一段回文序列组成,转录后能够形成发夹结构,阻遏 RNA 聚合酶继续移动,终止转录。

2.3.3 线粒体基因组

线粒体 DNA(mtDNA)构成线粒体基因组,人类每个体细胞内大约有 1000 个线粒体,每个线粒体中含有 2~10 个 mtDNA。mtDNA 是一个 16569bp 的双链闭合环状分子,两条链所含碱基的成分不同,富含胞嘧啶(C)的链称为轻链(L 链),位于内环;富含鸟嘌呤(G)的链称为重链(H 链),位于外环。线粒体基因组由 37 个基因组成,共编码 13 种多肽链、22 种 tRNA 和 2 种 rRNA,其中 L 链仅编码 8 种 tRNA 和 1 种多肽链,其余均由 H 链编码。mtDNA 结构紧凑,没有内含子,侧翼非编码序列很少,唯一的非编码区是有约 1000bp 的 D-loop 区,该区含有 mtDNA 重链复制的起始点和轻、重链转录的启动子,以及 4 个进化上高度保守的序列。

2.3.3.1 线粒体基因组的特点

与核基因组不同,线粒体基因组有如下特点:①每个细胞中 mtDNA 拷贝数目众多,不同组织器官拷贝数存在差异;②所有基因都位于单一的环状 DNA 分子上,基因组排列紧凑,没有内含子;③mtDNA 分子裸露,缺少组蛋白的保护,无 DNA 损伤修复系统,因此突变率很高,是核 DNA 的 10~20 倍,从而造成个体间 mtDNA 序列差异较大。

2.3.3.2 线粒体 DNA 的遗传特征

(1)mtDNA 的半自主性:线粒体具有自己的遗传体系,可独立地进行 mtDNA 复制、转录和翻译,因而表现出一定的自主性。但维持线粒体结构和功能所需的大分子复合物大部分是由核基因组编码,故 mtDNA 的功能又受核基因组的影响。所以,线粒体基因组在遗传特征上表现为半自主性。

(2)遗传密码(genetic code)和通用密码不同:在线粒体遗传密码中有 4 种密码子与核基因的通用遗传密码不同,最显著的是 UGA 编码色氨酸,而不是终止密码;AGA、AGG

编码终止信号,而非精氨酸,因此在哺乳动物线粒体遗传密码中有 4 个终止密码(UAA、UAG、AGA、AGG)。此外,线粒体 tRNA 的兼容性较强,用 22 个 tRNA 就可识别 60 个密码子。

(3)母系遗传:母亲将 mtDNA 传递给她的所有子女,她的女儿们又将其 mtDNA 传递给下一代,而她的儿子们则不能将 mtDNA 传递给下一代,所以线粒体遗传表现为母系遗传。这是由于精卵结合时,进入卵子的只是含有核 DNA 的精子头部,精子核 DNA 与卵子细胞核中的核 DNA 形成二倍体,发育成受精卵的核 DNA。受精卵中的细胞质几乎全部来自于卵子,因此 mtDNA 遵循母系遗传的方式。

(4)复制分离:mtDNA 在细胞有丝分裂和减数分裂过程中,缺乏像核基因组一样严格的均等分离机制。在细胞的分裂过程中,每一个线粒体中 mtDNA 复制拷贝后随机分配给新生成的线粒体,继而这些新线粒体又随机分配给两个子细胞,这个过程称为复制分离(replicative segregation)。

(5)遗传瓶颈[11]:人类的每个卵母细胞大约有 10 万个线粒体,在卵细胞成熟的过程中,绝大多数线粒体会丧失,成熟的卵细胞中只有不到 100 个甚至少于 10 个的线粒体。受精卵经过胚胎细胞前期分裂,线粒体的数目会迅速增加到每个细胞中含有 1000 个线粒体甚至更多。这种线粒体数目从 10 万个锐减到不足 100 个的过程称为遗传瓶颈(genetic bottleneck)。如果携带突变 mtDNA 的一个线粒体恰巧通过了遗传瓶颈,那么这个突变基因组就会在随后的线粒体群落里出现,并将在个体中累积。该突变 mtDNA 经过复制分离,通过偶然的机会,在一些子代细胞中大量出现,造成随后形成的成体组织具有较高比例的携带突变 mtDNA 的线粒体。

(6)同质性和异质性:机体组织细胞内含有数千个 mtDNA 分子,当 mtDNA 发生突变时,该突变一开始仅出现在一个 mtDNA 分子中,随着复制分离,细胞将获得众多突变 mtDNA 拷贝。一个包含有正常和突变 mtDNA 的细胞在分裂时,会把不同比例的突变型和野生型 mtDNA 分配到子细胞中。如果子细胞随机获得的所有 mtDNA 都是一样的,全为突变型或全为野生型,称为同质性(homoplasmy);如果子细胞随机获得的 mtDNA 既有突变型也有野生型,称为异质性(heteroplasmy)。

(7)阈值效应[12]:突变 mtDNA 所占的比例需达到一定的程度才足以引起组织或器官功能异常,称为阈值效应(threshold effect)。在异质性细胞中,突变型与野生型 mtDNA 的比例确定了细胞所产生的能量是否发生短缺。如果突变 mtDNA 所占的比例较小,则能量产生不会受到明显影响;如果突变 mtDNA 所占的比例较大,产生的能量可能不足以维持细胞的正常运行,就会出现异常性状。同时,由于不同组织、器官对氧化磷酸代谢的依赖程度不同,引起细胞功能障碍所需的突变 mtDNA 分子数量也不同。

2.3.4　基因突变

遗传基因发生的突然的、可遗传的变异现象称为基因突变。从分子水平上看,基因突变是指基因在结构上发生碱基对组成或排列顺序的改变。基因虽然十分稳定,能在细胞分裂时精确地复制自己,但这种稳定性是相对的,在一定的条件下基因也可以从原来的存在形式突然改变成另一种新的存在形式,也就是在一个位点上突然出现了一个新基因代替了原有基因,这个基因叫作突变基因,于是后代也就突然地出现了祖先从未有过的新性状。

2.3.4.1　基因突变的类型

1. 碱基置换

碱基置换(base substitution)是指 DNA 分子多核苷酸链中的某一个碱基或碱基对被另一个碱基或碱基对所置换、替代的突变形式,通常又称点突变(point mutation)。碱基置换包括转换(transition)和颠换(transversion)两种,转换是指同类碱基之间的替换,即同一种嘌呤或嘧啶碱基被另一种嘌呤或嘧啶碱基所取代;颠换是指不同碱基之间的替换,即某种嘌呤或嘧啶碱基被另一种嘧啶或嘌呤碱基所取代。

根据碱基置换后遗传密码发生改变所引起的遗传效应的不同,点突变可以分为以下几种类型。

(1)同义突变(synonymous mutation):由于存在密码子的兼并性,当替代发生后,虽然改变了原有三联密码子的碱基组成,但新、旧密码子具有完全相同的编码意义。因此,同义突变并不产生相应的遗传学表型效应。

(2)错义突变(missense mutation):DNA 分子中单个碱基替换后,编码某种氨基酸的密码子变成了编码另一种氨基酸的密码子,从而在翻译后改变了多肽链中氨基酸种类的序列组成。错义突变可能导致蛋白质多肽链原有功能的异常或丧失,人类的许多分子病和代谢病就是因此而造成的。

(3)无义突变(nonsense mutation):DNA 分子中单个碱基替换后,编码某种氨基酸的密码子变成了不编码任何氨基酸的终止密码(UAA、UAG 或 UGA),从而引起多肽链合成提前终止。这种突变可造成蛋白质功能异常或丧失,导致遗传表型改变。

(4)终止密码突变(termination codon mutation):DNA 分子中某一终止密码子发生单个碱基替换后,变成了具有氨基酸编码功能的密码子,导致多肽链的合成非正常地继续进行。这样形成的多肽链比正常多肽链分子长,其结果也可能形成功能异常的蛋白质。

2. 移码突变

移码突变(frame-shift mutation)是指基因组 DNA 多核苷酸链中插入或缺失一个或多个碱基对,导致插入或缺失点下游的 DNA 读码序列发生移动,从而改变密码子的编码意义。

3. 整码突变

整码突变(codon mutation)是在基因组 DNA 多核苷酸链的密码子之间插入或缺失三或三的倍数个碱基,即以三联体密码的方式增加或减少,不造成读码框的改变,结果就是导致多肽链中增加或减少一个或几个氨基酸。

4. 片段突变

片段突变(fragment mutation)是指在基因组 DNA 分子中某些小的序列片段发生的改变,包括缺失、重复或重排等。在减数分裂中,同源染色体的错误配对和不等交换是造成缺失、重复和重组的主要原因,而 DNA 断裂后片段的倒位重接则是重排的分子基础。

(1)缺失(deletion):是基因组 DNA 分子中某段核苷酸序列的丢失。若缺失的碱基对位于基因开放阅读框内,则缺失部位下游的密码子要重新组合,将导致移码突变;若造成多个密码子缺失,则可导致其编码的多肽链多个氨基酸的缺少。

(2)重复(duplication):是在基因组 DNA 分子中增加了某一段同源的核苷酸序列。结果导致编码的多肽链中增加了若干个重复的氨基酸序列,这种增加也可能打乱基因组的读码框,造成移码突变。

(3)重排(rearrangement):当基因组 DNA 分子中发生两处或两处以上的断裂,所形成的核苷酸片段两端颠倒重接,或者不同的断裂片段改变原来的结构顺序重新连接,从而形成重排。重排会引起多肽链中某些氨基酸的排列顺序发生改变,从而影响蛋白质的功能。

(4)重组(recombination):是指在基因组 DNA 分子中两种不同基因的核苷酸片段相互拼接或融合,又称为融合突变。发生重组后的核苷酸片段称为融合基因,它可编码融合多态或蛋白质,融合蛋白可能表现出非正常的生物学功能。

2.3.4.2 基因突变的特性

(1)多向性:是指一个基因座位可以向多个不同的方向发生突变,形成新的、不同的等位基因(allele),即所谓的复等位基因(multiple alleles)。如决定人类 ABO 血型系统抗原合成的 ABO 血型基因,就是复等位基因。

(2)重复性:是指已经发生突变的基因,在一定的条件下,还可能再次独立地发生突变从而形成一种新的等位基因形式。如某一基因座上的基因 A 可以突变为其等位基因 a,等位基因 a 有可能独立地发生突变形成新的等位基因 a_1,继而 a_2、a_3……

(3)可逆性:是指基因突变的方向是可逆的,既可以由显性基因突变为隐性基因,也可以由隐性基因突变回显性基因,前者称为正突变(forward mutation),后者称为回复突变(reverse mutation)。

(4)随机性:基因突变是生物界普遍存在的遗传学事件之一,对于任何一种生物、任何一个个体、任何一个细胞乃至任何一个基因而言,突变的发生都是随机的,只是其发生基因突变的频率可能不同而已。

(5)稀有性:尽管基因突变是生物界普遍存在的一种遗传学现象,但也是一种稀有现象。在自然状态下,生物在世代遗传过程中其遗传物质 DNA 需要保持足够的稳定性,各种生物的突变率都是很低的。基因的突变率(mutation rate)代表了一个基因的一种等位形式在某一世代突变成其另外等位形式的概率,据测算,一般高等生物基因的突变率每代或每个生殖细胞为 $10^{-8} \sim 10^{-5}$,人类基因的突变率每代或每个生殖细胞一般为 $10^{-6} \sim 10^{-4}$。

(6)有害性与有利性:生物遗传性状的形成,通常情况下是在长期的进化过程中生物体与其赖以生存的自然环境相互适应的结果,是自然选择的产物。而基因突变却可能会造成对生物体的有害效应,是绝大多数人类遗传病发生的根源。但是,基因突变对生物体的有害效应是相对的、有条件的,并非所有的基因突变都对生物的生存和种族繁衍带来不利或有害的影响。在一定条件下,基因突变也存在对生物体有利的一面,如在农业中利用基因突变培育优良、高产的品种,提高农作物的抗寒、抗旱、抗病虫害能力等。

2.4 人类遗传性状

性状(character)是生物体所表现出来的形态结构特征、生理特征和行为方式的特征。遗传性状[13](genetic character)是由基因控制生物的性状,是可以通过 DNA 的形式由亲代传给子代的一切形态特征、生理特性、生化特性、代谢类型,行为本能及病理现象等,是生物体内遗传物质基础在个体发育过程中与环境、时间因子相互作用的结果。亲代遗传给子代的并不是性状本身,而是将控制性状的基因传给子代。

2.4.1 体表性状

体表性状包括性别、生理生化特征、身体素质等 20 多种性状的遗传。

2.4.1.1 身高

身高属多基因遗传,有数量遗传的特定,显性遗传可能性大,遗传因素占 75%~80%。

2.4.1.2 体型

体型基本由遗传因素决定,大体可分为瘦长、健壮、矮胖三型。

(1)瘦长型:身高而细瘦,肩狭而垂。

(2)健壮型:身体匀称,肩宽而方,肌肉发达。

(3)矮胖型:个子矮,胖,颈粗短,桶状胸,腹凸。

2.4.1.3 肤色

肤色为多基因遗传,受两对或三对基因控制,主要有白、黄、黑等。不同种族肤色不同,主要是因为产生黑色素的量不同。

2.4.1.4 眼睛

眼睛的性状主要有眼型、眼睑、眼色、近视、红绿色盲等。

(1)眼型:眼睛、眼窝的形状与眼皮生长方式有关,由遗传决定,有种族特征。水平对斜眼是显性,长睫毛对短睫毛是显性。

(2)眼睑:有单眼皮、双眼皮之分,与人种有关。双眼皮对单眼皮是显性。

(3)眼色:人的眼色是光线在眼球的不同特质上反射的结果,有黄、褐、灰、黑、蓝等,可能是多种基因参与,但其中只有一个基因起决定作用。黑色对其他眼色是显性,褐色、灰色对蓝色是显性。

(4)近视:与后天有关,但有一定的家族倾向,高度近视的家族性极为明显。

(5)红绿色盲:为 X 染色体连锁隐性遗传病(男多于女)。

2.4.1.5 毛发

毛发的性状主要有毛色、发式、秃发等。

(1)毛色:颜色取决于黑色素含量,与人种有关。黑色对浅色是显性,由单基因决定。

(2)发式:发式的区别是由毛囊着生的方式决定的,毛囊的形成受基因控制。一般有扭曲发式、卷曲发式、波浪发式和直发发式。

(3)秃发:老年性秃发是多基因决定的,30 岁前的斑秃是由一对基因控制的,男性更加明显。

2.4.1.6 鼻

鼻的性状有形态、功能等。

(1)形态遗传:一般认为是由三对或四对基因控制的,鼻梁、鼻孔、鼻根分别由一对基因决定,其中弓形鼻梁对直鼻梁是显性。

(2)功能遗传:如鼻的嗅觉,目前尚不清楚。萎缩性鼻炎是多基因遗传。

2.4.1.7 耳

耳的外形有各种样式,大致可分为长耳、短耳、宽耳、狭耳、猫耳等。有的人有耳垂,有的人没有耳垂。长耳、宽耳对短耳、狭耳是显性,有耳垂对无耳垂是显性。

2.4.1.8 皮纹

皮纹是指没有毛囊的光滑皮肤上的纹理,主要分布在手指、掌面、足底、足趾等处。由于皮肤的真皮乳头向表皮突出形成皮嵴,皮嵴连排成各种纹线,纹线之间有沟,这样的组合就形成皮纹。正常的皮纹可分为指纹、掌纹、足纹、趾纹等。

(1)指纹:可粗分为斗形纹、箕形纹、弓形纹三类,主要看圆心、三叉点及开口。斗形纹有一个圆心,两个以上三叉,无开口,主要包括环型斗、螺型斗、囊型斗、绞型斗、偏型斗和变型斗等;箕形纹有一个圆心,一个三叉,一个开口,开口向小臂内侧(小指侧)的称为尺箕纹,开口向小臂外侧(拇指侧)的称为桡箕纹;弓形纹没有圆心、三叉和开口。

(2)掌纹:有三个区和两种三叉。三个区分别是大鱼际区、小鱼际区和指间区,两种三叉分别指的是二、三、四、五指基部的三叉(指三叉)和大、小鱼际与手掌基部之间的三叉(掌三叉),这些地方有的人有花纹有的人没有花纹。

2.4.1.9 手

手的性状有惯用手、多指等。

(1)惯用手:有的人惯用右手,有的人惯用左手,是单基因决定的,惯用右手对惯用左手是显性,但也与后天训练有关。

(2)多指:五指以上的畸形称为多指症,它是一个显性基因控制的,这一基因导致胚胎发育时期手的胚芽数目增多,因而出现多指。多指性状属于不规则显性,是指在某些遗传背景和环境因素影响下,杂合子表现为显性,在另一些情况下则表现为隐性。

2.4.2 人类遗传标记多态性

遗传多态性(genetic polymorphism)或遗传多态现象[14]是指在一个生物群体中,同时和经常存在两种以上不连续的变异型或基因型,每种类型的比例较高,每种变异型的百分率均超过1%。人类遗传标记的研究工作可划分为三个阶段:①20世纪60年代以前,对血液中遗传标记的研究主要采用血清免疫学检测细胞表面抗原。红细胞血型有ABO血型、MN血型、Rh血型等;白细胞血型有人类白细胞抗原(human leucocyte antigen,HLA)等。②20世纪60年代以后,主要采用电泳技术和免疫电泳技术分析细胞内酶和血清蛋白,酶型有葡萄糖磷酸变位酶(PGM)、酸性磷酸酶(ACP)、酯酶D(ESD)等,血清蛋白型有结合珠蛋白(HP)、型特异成分(GC)、备解素因子B(BF)等。③从20世纪70年代开始了对细胞核内DNA的结构功能研究,重组DNA技术、DNA体外扩增技术等分子遗传学新方法的建立,为研究人类遗传标记提供了有力的工具。

2.4.2.1 抗原多态性

在人类遗传标记中,早期应用较多的是红细胞抗原系统和白细胞抗原系统的多态性。比较常用的红细胞抗原主要有ABO、MN、Rh、Duffy、Kidd等,白细胞抗原系统主要是人类组织相容性抗原HLA系统,其中HLA-A、HLA-B在人类遗传标记中经常使用。

(1)ABO血型:是人类发现的第一个红细胞血型,有A、B、H三种血型物质(抗原),在细胞膜上以脂蛋白的形式存在,在血清、精液、唾液等体液中以糖蛋白的形式存在。*ABH*基因位于第9号染色体上,A、B两个等位基因为显性基因,属常染色体显性遗传,纯合子基因型为AA、BB,遗传表型为A型、B型;杂合子基因型为AB型,遗传表型为AB型。H等位基因为隐性基因,属常染色体隐性遗传,纯合子基因型为OO,遗传表型为

O 型;杂合子基因型为 AO、BO,遗传表型为 A 型、B 型。

(2)MN 血型:是人类发现的第二个红细胞血型,它有 M、N 两种抗原,以脂蛋白的形式存在于红细胞膜上。*MN* 基因位于第 4 号染色体上,M、N 两个等位基因为显性基因,属常染色体共显性遗传,纯合子基因型为 MM、NN,遗传表型为 M 型、N;杂合子基因型为 MN,遗传表型为 MN 型。

(3)Rh 血型:Rh 血型系统又称恒河猴(rhesus macacus)血型系统,有阴性和阳性之分。当一个人的红细胞上存在一种 D 血型物质时,则称为 Rh 阳性,用 Rh(+)表示;当缺乏 D 血型物质时,则称为 Rh 阴性,用 Rh(-)表示。Rh 血型在输血、新生儿溶血、母儿妊娠不合中都是重要的遗传标记。

(4)白细胞抗原多态性:引起移植排斥反应的细胞表面抗原称为主要组织相容性复合体(major histocompatibility compiex,MHC),这类抗原为数众多,引起移植排斥反应的程度也不一样。由于这些抗原的存在,同一物种某一供体的组织移植到另一个抗原不相容的受体时,引起免疫反应,产生排斥移植器官的情况。一般认为,MHC 不仅控制着种内移植排斥反应,而且与机体免疫应答、免疫调节及某些状态的产生密切相关,处于机体特异免疫反应的中心地位。人类 MHC 又称为人类白细胞抗原,共分为 4 种类型,Ⅰ类分子包括 HLA-A、HLA-B 和 HLA-C 抗原,广泛存在于各种组织细胞中;Ⅱ类分子有 HLA-DR、HLA-DP 和 HLA-DQ 抗原,存在于 B 细胞、巨噬细胞和活化 T 细胞中;Ⅲ类分子包含 C2、C4 和 Bf 糖蛋白,存在于血清中,属补体系统;Ⅳ类分子可能是一些分化抗原,只存在于淋巴细胞、某些 T 细胞和白血病细胞中。HLA 系统是到目前为止免疫体系中最复杂、最具遗传多态性的体系,在遗传学、器官移植、疾病相关、人类学、法医学领域具有广泛价值。

2.4.2.2 蛋白质多态性

蛋白质的一级结构是由染色体 DNA 上的基因所决定的,即 DNA 序列决定了蛋白质分子中氨基酸的排列顺序,形成蛋白质的一级结构。蛋白质一级结构决定了蛋白质的二级、三级、四级结构的三维空间构象,使蛋白质发挥特异的生物作用。蛋白质在人体内约有 10 万种,是人体重要的结构成分,而且具有遗传信息表达和细胞代谢调节等特殊功能,如酶促反应、运输营养物质、免疫球蛋白抵御病原菌、神经活动都与蛋白质密切相关。

(1)酶型:酶是一种由活细胞产生的、具有催化化学反应能力的一类特殊的蛋白质,它能在细胞内外及体内外催化同样的化学反应,也称为生物催化剂。它的突出特点为催化作用的高度特异性和遗传多态性。具有相同生物化学功能,催化同一种生物化学反应,但蛋白质分子结构不同的一类酶,称为同工酶,遗传学角度的同工酶仅指那些由遗传基因决定的、结构不同但具有同一催化特性的酶。常用的酶型有红细胞酸性磷酸酶(EAP)、酯酶 D(EsD)、磷酸葡萄糖变位酶、乙二醛酶Ⅰ(GLOⅠ)、酸性磷酸酶(ACP)、葡

萄糖 – 6 – 磷酸脱氢酶(G6PD)等,大致可分为三类。①复基因座同工酶,又称遗传独立性同工酶,由几个不同基因座的基因编码,编码产物经过组装称为完整的酶蛋白分子,这类同工酶各亚基的一级结构差异很大。②复等位基因同工酶,是由同一基因座上的多个等位基因编码的,这些基因一般都表现为显性基因,各等位基因编码的肽链一级结构不同,具有个体差异,是遗传多态性的基础。③遗传变异体同工酶,是由单基因座的基因突变产生的同工酶,这类同工酶是因为亲代某一基因发生了突变,是由突变等位基因编码的一条特异的多肽链,在不同人群中的分布尚无规律可循。

(2)血清型:人类血清中的蛋白质和红细胞、白细胞一样,同一种蛋白质存在遗传多态性,称为血清型。按照分型原理不同,血清型大致可以分为两类。①同种异型遗传标记,是指同一种属不同个体血清蛋白抗原性的差别,可采用特异性抗血清分型,免疫球蛋白 γ 链的同种异型 Gm 是最早发现的同种异型遗传标记。②电泳多态性遗传标记,是指不同个体血清蛋白的电泳特性的差异,是血清蛋白多肽链中部分肽链段或个别氨基酸不同,引起电泳迁移率发生变化构成的多态性。结合珠蛋白、维生素 D 结合蛋白等均属于电泳多态性遗传标记。

2.4.2.3 DNA 多态性

基因突变是遗传多样性的基础,当基因突变以等位基因形式在群体中长期保留并能稳定地从亲代遗传给子代,就可形成个体间的遗传变异。等位基因之间的差异可以是点突变引起的序列不同,也可以是碱基的插入或缺失引起的片段长度不同。DNA 遗传标记可以出现在编码区,也可以出现在非编码区,这种由不同碱基结构的等位基因所形成的多态性称为 DNA 多态性(DNA polymorphisms)。

(1)DNA 指纹:人类 DNA 指纹(human DNA fingerprint)是利用重组 DNA 技术和电泳技术,研究人体整个基因组 DNA 片段长度的多态性,产生的基因图谱有几十条或上百条谱带,在个体间存在高度差异,且符合孟德尔遗传方式。因为采用此技术产生的人体基因图谱谱带数量多、个体变异大,科学家用人手的指纹比喻它的复杂程度,因此取名为 DNA 指纹,这是人类最早探索 DNA 多态性的方法。

(2)DNA 长度多态性:是指同一基因座上各等位基因之间的 DNA 片段长度差异所构成的多态性,DNA 长度多态性核心序列主要是指可变数目串联重复序列(variable number of tandem repeats,VNTR),VNTR 既存在于小卫星 DNA 中,也存在于微卫星 DNA 中。通常把小卫星 DNA 中的可变数目串联重复序列称为 VNTR,而把微卫星的可变数目串联重复序列称为短串联重复序列(short tandem repeat,STR)。在人类基因组中平均每 20kb 就出现 1 个 STR 位点,总数在 5 万 ~10 万个,是目前比较理想的 DNA 遗传标记之一。

(3)DNA 序列多态性:是指在一个基因座上,因不同个体间 DNA 序列有一个或多个碱基的差异而构成的多态性,即在该基因座上所有等位基因的 DNA 长度相同,而碱基排列顺序存在差异。DNA 是由两条反向平行的多核苷酸链通过碱基互补配对组成稳定的双螺旋结构,4 种核苷酸的排列顺序蕴藏着遗传信息,如果生物的 DNA 分子碱基排列顺序发生变化,意味着遗传信息的改变,遗传性状也有可能发生变异。

(4)单核苷酸多态性:在人类基因组范围内,如果任何单碱基突变使特定核苷酸位置上出现两种碱基,其中最小的一种在群体中的频率不小于 1%,就形成单核苷酸多态性(single nucleotide polymorphism,SNP)。与小卫星 DNA 和微卫星 DNA 相比,SNP 在人类基因组中的分布更广泛,SNP 被认为是继 STR 之后的第三代遗传标记,已广泛应用于医学遗传学、群体遗传学和药物基因组学等方面的研究。

2.5　人类遗传资源的特点

人类遗传资源[15]与传统资源类型不同,它不仅包括人类遗传材料本身,还包括相关的信息资料。2019 年 7 月 1 日施行的《人类遗传资源管理条例》第二条规定:人类遗传资源包括人类遗传资源材料和人类遗传资源信息。人类遗传资源材料是指含有人体基因组、基因及其产物的器官、组织、细胞、血液、制备物、重组脱氧核糖核酸构建体等遗传材料及相关的信息资料;人类遗传资源信息是指利用人类遗传资源材料产生的人类基因、基因组数据等信息资料。

人类遗传资源主要包括各国特有民族构成的民族遗传资源、长期生活在特殊自然环境且具有特定生理体质或亚健康体质的人群构成的遗传资源、封闭人群和特殊表型家系遗传资源、健康体质遗传资源及环境与人体交互作用遗传多样性资源等(包括慢性疾病、常见遗传性疾病、新发传染病),前者称之为民族遗传资源,后者称之为疾病遗传资源。许多民族有各自的聚居地、独特的语言、文化及风俗习惯;有些群体还保持着隔绝状态,多在群体内通婚;有些群体存在着与其他群体不同的疾病易感性、发病率或疾病表现,以及对疫苗和药物的不同敏感性,这些都是可用来研究遗传病基因的宝贵遗传资源。

我国是一个人口大国,有 14 亿人口和 56 个民族。中国庞大的人口基数、丰富的民族多样性、独特的地理隔离人群孕育了极其丰富的民族遗传资源、家系遗传资源和典型疾病遗传资源,是人类遗传资源最丰富的国家之一。这些宝贵的人类遗传资源,既是研究中华民族起源、基本生命现象、生理和病理功能以及行为的物质基础,也是促进人口健康、维护人口安全、控制重大疾病以及推动医药创新的重要物质基础,在人类进化、种族溯源、法医学和生物医学研究中发挥着不可或缺的重大作用。

(张　建　路志勇)

参考文献

[1] 刘庆昌.遗传学[M].4 版.北京:科学出版社,2020.

[2] 李振刚.分子遗传学[M].4 版.北京:科学出版社,2014.

[3] 赵进东.普通生物学[M].5 版.北京:高等教育出版社,2023.

[4] 陈誉华,陈志南.医学细胞生物学[M].6 版.北京:人民卫生出版社,2018.

[5] 朱玉贤,李毅,郑晓峰,等.现代分子生物学[M].5 版.北京:高等教育出版社,2019.

[6] 孙树汉,胡振林,颜宏利.染色体、基因与疾病[M].北京:科学出版社,2009.

[7] 詹姆斯·沃森.双螺旋[M].贾拥民,译.杭州:浙江教育出版社,2022.

[8] 贺淹才.基因工程概论[M].北京:清华大学出版社,2008.

[9] J.E.克雷布斯,E.S.戈尔茨坦,S.T.基尔帕特里克.Lewin 基因Ⅻ[M].江松敏,译.
北京:科学出版社,2021.

[10] 李生斌.人类 DNA 遗传标记[M].北京:人民卫生出版社,2000.

[11] 关盛宇,刘国世,张鲁.动物繁殖中的线粒体 DNA 遗传"瓶颈效应"[J].中国畜牧杂
志,2019,55(7):1-4.

[12] 左伋.医学遗传学[M].7 版.北京:人民卫生出版社,2018.

[13] 刘洪珍.人类遗传学[M].北京:高等教育出版社,2009.

[14] 侯一平.法医物证学[M].4 版.北京:人民卫生出版社,2016.

[15] 方向东,朱波峰.人类遗传资源与生物大数据[J].遗传,2021,43(10):921-923.

第 3 章
人类遗传资源的开发与应用

3.1　人类遗传研究概述

人类的遗传资源是无价之宝。一方面,丰富的遗传资源给科学研究提供了实验对象。另一方面,珍贵的遗传资源可以造福我们的生产生活。对遗传性疾病的研究,将为人类的优生优育、健康管理提供科学依据。

人类最早鉴别出来的遗传病是染色体病,人类分析遗传材料鉴定的第一种染色体遗传病——唐氏综合征,是因为多出一条 21 号染色体所导致的染色体遗传病。更多的遗传病是单基因遗传病或多基因遗传病。由一对等位基因发挥主要效应所控制的遗传病叫作单基因遗传病,目前已明确有 7000 多种,大部分与新生儿缺陷的发生相关。因多个位点的风险基因相互作用,在一定环境因素下累积致病效应的复杂疾病叫作多基因遗传病,临床表现出一定程度的家族倾向。现如今,大部分遗传病的潜在致病基因仍未明确,需要我们持续探索。随着关键家系遗传资源的积累,高通量测序技术的进步以及关联分析、连锁分析等生物信息学方法的发展运用,遗传病致病基因或易感位点的研究工作逐步深入。公众可利用最新的医学进展进行遗传咨询,以达到健康管理或优生优育的目的。

为了鉴别遗传病的致病遗传因素,提高诊断、预防、治疗遗传病的发展进程,医学工作者需要对相关人类遗传资源进行收集、整理、筛选、分析和验证,并在建立理论基础的前提下不断提出新的健康管理措施,从而守护公众健康。

3.1.1 人类遗传多样性研究

"龙生九子,各有不同",这句俗语是对人类遗传多样性的形象描述。作为有性繁殖生物,每个人类个体的基因组都是对父辈基因组的继承与重组,孩子和父母存在差异,兄弟姐妹的身形、长相也各有特点。基因组的遗传过程往往伴随着变异,变异在一代又一代的遗传过程中不断积累,遗传资源因此变得丰富多样。不同地区、国家、民族以及个体层面上的人类遗传多样性是探索人类进化与迁徙、环境与基因相互作用的主要资源和重要工具。我国具有庞大的人口基数,拥有大量遗传多样性资源,不仅非常适合开展遗传多样性研究,也可为人类遗传资源的开发积累经验。

人类遗传研究的开展需要大量生物样本和基因数据,然而目前全球人类生物样本库中基因组数据所包含的种族多样性并没有达到人们的期望。样本库中68%来源于欧洲血统个体,而这类人群的基数还不到世界人口的四分之一。样本多样性的不足极大地限制了研究者对遗传变异与疾病的关联性研究,并且导致医疗健康研究的种族偏向性问题,这将使得基于个体基因组的个性化医疗无法在部分人群中开展。少数群体中的常见疾病无法得到充分研究,而大部分人群中因种族不同而存在差异表现的疾病也没有得到充分研究。以上种种限制了个性化医疗的实施。生物样本库中的多样性不足可能会阻碍人们对疾病的全面了解,可能只有部分人种可以得到更好的医疗诊治,并进一步导致全球健康差异化。现如今,就全球范围来看,社会对医疗水平的要求不断增长,人类遗传研究规模也在不断扩大,基因数据在临床应用中日渐广泛。具有足够代表性的基因和临床研究数据能够为临床提供可靠的参考。因此,为了能在全球范围内部署以基因组学为驱动的技术以及相关的临床和公共卫生方法,我们必须将不同人种族纳入人类遗传学研究中。

遗传多样性(genetic diversity)是以遗传与变异为基础,拥有发生在分子水平的特性。分子水平的差别可以反映在基因、染色体、细胞、组织和个体形态等不同层次的差异上。目前我们对遗传多样性的研究依赖于不同层次的遗传标记,主要的遗传标记包括形态学标记、生化及免疫学标记、细胞学标记、DNA标记。这些标记方法从不同的角度和观测尺度帮助我们认识人类遗传多样性,挖掘其生物学意义。

多个国家的科研人员以及政府机构开始意识到日益多样化的人群对基因组学的影响,精准医学贯穿组学(Trans – Omics for Precision Medicine,TOPMed)计划、国际常见病联盟、百万退伍军人计划、亚洲全基因组(GenomeAsia)100K计划等都在研究基因多样性和包容性的过程中起到了重要作用。我国在人类基因组学研究立项时就把"中国人类遗传多样性"定为重点项目,旨在收集多民族遗传资源,建立全国性样品库,收集、保存DNA和细胞株。现已部分实现了以永生细胞株的形式保存不同民族的基因组,揭示了不同地区的人群遗传关系,推动了疾病易感基因和环境适应相关基因的鉴定。随着各项人类基因组相关计划的持续进行,我国科学家在各项目中的参与度也越来越高。虽然我们在技术基础上尚不及发达国家,但中国科技进步的速度和庞大基因资源拥有量注定我国将在遗传多样性研究中占据越来越重要的地位。目前,我们在不断提高细胞库管理水平并完善我国各民族遗传资源库,这有助于我国与国际科研机构标准化的沟通。

3.1.2 基因功能研究

自 1990 年以来,随着人类基因组计划等结构基因组学研究的逐步深入,人们将目光从基因的结构转向其功能。于是在基因序列测定完成以后,便开始了研究基因的功能及其工作机理,这也是未来我们研究的重要方向。

在日益增长的研究需求下,一些能够对较大数量基因进行全面且系统分析的新技术被催生出来。目前常用的方法包括以下几种。

(1)功能预测:在开展实验验证某个基因的功能前,为避免盲目性,研究者可先对该基因可能具有的功能进行合理预测,再根据预测结果,目标性地制订合理方案。通过生物信息学的一些分析软件或数据库可以大概估计一个新基因的结构和功能。通过序列(包括核苷酸序列和氨基酸序列)同源性分析及核苷酸序列比对(BLASTn)或氨基酸序列比对(BLASTx),将一段新的 DNA 片段与数据库中已知功能的序列进行比对,从而初步推测该新基因的功能,并建立基因序列结构和功能的关系。

(2)功能定位:基因的表达在个体发育的时间和空间上具有异质性,我们需要在研究基因的功能时了解它在什么组织、在哪些细胞中表达、表达的时期和表达的数量。通过对基因的时空表达谱的分析,以及对比该基因在某个特异组织和对照组织中的表达差异,实现基因表达规律的掌握,这将为探究基因的功能指明方向。空间转录组技术是21 世纪发展起来的前沿生物技术,可用于大规模快速检测基因差异表达、基因组表达谱、基因表达的空间特异性及揭示组织的功能和结构之间的关联性。目前大致分为基于显微切割、原位杂交(hybridization in situ,ISH)、原位测序(in situ sequencing,ISS)和微阵列技术四种类型。这四种类型在广泛性、分辨率和检测效率上各有利弊。随着技术的突破,基于微阵列技术对 mRNA 进行原位捕获的空间全转录组测序技术的优势全面凸显,并推进了基因的时空表达模式研究。

(3)功能获得:这是直接通过实验学验证基因功能(gene ontology)的方法。研究者可以将基因直接导入至某一细胞或个体中,通过该基因在机体内的表达,观察细胞生物学行为或个体表型遗传性状的变化,从而实现基因功能的鉴定。实验方法包括基因转导和基因敲入。基因转导是将目的基因转入某一细胞中,然后观察该细胞生物学行为的变化,从而了解该基因的功能,这是目前应用最多、技术最成熟的研究基因功能的方法之一[1]。基因敲入是通过基因打靶,用待研究基因替换另一种已知基因,从生物体表征上验证它们是否具有相同功能。此方法不仅能用一种基因置换另一种基因,还可以系统地改变基因的结构,分析其蛋白产物各功能区的作用。

(4)功能失活:使用实验手段使研究基因的功能部分或全部失活,通过观察细胞生物学行为或个体表型遗传性状在基因功能失活后的变化,来鉴定基因的功能。常用的方法包括反义技术(antisense technology)、RNA 干涉(RNA interference, RNAi)和基因敲除(knockout)。其中,反义技术使用的是与目的基因特异互补的 DNA 或 RNA 片段以及其修饰产物,来达到抑制目的基因表达的目的。RNA 干涉是使用外源或内源性的双链RNA 导入细胞后引发基因的同源序列降解,从而实现目的基因转录后表现出沉默现象。基因敲除是在掌握目的基因构造的基础上,通过同源重组技术用外源基因将该基因去除,然后从生物体表征变化推断该基因的作用。基因敲除技术整合位点准确,转移基因频率较高,既可以用正常基因敲除突变的基因以进行性状的改良和遗传病的治疗,又可以用突变的基因敲除正常基因以研究此基因在发育和调控方面的作用。

3.1.3　致病基因研究

能够引起疾病的基因被称为致病基因(pathogenic genes)。随着人类遗传学研究得到长足发展,基因组数据资源逐渐成熟,分析工具不断更新,基因型与表型数据被大量挖掘,有望确定与人类疾病相关的 DNA 变异序列。技术的进步让我们对许多罕见病和常见疾病的发病机制有了更清晰的认识,可以有效推动疾病防治,为精准医疗的发展提供机会。现代的医疗创新将加大对精准医疗的投入,即针对每个个体的人体遗传特征打造个性化护理方案。

目前对遗传病的检测主要通过测序技术(包括微阵列结构变异检测、外显子组和全基因组测序),这些方法可以有效鉴定出致病基因。高通量测序技术推动了因果遗传变异的鉴定,挖掘出致病基因的遗传模式,让我们可以实现更早、更快的遗传疾病诊断。同时,随着人类遗传资源多样性的提高,致病基因在不同种类人群中的普适性与特异性都得到了更好验证,基因变异到表型变化的过程也得到了更全面的机理阐述。

如何确定某个基因会导致临床疾病呢? 首先我们有很多数据库可以直接用来预测突变基因的致病性,如 SIFT、PolyPhen-2、Mutation Taster 等。通过数据库中的 AI 算法,结合蛋白质的各级结构,可判断基因的致病性。其次,可以根据权威机构,如临床基因组资源中心(Clinical Genome Resource, ClinGen)、美国医学遗传学与基因组学学会(American College of Medical Genetics and Genomics, ACMG)、人类基因组变异协会(Human Genome Variation Association, HGVS)所提供的指南对基因致病性进行系统评价。ACMG 指南应用最为广泛,可以对照判断某个基因并进行分级,如良性、致病或是意义不明三种类别。然后根据基因功能的生物实验研究确定其与临床的关系。一个致病基因的确定需要提供人群验证数据、计算机预测数据、基因的功能数据、家系的共分离数据,以及等位基因数据各个等级的信息。遗传疾病除了由单基因突变导致外,还可能是多基因的组合变异导致的。就多基因共同导致的复杂疾病的治病基因鉴定研究中,研究者们广泛采用的是全基因组关联研究(Genome – Wide Association Study,GWAS),这将在后文进行详细介绍。

在未来的研究中,我们需要继续优化和加强对人类遗传学研究发现的运用,在深入探索健康和疾病机制的同时,在最大程度上将研究发现应用于临床实践中。更为重要的是,我们需要完善生物伦理要求。科研人员需要重视对人类遗传资源的保护,规避研究可能存在的不利后果。每个公民都有权利通过参与研究为科学进步做出个人贡献,如共享数据和成果。

3.1.4　单基因病家系研究

单基因病(mono – gene disease)是由一对等位基因控制的疾病或病理性状。这种基因的缺陷变异包括单个核苷酸的替换、缺失、插入、移码突变以及基因的剪接突变。这些缺陷基因通常会遗传给下一代,所以又称为单基因遗传病。由于致病基因只有一个,这类疾病通常表现出家族遗传性,其符合孟德尔遗传规律,属于罕见疾病。目前对这类疾病的防控大多从知识普及、遗传咨询、婚前筛查入手。有效的治疗措施包括饮食、药物、移植手术以及基因治疗等。

单基因疾病可分为以下五种类型:常染色体显性遗传病、常染色体隐性遗传病、X 伴性显性遗传病、X 伴性隐性遗传病和 Y 伴性遗传病。据统计,目前已经发现了 9000 多种单基因疾病数据库(Online Mendelian Inheritance in Man,OMIM),且每年还将新增数十种新发现的疾病。

系谱分析是常用于判定单基因遗传病的遗传方式,分析某种疾病在大家系中的分布传递特征,从而确定该疾病是否为符合孟德尔遗传规律的单基因遗传类型。通过系谱分析可以明确某一疾病是否属于遗传病类型,并且有助于区分单基因病、多基因病,从而确定家系中每个成员的基因型,并可预测后代中该病的发病风险。

基因组学是研究单基因疾病分子机制的最直接方式,其包括靶向捕获基因测序(又称基因 panel)、靶向候选基因的外显子区域序列测序(whole exome sequencing,WES)和对包括内含子的整个基因组进行无限制测序的全基因组测序(whole genome sequencing,WGS)等方法。其中,基因 panel 是目前临床上诊断各种明确表型或疾病的常规选择,广泛应用于先天性肌无力综合征等神经肌肉疾病、遗传性眼病、遗传性运动障碍等遗传性疾病的病因诊断。相较于基因 panel,WES 可简化测序的工作流程,降低成本,提高发现新遗传性疾病的能力,具有更高的性价比,可广泛应用于癫痫、阿尔茨海默病、脑性瘫痪等神经系统疾病的临床诊断。WGS 具有广泛的适用性,可显著提高临床诊断率,但因成本高而未广泛使用。此外,WGS 也是更全面揭示遗传性疾病病因和发病机制的技术保证。

随着现代医学和组学技术的不断发展进步,突破单一组学研究的局限成为目前的研究热点[2]。联合不同组学,即将转录组学、蛋白质组学、代谢组学等多种组学数据与基因组学相结合,能在疾病病理、生理理解方面起到很好的推进作用。将蛋白质组学和遗传学、细胞生物学方法相结合来研究疾病相关变异的细胞生物学功能,不仅有助于识别与疾病相关的蛋白分子,还可为遗传性疾病的发病机制研究、临床诊断和治疗提供新思路。亨廷顿病、遗传性中性粒细胞减少症、线粒体疾病等领域的研究结果显示,蛋白质组学在遗传病诊断中具有较高的应用价值。代谢组学可在疾病诊断中弥补基因组学和蛋白质组学解释不了的代谢性疾病,并已成功应用于先天性铜代谢障碍等疾病,这也是下一代遗传代谢病的重要筛查技术。转录组学的运用目前也成了对高罕见遗传病分子诊断的重要补充诊断技术。

目前,若要实现将多组学技术引入临床实践中,我们还需要进一步克服这些技术的临床局限性,加强数据的整合分析技术,提高数据质量,保障数据安全。这是需要多方面科研人员共同努力才能搭建的高塔。

3.1.5 复杂疾病研究

复杂疾病(complex disease)是遗传和环境因素相互作用所导致的疾病类型。这类疾病不是由单个基因突变导致的,并不遵循孟德尔遗传规律,且其表型复杂、机制难测,因此被称为复杂疾病。复杂疾病包括自身免疫和风湿病、动脉粥样硬化以及多种形式的心脏病、神经和精神疾病、癌症。复杂疾病中的部分疾病具有很强的遗传性,而目前已知的基因变异仅能解释其部分遗传特性。基因的常见变异存在于许多复杂疾病中,但罕见变异在复杂疾病中的影响能力目前尚未明确。该疾病类型涉及多个基因的联合作用,基因组学中的全基因组关联研究可以帮助研究人员更全面地探究这类疾病的致病机制[3]。

随着人类基因组计划、人类单倍体型图计划和千人基因组计划的顺利完成,人类基因组的常见变异位点的详细图谱被成功绘制,推动了GWAS的迅速发展。从2005年至今,全世界众多研究组针对复杂疾病开展了大量易感基因的GWAS,并发现了1995个疾病或表型的相关变异,让我们对这些疾病表型有了更详细的认识,同时为致病机制的研究提供了新的思路和方法。从分子水平上了解疾病,有利于疾病预防、诊断和治疗工作的推进,并为精准医疗的开展夯实了基础。

GWAS采用高通量基因组学技术,研究人员可通过快速扫描大量受试者的全基因组找到疾病相关变异。这些变异包括单核苷酸多态性和拷贝数变异(copy number variation,CNV)。GWAS具有高分辨率,可以准确识别与疾病相关的常见或罕见基因变异,并证实这些变异与疾病性状之间的关联。迄今为止,全球已报道了超过50000个性状与疾病关联。目前,GWAS已被广泛使用于临床,包括对复杂疾病的筛查、防治、药物研发等方面。

GWAS 目前仍存在一些不足之处,如尽管其可分析使用多种技术测量的数据(如全基因组测序或单核苷酸多态测序),但目前大多数 GWAS 的应用范围仍局限于单核苷酸多态数据中。这种方式依赖于已有的遗传变异参考模板,无法实现对罕见突变的检测。此外,GWAS 受制于多重方法验证,不一定能精确定位到致病变异。但这些限制都可以被克服。例如,更大的样本量,技术、方法和计算的进步,以及空间全转录组测序技术的实现等。长远来看,每年发表和在临床上应用的 GWAS 成果仍在不断增加,说明这种方法在阐明复杂人类特征的遗传基础方面的作用是不可替代的。

迄今为止,还有大量疾病尚未开展 GWAS。已经开展的相关 GWAS 的种族多样性严重不足,79% 的参与者都是欧洲人,数据集的种族多样性仍需提高。除此之外,还需要对特定亚群的不同疾病指征进行 GWAS,这将为寻找可能与疾病机制和发病机理有关的基因和基因通路提供线索。

3.1.6　肿瘤突变基因鉴定研究

癌症是全球公共卫生的一大挑战,我国过去几十年间的癌症发病率和死亡率均呈明显上升趋势。基于日益准确和高分辨率的肿瘤分子分层,精准医学的发展使得癌症的个性化诊断、预后和治疗日趋完善。癌症通常是由于各种原因引起基因突变而产生的,有些肿瘤仅由一种基因突变导致,而有些肿瘤(如结直肠癌)是由十余种基因突变导致的。此外,其他基因组改变,如结构突变、基因拷贝数改变以及非编码区突变也会催化肿瘤的发生。到目前为止,研究人员发现的癌症驱动基因有 600 个左右,这些突变的基因也可以作为有效的治疗靶标。基因组学和流行病学癌症研究的联用可以帮助确定所有癌症患者中发生何种基因突变的概率,这对突变基因的靶向治疗具有十分重要的指导性作用,更能够推动更有效的癌症治疗方法的开发。

新一代测序技术(next generation sequencing,NGS)具有高通量的优势,可以识别几乎所有类型的基因组变异,包括单核苷酸变异(single nucleotide variant,SNV)、片段插入/删除(fragment insertion/deletion)、拷贝数变异和基因融合等。考虑到 NGS 的复杂性和临床实践的高要求,测序数据的严格质控显得尤为重要。NGS 可真实地反映癌症患者的基因组特征。此外,研究发现,患者的种族也可能是影响癌症诊断的一个重要因素,而且癌症患者的治疗在各民族人口之间也不尽相同。

目前,许多针对西方人群的大规模 NGS 泛癌研究已经完成,针对亚洲人群的大规模研究也在 2022 年取得非常可观的进展。中国的科学团队利用一万多名实体肿瘤患者的组织和血液样本,使用已验证过的临床 NGS panel 对体细胞突变的基因、肿瘤突变负荷(tumor mutation burden,TMB)的分布、基因融合模式以及中国和美国患者群体之间的各种体细胞突变谱进行了全面比较,这对亚洲肿瘤患者的精准治疗具有重要意义。为了评估全球背景下中国患者癌症基因组的特征,研究人员将该研究发现的基因组改变与世界上最大的癌症基因组研究——纪念斯隆凯特琳癌症中心的可操作癌症靶点的综合突变谱(Integrated Mutation Profiling of Actionable Cancer Targets, IMPACT)研究进行比较,发现了基因突变的频率和肿瘤类型分布的普遍一致性和特殊差别。该研究在人群水平的比较分析全面揭示了中国和其他种群(population)实体瘤患者体细胞突变和临床可操作变异之间的异同,对分子靶向治疗临床试验的选择具有重要意义。

3.2 代表性项目进展

从1985年美国科学家率先提出人类基因组计划开始,科研工作者对人类基因组序列的研究便拉开了帷幕。这一预算达30亿美元的人类基因组计划,由包括中国在内的6个参与国用十余年的时间完成了对人类基因组草图的绘制工作。之后,这项旨在全面认知、掌握、应用人类基因密码的宏大工程,吸引了越来越多国家的参与。迄今为止,全球范围内已经有20多个国家、地区启动了各自的人群基因组研究计划。这些计划在推动人类疾病的研究、生物技术的发展、精准医疗的实施上都有着重要的作用,为优化人类未来奠定了深厚基础。

3.2.1 人类基因组计划

人类基因组计划(Human Genome Project),是由美国科学家杜尔贝科(1975年获诺贝尔生理学或医学奖)在《科学》杂志上发表的一篇名为《肿瘤研究的转折点:人类基因组测序》中正式提出的。杜尔贝科表示要测出人类所有的基因序列,确定他们在染色体上的具体位置,从而可以更宏观地了解人类基因组,并进一步帮助人们深入了解肿瘤。美国政府于1990年末正式启动了这项工程,计划在2005年以前完成人类基因组全部基因序列的测序。该计划启动后不久便获得国际性的关注,英国、日本、法国、德国的科研人员逐渐加入,使得该工程扩大为国际范围内的合作工程。1996年,国际合作的人类基因组大规模测序战略会议成功举办。1997年美国国家人类基因组研究所成立。1998年美国国立卫生研究院与能源部提出了新的五年计划(1998—2003),其中人类DNA测序是其重中之重,旨在2003年底前完成整个人类基因组的测序。

1999年7月,中国成功参与人类基因组计划,负责测定全部序列的1%。中国成为该计划的第六个参与国,也是唯一的发展中国家。2001年,人类基因组工作草图的发表被认为是人类基因组计划成功的里程碑。2003年,人类基因组计划已完成了测序基因92%的工作,正式宣告该计划顺利完成。

2022年,《科学》杂志罕见连发6篇文章,宣告人类基因组最后一块拼图完成,即最后8%的基因片段测序工作亦已完成,该项工作由新成立的端粒到端粒联盟(the telomere－to－telomere consortium, T2T Consortium)完成,同时纠正了之前的一些错误。全新的人类参考基因组被命名为 T2T – CHM13,至此,对人类基因 30 亿对碱基的测序工作宣告完成。

有了完整的基因序列作为参照后,我们可以在基因的层面上对一些疾病进行研究分析,从而更深入地了解疾病产生的机理,为治疗提供帮助。这使得人类离自己的最终目标——通过基因组学改善健康,更近了一步。

3.2.2 人类单倍体型图计划

人类单倍体型图计划(HapMap Project)是继人类基因组计划之后基因组学界的又一国际合作。该计划由包括中国在内的多个国家建立的研究联盟所共同推动,旨在探究普通疾病背后的隐藏基因。

细胞中的 DNA 是由腺嘌呤(A)、胸腺嘧啶(T)、胞嘧啶(C)、鸟嘌呤(G)四种碱基通过配对连接形成的长链所构成的。这些碱基对的排列组合便是我们的遗传序列,它包含的信息直接或间接地决定了我们外形的高矮胖瘦,是否容易罹患某种疾病,以及对某些外界刺激是否有反应等,从而形成了遗传多样性。从遗传序列的排列上来看,人与人之间的差别并不大,平均约每 1200 个碱基就会有一个碱基排列或位置不同。这些碱基上的不同便称为单核苷酸多态性,也就是 SNP。

单体型(haploid genotype)是个体组织中,完全遗传自父母双方中一个亲本的一组等位基因,又称单倍体型或单元型。人类单倍体型图计划的目的便是要定位人类基因组中的大多数 SNP,形成人类的单倍体型图,从而为人类遗传多样性的研究提供分子层面的数据、理论支持。有了人类单倍体型图,我们可以很方便地通过对比正常人和遗传病患者的 SNP 差异以确定控制疾病碱基位置,从而可以得到容易患这一遗传病的特定 SNP 类型,这便使 SNP 成为一个特定疾病的分子定位标记。因此,科学家的目的是通过得到正常人的单倍体型图,将其作为标准化的对照工具与大量特定遗传疾病患者的单倍体型图进行对比,得到 SNP 的具体信息,从而反向确定致病 DNA 的位置。

该计划通过对 1000 余个来自不同地区的人群进行分析,得到数量巨大的变异位点和基因型信息,这些信息对全世界免费公开。通过大量样本构建高密度的 SNP 图谱,可以得到更为可靠的关联分析结果,为人类的分子遗传机制和疾病相关研究提供数据基础,这对人类基因组的研究具有里程碑式的意义,也开启了群体遗传研究的新纪元。

这个计划共分成了三个阶段。2005 年,第一阶段数据被发布,并提供了 270 个样本的 SNP 分型结果。这些样本来自四个不同的人群,分别为美国犹他州的北欧裔居民(CEU,主要由欧洲血统的人组成,用于代表欧洲人群)、中国北京的汉族居民(CHB,主要用于代表东亚地区的汉族人群)、日本东京的居民(JPT,用于代表日本人群)、尼日利亚的约鲁巴人(YRI,代表了非洲撒哈拉以南的一部分人群);2007 年,第二阶段的数据被发布,其在第一阶段发现的 SNP 位点的基础上新增了 210 多万个 SNP 位点,提供了更高密度的 SNP 图谱;第三阶段对更多的人群和样本进行了测序,同时还提供了大量的低频

SNP 位点。

人类单倍体型图还有更多的应用空间,如可以通过每一个患者特有的单倍体型图来实现个人的精准治疗,生成特定的治疗方案,从而使治疗更加高效并降低治疗风险,成为未来医疗技术进步的有力工具。

3.2.3　ENCODE 计划

DNA 百科全书(Encyclopedia of DNA Elements,ENCODE)计划开始于 2003 年,由美国和欧洲的研究机构牵头,联合了全球 32 个实验室的 422 名科学家,旨在得到人类基因组的特定功能性基因图谱,以及基因控制功能的运作原理。该项目花费了 14 年时间,通过分析大量组织数据,得到了全面精确的人类基因组功能及运行原理数据。

该计划分为三个阶段。第一阶段(2003—2007 年)涉及人类基因组的 1% ,以评估新兴技术。1% 的样本中有一半是针对研究人员高度感兴趣的区域,另一半是用来取样基因组特征的范围(如 GC 含量和基因)。基于微阵列的分析被用于绘制转录区域、开放染色质以及与转录因子和组蛋白修饰相关的区域,这些分析开始揭示人类基因组和转录组的基本组织特征。第二阶段(2007—2012 年)引入了基因测序的技术,如染色质免疫沉淀测序(chromatin immunoprecipitation sequencing,ChIP‒seq)和 RNA 测序(RNA‒seq),这些技术可查询整个人类基因组和转录组。普通测定法,如转录、开放染色质和组蛋白修饰图谱被用于多种细胞系;而更具体的分析,如转录因子结合区的定位,则广泛地在少数细胞系上进行,以提供基因组中关于调控蛋白的信息。通过对这些细胞的亚细胞室(细胞核、细胞质和亚核室)进行转录组分析可以了解转录物的位置。第三阶段(2012—2017 年)扩大范围并增加了新型检测方法,如通过配对末端标记测序技术分析染色质相互作用(chromatin interaction analysis by paired‒end tag sequencing,ChIA‒PET)等方法揭示了 RNA 结合和染色质三维组织的格局。2020 年 7 月 29 日,美国斯坦福大学医学院 Michael P. Snyder 教授在《自然》杂志上发表了一篇题为 *Perspectives on ENCODE* 的文章。该文章指出,目前该计划的第三阶段,已分别为人类和老鼠生成了近 100 万和 30 余万个 cCRE 注释,这为科学交流提供了非常重要的资源,是继人类基因组计划后国际科学界在基因组学研究领域取得的又一重大进展[4]。

3.2.4　个人基因组

从人类基因组计划和科学狂人克雷格·文特尔(Craig Venter)先后公布人类基因组图谱以来,基因组研究进入了全新的纪元。然而,这份图谱只是一张"不够完美的参考图"。科学家们很快认识到,我们需要更多人的基因组,才能真正将遗传与基因组信息应用到健康和临床领域。

但是因为测序基因组太过昂贵,科学家们选择了折中的思路,那就是后来启动的国际人类基因组单倍体型图计划,其旨在了解人类遗传的单倍体型和单点突变。虽然取得了一定的进展,但根本问题仍然存在——测序的人类基因组数据太少,质量还不够好。

再后来,美国454 Life Sciences公司对诺贝尔奖获得者詹姆斯·沃森(James Watson)的基因组进行测序,并公布结果。但就测序质量上来讲,沃森的基因组质量并未达到人类基因组计划公布的水平。所以,大部分的科研工作者仍在使用人类基因组计划所公布的基因组数据作为参考序列。

在2004年公布的人类基因组计划的数据中,对单个碱基的覆盖深度是6~10倍的覆盖深度。当时计算的人类基因组总长度约为2.8Gb,有341个缺口,而可信的组装测序序列的长度为38.5Mb,这个长度是人类基因典型长度的1000倍。能在当时的测序条件下获得这样的数据已经是非常好的结果了。早几年文特尔公布的基因组覆盖度为5.1倍,基因组的总长度是2.91Gb。从2001年发表的那个版本来看,其缺口数量为数千个。因此从测序数据质量上来讲,其与人类基因组计划还存在一定差距,且当时人类基因组计划用的是"逐个克隆法"(clone by clone)的定位方法测序,这种方法需要在前期对克隆的定位进行大量工作,因此十分费时,而后的测序和分析则相对容易。文特尔采用的是"全基因组鸟枪法"测序,这种方法不需要大量的克隆定位,但对用来组装的计算机硬件、软件要求很高,且容易出错,好处在于节省了时间,提高了效率。就数据质量而言,人类基因组计划所得到的基因组图谱更为准确可靠。

按照传统的人种分类,人类按照肤色黑、白、黄、棕,被粗分为四大类,即尼格罗人种、高加索人种、蒙古人种、澳大利亚人种。文特尔的基因组测序对象是他自己,即高加索人种。第一个蒙古人种基因组,是由中国深圳华大基因研究院测序完成,这就是我们俗称的"炎黄一号"。同时发表的还有尼格罗人种的全基因组测序数据。至此,三种肤色人种的基因组数据总算凑齐了。

通过对个人基因组进行测序,研究者可以全面了解个体的身体状况,比如他感染某种疾病的可能性。

个人基因测序尤其有用之处是"药物基因组学"。比如来自个体的基因信息可以作为给患者开某种药品的关键依据之一。这将提高患者的精准治疗水平并减少药物对患者造成伤害的隐患。

个人基因测序也可以预测遗传疾病。研究人员只要测得个体的基因序列,就可以运用基因参照工具进行对比分析,从而得到该个体患特定疾病的概率。个人基因测序还有一个重要的作用便是为想要孩子的夫妇提供建议。比如,父母当中的一方很可能携带有某种遗传致病性基因(这是一种隐性基因),但父辈并没有患该种疾病。如果父母中的一方,甚至双方都携带了该基因,那么他们的孩子未来罹患该疾病的可能性将大大升高。

3.2.5　千人基因组计划

国际千人基因组计划开始于 2008 年,是由中国、美国、英国、德国的科研人员共同合作推进的国际工程,目的是绘制更全面、详细的人类基因组遗传多态性图谱。该计划由中国深圳华大基因研究院、美国国立人类基因组研究所和英国桑格研究所共同协作进行的。

国际千人基因组计划的主要内容是对至少 1200 人进行基因测序,并对测序结果进行基因遗传多态性分析,从而生成基因组遗传多态性图谱。中国深圳华大基因研究院负责了至少 600 人的基因测序工作并对测序结果进行分析,对该计划的贡献超过 30%。

国际千人基因组计划的测序目标范围为来自不同大洲、不同国家的不同人种,这些人种为来自不同国家及不同出生地和生活地的上千人,中国深圳华大基因研究院负责了亚洲和非洲区域的测序工作。

人体对药物和外界刺激的反馈迥异,这些差异源自于基因链上那 1% 的不同,所以基因组遗传多态性图谱十分重要,它能帮助我们深入分析比较这 1% 的差异,这份新的图谱可以给人们在药物研发、疾病诊断等方面提供更精确的数据支持。

3.2.6　14 万人基因组

随着基因测序技术的进步与发展,成本已经有了大幅度的降低,这给大规模测序工作奠定了基础。自 20 世纪 90 年代末到 21 世纪初人类基因组计划完成后,一些世界大国已逐渐意识到大规模测序的数据可以更好地推动自身基因领域的核心技术发展和建立该领域的核心大国地位。美国、英国政府随后相继开启了大规模的测序计划。

为了推动我国基因组学研究的进步,使我国在世界基因组学领域占有一席之地,并为我国的医药研发和精准医疗提供基因层面的数据基础,我国开始推进大规模基因测序技术项目。华大基因研究团队在法律的框架下,经采样人的同意并保证其知情权和隐私权的前提下,对近 14 万例无创产前基因检测数据展开了分析研究,得到了中国人群病毒序列的分布特征,并构建了包含约 900 万个多态性位点的炎黄中国人群基因频率数据库。其包括约 20 万个新发现的多态性位点,不仅如此,这项工作也开创了此类问题的相关分析方法,推动了中国大规模基因组学研究的发展,同时也为遗传学、药品研发等领域的发展提供了帮助。

3.2.7　英国生物银行

英国生物银行(UK Biobank)是由英国政府发起成立的一项持久性研究计划,是英国迄今以来规模最大的健康研究项目之一。该项目的目的是探求一些特定基因、生活方式和健康状况之间的关系,提高对一些遗传类疾病致病基因的理解,包括癌症、心脏病、糖尿病和一些特定的精神疾病。该项目已经在英国境内采集40～69岁人群中50万份志愿者的基因信息和血液样本、生活方式及环境暴露数据,并跟踪记录他们之后数十年的健康医疗档案信息。研究期间,所有疾病、药品处方以及参加者死亡等数据都将被记录在库,以供英国国家医疗服务体系利用并管理,这也成了全球少数大规模人体生物健康信息库之一。数据收集的内容包括流调数据、体格检查、生物样本检测以及电子医疗记录数据。

为了增强资源的利用率,UK BioBank还扩展了以下几个方面:10万人的大脑、心脏和腹部MR成像(这是以前从未做过的),成立两个大型项目进一步深化整个研究所获得的遗传数据。第一步提供基因组中外显子区域的详细DNA序列信息以反映蛋白质信息,第二步将对每个个体的全部基因组进行测序(包括不编码蛋白质的内含子)。

2022年6月,UK BioBank官方宣布,英国生物银行将最后一部分外显子组测序数据添加到其研究数据库中。这代表着在英国生物库资源范围内完成了超过47万名参与者的全队列外显子组测序。现在,这些去识别数据允许已获得英国生物银行研究分析平台(UK Biobank Research Analysis Platform)批准的研究人员进行访问。

整个外显子组测序数据的生成是在英国生物银行外显子组测序联盟(UKB – ESC)的合作和资金支持下实现的。这一独特的合作催生了全球最大的外显子组数据集,并将对疾病遗传决定因素研究产生变革性意义。

全外显子组测序测量基因组中与蛋白质编码有关的区域(约2%)被广泛认为是识别致病或罕见遗传变异的重要技术。这些数据的增加将支持对一系列疾病的诊断、预防和治疗,如糖尿病、痴呆、癌症、心血管疾病和传染病。

生成的数据将与英国生物银行资源中详细的、去识别的医疗和健康记录进行配对,包括增强的措施,如大脑、心脏和身体成像,以创建一个无与伦比的资源库,以此将人类遗传变异与人类生物学和疾病联系起来。

3.3　人类遗传资源数据库介绍

生物数据库的建设是进行生物信息学研究的基础,大量生物学实验的数据积累形成了当前数以百计的生物信息数据库。它们按各自目标收集和整理生物学实验数据,并提供相关的数据查询、数据处理的服务。目前网络上已有的生物数据库很多,有综合性的数据库、DNA数据库、RNA数据库、蛋白质数据库、不同物种的数据库以及专门针对疾病的数据库。

3.3.1　代表性数据库

目前大型的综合性数据库分别是美国国家生物技术信息中心(National Center of Biotechnology Information，NCBI）管理的数据库、欧洲分子生物学实验室（European Molecular Biology Laboratory，EMBL）管理的数据库、日本国家遗传学研究所管理的日本 DNA 数据库（DNA Data Bank of Japan，DDBJ）和中国国家基因库（China National GeneBank，CNGB）管理的数据库。

3.3.1.1　NCBI 管理的数据库

NCBI 管理的数据库是目前最全面的综合数据库，其中收录了 GenBank 数据库、SNP 数据库（SNP database，dbSNP）、OMIM（Online Mendelian Inheritance in Man）数据库、ClinVar 数据库。

（1）GenBank 数据库：包含了所有已知的核酸序列和蛋白质序列，以及与它们相关的文献著作和生物学注释。它由 NCBI 建立和维护，收纳了测序中心提交的大量 EST 序列和其他测序数据，并与其他数据机构协作交换数据。GenBank 数据库的数据可以从 NCBI 的 FTP 服务器上免费下载。NCBI 还提供广泛的数据查询、序列相似性搜索以及其他分析服务，用户可以从 NCBI 的主页上找到这些服务。GenBank 数据库的数据来源于约 55000 个物种，其中 56% 是人类的基因组序列。

（2）dbSNP 数据库：包含人类单核苷酸变异、小片段插入和缺失、种群频率、分子检测结果、常见变异、临床突变的基因组定位信息等内容。作为一个单一的数据库，dbSNP 收纳所有已识别的遗传变异，可用于调查各种基因遗传的自然现象。dbSNP 中编号记录的分子变异可以辅助群体遗传学以及进化关系的研究，其中的信息可以简单快捷地量化目标位点的变异情况。

（3）OMIM 数据库：也叫人类孟德尔遗传在线数据库，是记录人类基因和遗传表型的全面、权威的数据库。与其他数据库相比，OMIM 数据库侧重于疾病表型与其致病基因之间的关联，所有的互补 DNA（cDNA 序）列存在对应的功能注释。OMIN 数据库中包含疾病信息以及基因信息。疾病信息包括疾病的发现、与疾病相关的基因、临床特征、遗传方式等详细描述；基因信息包括基因定位、与基因相关的表型、基因功能、研究进展等详细描述。

（4）ClinVar 数据库：是 NCBI 的临床突变数据库，其中整合了遗传变异、临床表型、支持证据以及功能注解分析四方面信息，并评定了突变在疾病中的功能注释等级。数据库中详细记载了变异与疾病或表型之间的关系，及其引用文献。ClinVar 数据库是一个开放的数据库，每个研究机构都可以向其提交数据；专家团队会对于提交的信息进行审核评级。通过专家评审后的数据逐步形成一个标准、可信、稳定的遗传变异 - 临床表型相关的数据库[5]。

3.3.1.2　EMBL 管理的数据库

EMBL 管理的数据库包含欧洲核苷酸序列数据库（European Nucleotide Archive，

ENA)和蛋白质数据库 TrEMBL(Translation from EMBL)。

(1)ENA:是一个全面的核酸序列数据库。该数据库由 Oracal 数据库系统负责管理维护,可通过网上的序列提取系统服务完成查询检索。如向 ENA 提交核酸序列,则可通过 WEBIN 工具或 Sequin 软件。

(2)TrEMBL:是一个计算机注释的蛋白质序列数据库,包含 EMBL 核酸序列数据库中为蛋白质编码的核酸序列 CDS 的所有翻译产物。该数据库由欧洲生物信息学研究所(EMBL – EBI)与瑞士生物信息学研究所(SIB)共同管理。他们还共同管理了另一个蛋白质序列数据库(SwissProt)。TrEMBL 和 SwissProt 很相似,但是也有区别:TrEMBL 中的数据注释可信度低、冗余度大,而 SwissProt 中数据注释可信度高、冗余度小。EMBL – EBI 和 SIB 这两个机构与美国乔治城大学医学中心(GUMC)共同成立了联合蛋白质序列数据库(Universal Protein Resource,UniProt)。

3.3.1.3　DDBJ

DDBJ 也是一个全面的核酸序列数据库。该数据库可以使用其主页上提供的 SRS 工具进行数据检索和序列分析,使用 Sequin 软件向该数据库提交序列。

GenBank、ENA 和 DDBJ 每天都会交换数据,因此这三个核酸数据库的数据是同步更新的。以上三个数据库共同组成了国际核酸序列数据库合作联盟(International Nucleotide Sequence Database Collaboration,INSDC)。

3.3.1.4　CNGB 管理的数据库

中国国家基因库生命大数据平台(China National GeneBank DataBase,CNGBdb)是一个为科研社区提供生物大数据共享和应用服务的统一平台。该平台基于大数据和云计算技术,提供数据归档、计算分析、知识搜索、管理授权和可视化等数据服务。CNGBdb 是继世界三大数据库之后的全球第四大国家级数据库。它是我国首个,也是唯一一个国家基因库,相对于全球另外三个基因库而言,国家基因库样品保存的规模、存储量和可访问的数据量皆是全球最大。

CNGBdb 基于国家基因库"三库两平台"("三库"即生物样本资源库、生物信息数据库和生物活体库,"两平台"即数字化平台、合成与编辑平台)的数据源,及外部的 NCBI、EMBL – EBI、DDBJ 等数据源,遵循国际核苷酸序列数据库协作组(International Nucleotide Sequence Database Collaboration,INSDC)、DataCite(这是一个非盈利组织,致力于为研究数据提供可靠的标识方式以促进其发现和引用)、全球基因组学与健康联盟(Global Alliance for Genomics and Health,GA4GH)、全球基因组生物多样性网络(Global Genome Biodiversity Network,GGBN)与美国医学遗传学和基因组学学院(American College of Medical Genetics and Genomics,ACMG)等国际标准联盟标准,构建了覆盖文献、基因、变异、蛋白等的数据结构,提供数据归档、查询检索、计算等数据共享和应用服务。

目前 CNGBdb 整合了来源于国家基因库、NCBI、EMBL – EBI、DDBJ 等平台的数据,包括文献、变异、基因、蛋白质、序列、项目、样本、实验、测序、组装等 10 个结构的大量分子数据和其他信息。通过 CNGBdb 搜索建立索引,将这些数据与样本甚至样本活体进行关联,可以实现数据从活体到样本再到信息数据全过程的可追溯性,并达成综合数据的全贯穿。

3.3.2 基因功能注释数据库

基因功能注释依赖于基因结构预测,根据预测结果从基因组上提取翻译后的蛋白序列与主流数据库进行比对,并完成功能注释。常用数据库包括基因本体论注释的 GO 数据库和代谢通路注释的 KEGG 数据库,另还有一些其他的数据库。

3.3.2.1 GO 数据库

GO(Gene Ontology)数据库是汇总了全世界所有与基因有关的研究结果的综合数据库,由基因本体论联合会建立。该数据库规范化描述了基因和基因产物的生物学术,将来自不同数据库的信息统一命名,对基因和蛋白功能进行统一限定和描述。科研人员可以利用 GO 数据库对一个或一组基因按照三个方面进行分类注释,即其参与的生物过程、分子功能及细胞组分定位。GO 注释有助于理解基因所代表的生物学意义,用户可以通过 GO 分类图大致了解某个物种的全部基因产物的分类情况。

3.3.2.2 KEGG 数据库

KEGG(Kyoto Encyclopedia of Genes and Genomes)是由日本京都大学和东京大学联合开发的数据库。该数据库整合了基因组、化学和系统功能信息,可以用来查询代谢途径、酶或编码酶的基因、代谢产物等信息,也可以通过基于局部比对算法的搜索工具(BLAST)比对查询未知序列的代谢途径信息。KEGG 具有强大的图形功能,它以图形形式阐明多种代谢途径以及各途径之间的关系,使研究者能对其关注的代谢途径有直观全面的了解。这些途径涵盖了广泛的生化过程,可分为 7 大类:新陈代谢、遗传、环境信息处理、细胞过程、机体系统、人类疾病和药物开发。

3.3.2.3 生物分子通路数据库

生物分子通路(Reactome)数据库是一个免费开源的通路数据库,提供直观的生物信息学工具,用于可视化、解释和分析途径相关知识、辅助基因组分析、建模、系统生物学等研究。该数据库利用 PSIQUIC Web 服务来覆盖 Reactome 功能交互网络和外部交互数据库(如 IntAct、ChEMBL、BioGRID 和 RefIndex)的分子交互数据。通路注释由生物学专家和 Reactome 编辑人员合作编写,并交叉引用了许多生物信息学数据库。该数据库目前覆盖了 19 个物种的通路研究,包括经典的代谢通路、信号转导、基因转录调控、细胞凋亡与疾病。数据库引用了包括 NCBI EnsemblUniProt、UCSC 基因组浏览器、ChEBI 小分子数据库和 PubMed 文献数据库等 100 多个不同的数据资源。

3.3.2.4　MSigDB 数据库

MsigDB(分子特征)数据库是布罗德研究所(Broad Institute)的科学家在提出基因集富集分析(gene set enrichment analysis,GSEA)方法时所提供的基因集数据库。该数据库从位置、功能、代谢途径和靶标结合等多种角度出发,构建了许多的基因集合。目前包括 H 和 C1 至 C8 这九个系列的基因集,可供下载及 R 软件包(msigdbr)载入以用于富集分析。

3.3.3　疾病基因相关数据库

人类疾病是基因组学、生物信息学、系统生物学和系统医学研究的核心。目前许多数据库可以提供从基因到疾病的搜索服务,帮助科研人员有针对性地对目标疾病进行研究。其中,某些数据库是基于简单的文献网站构建而成的,如 OMIM;某些数据库间接讨论基因和疾病之间的关联,如 DISEASES、eDGAR 和 GeneAlaCart;某些数据库从变异的角度提出基因和疾病或表型的关联关系,如 ClinVar、拷贝数变异及相关疾病的数据库(Copy Number Variations in Disease,CNVD);还有一些数据库提供了疾病相关的蛋白质变异信息,如 SwissVar 等。这些数据库提供的信息各有侧重,在科学研究中可以相互补充[6]。

3.3.3.1　ClinVar 数据库

ClinVar 数据库收录了由 NCBI 提供的涵盖各种大小、类型和基因组位置的细胞变异信息。数据库中囊括了 26000 个基因。目前,ClinVar 已有超过 158000 个提交的注释,代表超过 125000 个变异。用户可以按基因名称在数据库中检索所有相关的变异及其相关条件,查询它们的审核状态和最后一次审核的时间。但每次只能搜索一个基因,不能联合搜索。数据库中的次资源主要有三个不同来源:临床测试、科学研究和文献。除了文献之外,目前没有完善的方法和系统来衡量临床测试结果和科学研究结果的准确性。因此,使用资源时需谨慎。

3.3.3.2　CNVD 数据库

CNVD 是一个收录了系统且全面的拷贝数变异及相关疾病的数据库,数据库中所有记录都提取自 CNV 相关文章的已发表实验数据,资源可靠性高。它收录了从 2006 年至 2014 年发表的文章中挖掘出的十几万个 CNV 片段,近千种相关疾病以及上万个基因。数据库中检索方式多样,按基因名称、疾病名称、染色体位置或拷贝数变异区域都可以进行检索。其中每条记录都包含物种、染色体、CNV 的起始和结束位置、相关疾病、CNV 区域的基因以及源文章的信息。CNVD 可以实现从基因到疾病和从疾病到基因的双向搜索,促进基因注释。同时,它可以进行多个基因搜索,这给研究带来了很大的便利。但它没有对冗余结果进行分组,这意味着如果来源不同,同样的结果会重复出现。由于整个数据库的来源为 CNV 相关文章中发表的实验数据,因此其在实际应用中数据量可能偏小。

3.3.3.3　DO 数据库

DO(Disease Ontology)与 GO 数据库类似,都通过参照医学主题词(Medical Subject Headings,MeSH)、国际疾病分类(International Classification of Diseases,ICD)等标准对人类的常见疾病与罕见病进行归纳整理,提供了一个统一标准化的疾病分类系统。该数据库类似 GO 数据库,但是以疾病为中心,通过对遗传变异、表型、蛋白质、药物和表位数据进行检查与比较,以提供与人类疾病相关的生物医学数据的分级资源查询方式。DO 是一个疾病研究的专业网站,其中还包括每种疾病的 ICD 代码。但该数据库不能直接查询某个致病基因,信息搜索方式限于疾病名称。

3.3.3.4　DiseaseEnhancer 数据库

DiseaseEnhancer 是一个疾病相关增强子数据库。数据库收纳了增强子的基本信息(如基因组位置和靶基因)、疾病类型和增强子的相关变异及其相关表型。增强子的基因改变对疾病的形成有重要作用。这个网站主要提供了增强子与基因的相互作用数据信息,而不是直接基于基因组建立和疾病的联系。由于数据库中涵盖的疾病数量非常少,在研究中该数据库只能作为部分参考。

3.3.3.5　DISEASES 数据库

DISEASES 数据库由哥本哈根大学开发,整合了从文献中挖掘的疾病基因关联信息。在数据库中搜索基因的名字,会找到与该名字相匹配的基因类型和 Ensembl ID、相关的疾病信息、信息来源的文章及试验项目。该数据库的数据收集方法独特且存储容量大,因此能为科研人员提供很多有用资源。但就目前而言,获取该数据库中某个基因疾病信息的路径仍比较麻烦,找到其参考出版物更为复杂了,因此使用起来比较费时。

3.3.3.6　GARD 数据库

遗传和罕见疾病信息中心(Genetic and Rare Diseases Information Center,GARD)提供了罕见病及其相关术语的列表,科研人员可以通过该数据库找到可靠的疾病信息。该数据库是国家推进转化科学中心的一个项目,提供有关罕见病和遗传疾病的最新、可靠和易于理解的信息,是一个适合患者查阅的数据库。用户可通过搜索某个基因名查询到所有相关的疾病。

3.3.3.7　miR2Disease 数据库

miR2Disease 是一个涉及 miRNA 去调节的人类疾病简明数据库,其包含了 miRNA 及其疾病关系的详细信息。它提供了一个用户友好的界面,便于通过 miRNA ID、靶基因或疾病名称来检索并获取信息。从 2008 年创建到 2018 年,miR2Disease 已经记录了 349 种人类 miRNA 和 163 种人类疾病之间的 3273 种关系。尽管 miR2Disease 疾病的范围很小,但它仍为疾病机理研究提供了有用信息。

3.3.3.8 Orphanet

Orphanet 成立的目的是为了收集有关罕见病的稀缺知识,以提高这些疾病患者的诊断、护理和治疗现状。它涵盖了来源于 OMIM、ICD10、MeSH、MedDRA、GARD、UMLS 等的 6000 多种稀有疾病,并使用已发布的专家分类准则精心编制疾病分类。每个基因的搜索结果都会出现一系列相关的蛋白质,这些蛋白质可展现与疾病相关的信息,点击该疾病即可得到该特定疾病的 ICD 代码。

3.3.3.9 DisGeNET 数据库

DisGeNET 是一个综合目录,包含了与人类疾病相关的基因和变异的信息。它涵盖了人类疾病的全部情况,包括孟德尔病、复杂病、环境病和罕见病,以及与疾病相关的特征。它允许用户同时输入多个基因,系统会对每个基因进行单独的介绍,并将它们的疾病关联结合在一行,也可以下载所有相关信息。

3.3.3.10 HGMD

人类基因突变数据库(The Human Gene Mutation Database,HGMD)是与人类疾病密切相关基因的综合数据库。截至 2017 年 3 月,该数据库包含超过 203000 个不同的基因损伤,这些损伤来自 2600 多种期刊中的 8000 多个基因。HGMD 有五种搜索方式,主要信息包括基因名称、位置和基因描述,其中基因描述指的是相关疾病。用户可以通过点击基因名称得到包括疾病和表型在内的完整信息。

3.3.3.11 G2F 数据库

G2F(Gene2Function)是一个在线资源,它可以在模式生物数据库(Model Organism Databases,MODs)所支持的人类基因和常见遗传模式物种之间绘制其直系同源图,并显示每个直系同源图的摘要信息。G2F 能够简便地调查到正交基因的大量信息,即从一个物种导航到另一个物种,并将用户连接到各个 MODs 和其他来源的详细报告与信息。G2F 的优势在于可以进行双向检索,但是它无法实现多个基因的输入,也无法直接跳转到相关疾病。

3.3.3.12 SwissVar 数据库

SwissVar 是一个蛋白质 – 疾病研究的网站。它通过一个独特的搜索引擎对 UniProt-KB/Swiss – Prot 数据库中单一氨基酸多态性(single amino acid polymorphism,SAPs)和疾病实行全面收集。它包含近 4160 个带有疾病注释的基因和 20412 个人类蛋白质。

3.3.3.13 eDGAR 数据库

eDGAR 是一个疾病 – 基因关联数据库,包含来自 OMIM、Humsavar 和 ClinVar 的基因间的注释关系。eDGAR 包括一种基于网络系统的改进方法,是可用于检测与基因组相关的重要功能。目前,eDGAR 涵盖了 3000 多种不同疾病,共有 5000 多种基因 – 疾病关联对。它可实现多个基因输入,并对应输出相关疾病列表。

3.3.3.14 GeneCardSuite 数据库

GeneCardsSuite 是一套生物医学数据库和工具,包括用于全面人类基因注释的 Gene-Cards、用于基因 – 疾病链接的 MalaCards、用于批量查询的 GeneALaCart 以及用于寻找功能基因和基因集提炼的 GeneAnalytics。

3.4 疾病监测和诊断

3.4.1 样本类型

生物样本包括多种类型,如人的各种组织物质和器官,或经过相关处理的遗传信息以及与临床相关的资料及其质量控制、信息管理与应用系统等。生物样本是众多科研成果和临床应用的基石。

人类遗传资源是人类进行生命活动和信息挖掘的重要资源,是生物样本中的不可再生资源,是深入挖掘和掌握疾病发生、发展和分布规律的基础研究资料,是推动疾病预防、干预、控制和诊疗策略开发的重要保障,目前已成为关乎公众健康、生命安全和国家生物安保、生物安全的战略性资源。

3.4.1.1 血液

血液检查一般都是使用全血细胞计数(complete blood count,CBC)检查血液中的各种细胞成分以及重要蛋白质的变化。现有的全自动仪器只需要少量血液,可在 1 分钟内检测出结果。某些情况下,需要在显微镜下检查血细胞(血涂片)作为 CBC 的补充。血浆(血液中的液体部分)中含有许多蛋白质,医生有时检测其中一些蛋白质,以寻找当血液疾病发生时存在的蛋白质数量或结构异常情况。例如,在多发性骨髓瘤中,某种骨髓细胞(称为浆细胞)可能癌变并产生异常的抗体(免疫球蛋白)蛋白质(包括本周蛋白),这类蛋白质可在血液中检测到。

3.4.1.2 粪便

粪便检测包括一般性检查、显微镜检查、化学检查和细菌学检查,我们可以通过检测消化道系统和各个器官的功能是否发生病变做出判断。具体而言,可以根据粪便涂片找到相应虫卵,从而确定诊断与之相关的肠道寄生虫病,如蛔虫病、钩虫病等。也可以进行消化道肿瘤过筛试验,若粪便隐血持续阳性,则提示可能为胃肠道的恶性肿瘤;若呈间歇阳性,则提示为其他原因的消化道出血,可进一步做内镜检查或胃肠 X 线钡餐摄片。不仅如此,粪便涂片还可能确诊结肠癌、直肠癌的癌细胞[7]。

3.4.1.3 尿液

尿液检查是医学检验"三大常规"项目之一。在肾脏病变早期便可能检测出蛋白尿或者尿沉渣中的有形成分,它也是疾病诊断的有效手段之一。尿液检查包括尿常规分析、有形成分检测、蛋白成分测定以及尿酶测定,其中最常用的方法是试纸条法,可以进行快速检测,其主要检测对象为 pH 值、蛋白和尿糖等物质。如果尿液 pH 偏酸性,则说明容易产生结石;如果尿蛋白为阳性,则表示有肾脏疾病。尿糖可以用来检测有无糖尿病,如果检测结果是阳性,就需要进一步抽血检测了。

3.4.1.4 体液

体液可能是腹水或胸水,一般可通过超声和腹水的实验室检查来确认。若由肝脏疾病所引起的积水,就是腹腔积液。体液有很多种,可能是盆腔积液,也可能是胸腔积液,需要根据疾病类型再做进一步分析。

3.4.1.5 脑脊液

脑脊液(cerebro – spinal fluid,CSF)为无色透明液体,位于正常人脑室系统与蛛网膜下腔,总量为 90 ~ 150mL。人的脑脊液每天更换 3 或 4 次,产生速度约为 500mL/d。当脑膜受到外界刺激发生炎症或其附近有肿瘤细胞徘徊时,脑脊液中的白细胞会相应增多。可使用特殊细胞离心沉淀器将脑脊液各物质分离,这将极大地提高成分鉴定准确性,并进一步优化诊断效果。脑、血液与脑脊液之间存在一堵屏障,以隔离一些大分子成分,并实现大脑保护的目的。当大脑受到外部撞击时,脑脊液也可以缓冲颅内压力。

3.4.1.6 组织样本

人每天会接触大量微生物,人的体内也存在大量微生物。这些微生物在与宿主长期共存的过程中逐渐形成了独特的动态微生态系统,并在人体健康和各类疾病中扮演着重要角色。在早期的研究中,研究人员主要采用传统的分离培养方法进行组织样本中微生物的识别,并描述微生物群落的组成及其多样性。但研究者难以凭借传统方法正确认识微生物与人体的关系,以及微生物在人体内的作用。近年来,高通量测序技术的发展从根本上改变了人们对微生物群落的认识,帮助人们得以系统地分析和认识组织样本中的微生物群落及其功能。基于 16S rRNA/ITS 基因,研究人员通过优化实验方法,增加对痕量微生物的研究,以及利用第二代测序技术来实现对组织样本中微生物多样性的分析工作,为全面了解微生物群落的结构特点及其与人体健康的相互关系提供了便利的研究渠道。

3.4.1.7　人体生物检测

人的各个组织、器官或者体内的物质成分和外在状态的反映都能成为生物样本。通过对人体生物样本中环境化学物质及其代谢物的检测分析,科学家们可以获取个体及群体暴露的环境化学物质类别、数量、负荷水平及变化趋势等基础数据。我国大力支持开展国家人体生物监测工作,鼓励在全国范围内选择有代表性的人群样本,通过开展环境暴露人群流行病学调查,采集血、尿样本等工作,经检测分析后获得有全国代表性的环境化学物质人体暴露负荷的数据信息。这将帮助掌握我国居民环境化学物质暴露相关的环境、行为和健康效应指标等状况,以及年龄、性别特征,进而构建环境暴露人体生物样本库和生物样本信息库[8]。

3.4.2　诊断方法

3.4.2.1　分子影像

分子影像(molecular imaging)是运用影像技术描述和测量活体内的细胞和分子,是医学影像技术、分子生物学和计算机科学等学科的结合。医学分子影像结合检测基因或者纳米材料的分子探针,采用多模态成像方法,实现对体内特定靶点进行分子水平的无创伤成像[9]。分子探针能够特异性与靶向分子结合,并根据成像信号,反映细胞基因的表达状况和蛋白轨迹。通过结合分子影像探针与靶分子,以及借助分子成像系统可检测到影像信号,进而反映出靶分子的表达水平或功能。

相比于传统的影像学,现代分子影像能够更好地连接分子生物学与临床医学,这将更好地推动疾病的精准诊断工作。在特异性分子探针的帮助下,现代分子影像可将细胞的结构变化和基因分子表达的过程变化清晰展现出来。分子影像的变革并不是一个简单的技术变革,它不仅提高了临床诊断水平,还对未来医学的发展产生了重大影响,因此被评为21世纪10个最具有发展潜力的医学科学前沿领域之一。

3.4.2.2　病理检查

病理检查(pathological examination)主要是通过组织活检,即采用钳取、穿刺、局部切除等方式,从患者病变处获取病变组织进行病理诊断的一种方法。通过固定、取材、包埋、切片、染色等一系列方法制作出病理切片,由病理医师通过大体观察组织学和细胞学镜下观察,结合组织化学、免疫组织化学等观察方法,实现对病变的综合病理诊断。

病理检查主要是为了检测发病过程中细胞的形态结构和功能是否发生变化,如发生变化,则为肿瘤性病变。而后应进一步细化其为良性病变、交界性病变还是恶性病变。如果为恶性病变,是上皮来源的恶性病变,还是间叶来源的恶性病变等。及时给出准确的病理诊断,将为临床治疗、评估预后提供重要的理论依据。相较于其他诊断,病理诊断更具客观性和准确性。根据病史、临床症状及体检信息进行疾病诊断，其正确诊断率仅为50%；影像学的正确诊断率为75%；而病理检查的正确诊断率则达99%以上。因此，病理医生也被西方称为"医生的医生"。

3.4.2.3　基因检测

基因检测是对人体携带遗传信息的物质进行检测。其运用DNA检测技术，在提取样本、扩增其基因信息后，通过特定设备对DNA序列进行测序，分析它的基因信息，明确其是否发生突变或缺失，从而预测是否有疾病的风险。

基因检测的方法主要有三种：生化检测、染色体分析和DNA分析。生化检测的目的是明确基因是否有缺陷，如诊断苯丙酮尿症；染色体分析则是检测染色体的数目；DNA分析主要是分析遗传性疾病，如亨廷顿病等。

基因检测可以用来检测新生儿遗传性疾病、诊断遗传疾病和帮助诊断某些常见病。通过检测DNA物质，分析序列基因，检查表达是否正常，进而产生一份检测报告。医生将基于这份报告，结合生命体征，做出最终诊断。目前，基因检测大致分为两方面，一方面是针对健康人群，帮助人们提前了解自身相关疾病的基因信息，做好心理准备；另一方面则主要面向癌症患者，通过监测肿瘤基因突变信息，帮助医生快速锁定治疗"靶点"，帮助肿瘤患者筛选出合适的靶向用药，制订最佳的治疗方案，达到事半功倍的效果[10]。

3.4.2.4　蛋白检测

血清中存在许多含有特定功能的特殊蛋白，它们的含量变化会导致机体产生不良反应。很多疾病都与血清蛋白质的变化有关，特定蛋白也因此成为检测疾病的重要依据。蛋白质具有抗原性，因此若对某一特定抗原性蛋白质进行测定，则可采用抗原－抗体反应，即特定蛋白检测。

（1）物理化学方法：传统的物理化学方法可以对一些特定蛋白进行检测。如血清白蛋白可以通过溴甲酚绿法测定，免疫球蛋白可以通过电泳技术进行定性和初步定量分析，但这些方法均存在敏感性低和特异性差等缺点。

（2）免疫学方法：指在含电解质的凝胶中，特定蛋白与相应抗体向四周扩散，形成浓度梯度，其二者相遇并将在比例适当处形成乳白色沉淀物，研究人员再根据标准曲线对特定蛋白进行定量试验。但存在灵敏度低和操作烦琐等缺点，此方法在临床的应用逐渐减少。

（3）目前临床常用方法：随着现代科学技术的不断发展，各种自动化分析仪应运而生，使得基于免疫浊度法（透射比浊法和散射比浊法）的特种蛋白检测技术在临床中被广泛应用。许多自动化仪器已经可以通过免疫散射比浊法完成血清淀粉样蛋白A（serum amyloid A，SAA）的检测，体现出灵敏度高、可报告范围大以及检测速度快等优点，得到了国家药品监督管理局批准。免疫胶乳法和透射比浊法的联合应用可进一步提高CRP

（C 反应蛋白，C reactive protein）的检测灵敏度，将检测下限降至 0.005～0.10mg/L，将检测灵敏度提高至超敏水平。但免疫比浊法仍难以检测出机体中微量存在的特定蛋白，免疫标记技术为这种检测提供了可能。通过放射免疫技术，血清 IL－6 的检测下限可降至 5pg/mL，以增强其在感染早期诊断的应用价值。基于荧光免疫技术和化学发光免疫技术的商业试剂盒也已广泛应用于 PCT（降钙素原，procalcitonin）检测中，检测下限可达到 0.02μg/L，使得 PCT 能够作为标志物之一以评估感染的严重程度。

3.4.2.5　代谢产物检测

代谢组学主要采用核磁共振（nuclear magnetic resonance，NMR）或质谱（mass spectrometry，MS）技术对生物体内参与生化反应的数百至数千种中间产物及终产物（如氨基酸、脂类、有机酸等）进行定性和定量分析，以展现内源性代谢物质的变化特征及其对外界的应答规律。

代谢途径作为一种平衡生物合成进程的功能，它主要负责维持细胞的生长和存活。研究肿瘤和其他代谢疾病在代谢途径中的作用靶点，目前已经成为一大研究热点。机体产生的代谢物在经代谢下游的转录和翻译后，可以成为识别代谢途径异常的关键指标。代谢组学检测包括靶向和非靶向两种方法。靶向方法是使用内标化合物定量一组预先确定的代谢物，该方法具有较高的特异性和准确性，被广泛应用于不同生理状态下特定代谢产物的分析和比较。非靶向方法在理论上是对样品中所有可测代谢物的综合检测，包括未知代谢物，因此其在广泛识别新的代谢途径和生物标志物方面具有强大的应用潜力。早期流行病学研究大多采用靶向方法，而近年来则更多将非靶向方法应用于大规模队列研究中[11]。

3.4.2.6　病原微生物检测

病原微生物是指可以侵犯人体，在宿主中生长繁殖、释放毒性物质等引起机体不同程度病理变化、发生感染的微生物，包括细菌、病毒、真菌、寄生虫、衣原体、支原体等。病原微生物检测并非新领域，基于病原学证据的抗感染检测一直都是临床诊疗的"金标准"。

病原微生物的检测在疾病感染的判定中越来越重要。除传统的检测方法，如涂片染色、培养分离、免疫学技术、核酸检测等外，越来越多的检测技术被引入临床。不同病原微生物检测技术对感染的判定价值不同，临床医生应根据患者的病情、可能感染的部位、可供采集的标本等选择适宜的检测技术[12]。

病原微生物检测技术发展迅速，能识别的微生物种类越来越多。但感染属于临床诊断，因此所有判定必须基于临床。更快、更准确地判定感染一直都是病原学检测的挑战，不同方法各有优劣。当前，并没有任何一项技术可通过从标本中识别微生物来直接判定机体是否感染该病原体。与此同时，我们甚至难以依靠检测的阴性结果来排除感染的可能性。检测技术革新带来的是临床辅助手段的进步和多样化,但病原微生物检测结果的解读和感染的判定不能脱离临床。

3.4.2.7　微量元素检测

微量元素通常是指人体的必需微量元素,即为确保机体存活、正常生长和功能正常发挥所必需的,但机体自身不能合成或合成不足,必须从食物中获取的物质。与其他食物成分相比,它们具有一个重要的生物学特征,即缺乏该营养素会造成功能异常或营养缺乏病,甚至导致死亡。微量元素虽然在机体内含量非常少,但它们各自承担着重要生理功能,如构成酶及维生素的组成部分或辅助因子、构成激素或参与激素的作用、参与基因的调控和核酸代谢;还有其他特殊的生理功能,如铁为血红蛋白的成分,参与氧的运输。

检测目的需根据具体情况进行分析,如是为了了解人群营养状况还是辅助个体营养状况的诊断等。如通过检测静脉血的血浆或血清中锌、铜、硒的含量水平可以了解人群锌、铜、硒的营养状况,但仅凭单一的血浆或血清中锌、铜、硒的检测结果不能对个体的营养状况进行诊断,还需要结合特定敏感指标和临床症状来进行综合判断[13]。通过检测微量元素,可以预知身体状况,这也是简单有效的健康检测方法。如为儿童提供个性化的微量元素补充方案以及疾病的防治措施,助其健康成长;为孕妇和哺乳期妇女提供合理的微量元素补充方案,防治新生儿缺陷;为免疫力低下者以及中老年人提供预防亚健康和老年慢性病的微量元素科学补充方案等。

3.5　医药产业

3.5.1　靶向药物的发展机遇与展望

随着人类对疾病拥有更深入的认识,一些交叉学科和新型技术逐渐发展,市场的巨大需求和应用前景也给靶向药物带来了发展机遇。科学技术的发展为高效靶向药物的获得提供了理论基础和技术支撑。

随着降解靶向蛋白技术日益改进,新的大数据技术和人工智能飞快发展,以及多组学相互交叉融合,大量潜在靶向蛋白涌现,使靶向蛋白领域拥有巨大研究应用潜力。现有药物发现和研发中,超过 50% 的药物是针对各种受体的,这包括 G 蛋白偶联受体(GPCR)、激酶受体、核受体等。受体靶点药物的比例高是因为受体在细胞信号转导中起着关键作用,许多重要的生理和病理过程都与受体的活性有关。酶是另一个重要的药物靶点类别,占 20%~30%,包括抑制某些关键代谢途径的酶、抗病毒药物中的逆转录酶抑制剂、抗癌药物中的激酶抑制剂等。针对离子通道的药物较少,但在某些领域(如心血管疾病、神经系统疾病)中非常重要,占5%~10%,其包括钙通道阻断剂、钠通道阻断剂等。针对核酸(如DNA或RNA)的药物比例相对较小,但在抗病毒和抗癌治疗中非常关键,占5%左右。这类药物包括某些类型的化疗药物、最近发展的RNA干扰(RNAi)疗法等[14]。总体而言,如今已发现的可作为治疗药物靶点的总数约500个。可以看到,当前国际上药物研发领域竞争的焦点之一就是药物靶点的研究和发现,新的药物靶点的发现往往会成为一系列新药发现的突破口,靶点研究对企业药物研发具有重大意义。

3.5.2 药物靶点

药物靶点是指药物在机体内的特异性结合位点,主要有离子通道、特异性酶、特异性表达的基因、核酸和一些具有特殊功能的大分子。现代新药研究与开发的关键为药物靶点的筛选和靶点的验证。

药物靶点的筛选是基于某些分子与特定的蛋白或信号通路间的强烈相互作用为基础,筛选出具有特殊化学性质的小分子。但在生物体内的分子间相互作用可能是经过多个通路进行的,所以某一个分子的作用靶点可能有多个,确定某一个分子的化学性质需要一个更综合性的方法。另一方面,我们需要对筛选出的靶点药物进行鉴定,以确定它的生物活性并在小鼠细胞中进行效应验证。出现类似酵母细胞的复制抑制现象,以及建立药物与靶点的数量关系,对验证靶点的作用而言非常重要。功能验证之后,开始对药物与靶点的三维结构进行探索,以了解其具体是经过怎样的结构变化发生效应作用的,这对后期优化鉴定标准具有重要的借鉴意义。

3.5.3 靶向药物的治疗优势

目前,靶向药物作为一种创新性的癌症治疗策略,相较于传统的化疗方法具有许多显著的治疗优势。常规化疗药物是通过毒害细胞发挥作用的,由于不能准确识别肿瘤细胞,它除了对肿瘤细胞起作用外,还会伤害正常细胞,这就是化疗药物的副作用。而靶向药物能够识别肿瘤细胞上特有基因所决定的特征性位点,在与之结合后,可阻断肿瘤细胞内控制细胞生长、增殖的信号转导通路,从而杀灭肿瘤细胞,阻止其增殖和扩增[15]。这些优势使得靶向药物成为癌症治疗领域的重要突破之一,为患者提供了更为精准、有效和个体化的治疗选择。

第一,靶向药物的治疗优势之一在于其精准性。这些药物能够直接作用于癌细胞表面或内部的特定分子,如受体、信号通路或基因。通过与癌细胞相关的靶点发生特异性作用,靶向药物在杀灭或抑制癌细胞的同时,最大限度地减少了对正常细胞的影响。这种精准性的作用有助于提高治疗的针对性,减轻患者的毒副作用,为治疗带来更好的安全性。

第二,靶向药物能够有效减少治疗过程中的毒副作用。传统的化疗药物往往对正常细胞产生广泛的损害,导致一系列不良反应,如骨髓抑制、肠道损伤和头发脱落等。相比之下,靶向药物由于其精准性,能够最小化对正常细胞的损害,从而显著减少了治疗过程中的毒副作用,提高了患者的生活质量。

第三,靶向药物在个体化治疗方面具有独特的优势。靶向药物的选择通常基于患者的肿瘤特征和分子表达模式,因此更符合每个患者的个体差异。通过对患者肿瘤进行分子分析,医生可以精确选择最适合患者的靶向药物,提高治疗的针对性,减少治疗的试错过程,为患者提供更为个体化的治疗方案。

第四,靶向药物有助于降低治疗引起的耐药性风险。由于靶向药物是直接作用于癌细胞的关键分子,相对于化疗药物,其引发耐药性的风险较低。传统的化疗药物常常导致癌细胞对药物逐渐产生耐受性,从而减弱了治疗效果。而靶向药物通过直接作用于癌细胞的关键点,有助于维持药物的长期疗效,降低了耐药性的风险。

第五,靶向药物能够增强治疗效果。由于这些药物更直接地影响癌细胞的生存和增殖机制,相对于传统的化疗药物,靶向药物在抑制肿瘤生长方面具有更高的效能。在某些情况下,靶向药物还可以与其他治疗方法,如放射治疗、免疫疗法等联合使用,以增强治疗效果,提高患者的生存率。

最后,靶向药物有望改善患者的预后和生存率。由于其精准性和高效性,靶向药物有助于提高癌症患者的治疗效果,延长生存期,甚至在某些情况下实现治愈。这对于一些晚期癌症患者来说,可能是一种更为有效的治疗选择,为其带来更多的生存机会。

靶向药物作为一种创新的癌症治疗策略,具有精准性、减少毒副作用、个体化治疗、降低耐药性风险、增强治疗效果和改善患者预后的显著治疗优势。这些优势为患者提供了更为安全、有效和个性化的治疗选择,同时也推动了癌症治疗领域的不断创新与进步。随着研究的不断深入,靶向药物有望为更多癌症患者带来希望和机会。

3.6　生物防控

微生物对人类造成的最大影响是其导致人类传染病的暴发。约50%的人类疾病是由病毒引起的,人类自诞生起就不断与微生物进行斗争,从相互抵抗到相互依存。虽然人类在疾病预防和治疗方面取得了许多关键性进展,但感染和变异还在不断发生,我们依然无法"征服"一些新型疾病,一些疾病的作用原理仍是未解之谜。某些药物的大量滥用会导致微生物耐药性的产生,人类的健康随之受到新的挑战。

随着大众对医疗知识的逐渐了解,人们对基因、变异和遗传物质等专业术语也有了一定程度的认知。人们认识到,决定生物体是否具有生命特征的是遗传物质,它决定了外部形态以及相关的生命活动,生物体的染色体 DNA 序列是这些遗传信息的载体。解析生物体 DNA 携带的遗传信息将为人类揭示更多关于生命起源的奥秘。从分子水平上研究微生物病原体的毒力、致病性以及变异规律,将为疾病的治疗带来更多的机会。

3.6.1 病原微生物的种类

3.6.1.1 病毒

病毒(virus)是一种没有细胞结构,仅由遗传物质和蛋白质外壳组成的生物,无法独立生长和复制,必须依赖细胞才能完成一系列生命活动。

由病毒引起的人类疾病很多。如病毒性肝炎就是较为常见的病毒感染性疾病,它包括甲肝、乙肝、丙肝、丁肝、戊肝等;流行性感冒是流感病毒感染引起的;风疹是风疹病毒感染引起的;脊髓灰质炎是脊髓灰质炎病毒感染引起的;艾滋病是人类免疫缺陷病毒感染引起的;狂犬病是狂犬病病毒感染引起的;流行性乙型脑炎病毒会导致乙脑的出现。

病毒利用宿主细胞进行复制并且寄居其内,因此很难用不破坏细胞的方法来杀灭病毒。现在对付病毒最积极的方法是通过疫苗接种来预防病毒感染,或者使用抗病毒药物来降低病毒的活性,以达到治疗的目的。

3.6.1.2 细菌

细菌(bacteria)是生物的主要类群之一,包括真细菌(eubacteria)和古生菌(archaea)两大类群,它们的细胞核没有核膜包被。人体是大量细菌的栖息地,可以在皮肤表面、肠道、口腔、鼻子和其他身体部位找到细菌。

细菌感染往往呈现急性和慢性两种感染模式。细菌的不同感染行为会对宿主产生不同程度的影响。细菌在急性感染情况下会引起宿主的急性炎症反应,而慢性感染情况下的细菌往往会形成生物被膜,对抗生素和宿主的免疫系统具有更强的耐受性,往往不易根治。常见的细菌感染包括肺结核、破伤风、伤寒、鼠疫等。

细菌感染的严重程度取决于所涉及的细菌类型和所感染的部位等。细菌最常感染的部位为肺、泌尿道和阴道等。目前应对细菌感染的主要治疗方法还是使用抗生素。抗生素管理或改进抗生素的处方和使用方式,对优化感染患者治疗、保护患者免受伤害和对抗抗生素耐药性至关重要。

3.6.1.3 真菌

真菌(fungus)是微生物中的最大家族,它拥有约25万余种成员类型。真菌有完整的细胞核和细胞器。

真菌无处不在,但只有部分会引起疾病。真菌感染可以在多种不同的场景下发生,影响人体的不同部位。这些感染可以由各种真菌引起,如酵母菌、霉菌和皮肤真菌等。以下是一些常见的真菌感染的发生场景。①免疫系统受损:免疫力低下的个体(如艾滋病病毒感染者、接受化疗的癌症患者、器官移植患者、长期使用免疫抑制剂的人)更易发生真菌感染。②医院环境:在医院等医疗设施中,尤其是在重症监护室,真菌感染的风险较高,因为那里的患者通常免疫力较弱。③长期使用抗生素:长期或不恰当地使用抗生素可以破坏正常的菌群平衡,导致真菌过度生长,如念珠菌感染。④潮湿环境:长时间暴露在潮湿的环境中(如游泳池、公共淋浴间、热带气候区域)增加了皮肤真菌感染的风险。⑤皮肤损伤:皮肤的任何损伤或创伤都可以成为真菌感染的入口。⑥穿戴过紧的衣物:长时间穿不透气的衣物或鞋子可能导致皮肤湿疹和真菌感染。⑦接触感染源:直接接触感染了真菌的人或动物,或者是被真菌污染的物体,也可能引起感染。⑧长期潮湿的皮肤:经常出汗或有湿疹的皮肤容易感染真菌。⑨年龄因素:老年人由于免疫力下降,可能更容易感染真菌。⑩慢性疾病:患有糖尿病、肥胖症或其他慢性疾病的人,由于身体功能改变,可能更易感染真菌。

部分轻度的局部真菌感染,可以只进行局部治疗。比如轻度口咽假丝酵母菌病患者,可以给予克霉唑锭剂、咪康唑口腔黏膜黏附片(用于尖牙窝的黏膜表面),或者给予制霉菌素混悬液含漱后吞服。但中、重度疾病的局部感染需要给予全身治疗,包括口服或者静脉应用抗真菌药物。严重的真菌感染还需要进行手术治疗,比如对于某些伴发慢性坏死性疾病的复杂侵袭性曲霉菌感染患者,可能需要手术切除坏死组织。

3.6.1.4 寄生虫

寄生虫(parasite)是具有致病性的低等真核生物,其可作为一种媒介传播疾病。在宿主、寄主体内或附着于体外以获取维持其生存、发育或者繁殖所需的营养。

人体对于寄生虫来说是非常理想的繁殖栖息地点。它们可以通过各种途径进入人体,如直接接触、空气或食物接触等,并很快就能在人体内找到适合自己的栖息场所。寄居在人体中的寄生虫可以到达肺、肝等器官,有的寄生虫甚至会到达大脑,直接威胁人的生命。

想要防止人体感染寄生虫,必须注重自身卫生,勤洗手,尽量不吃生食;若已经感染了寄生虫,应在医生指导下口服杀虫药物,如阿苯达唑、甲苯达唑、噻苯达唑等驱虫药。

3.6.2 病原体感染

导致疾病发生的一切病原体都称为病原微生物,其包括细菌、真菌、病毒、螺旋体、寄生虫、支原体、立克次体、衣原体等。病原微生物所致的代表性疾病有细菌性肺炎、癣病、梅毒、支原体肺炎、恙虫病、沙眼、蛔虫症等。但并不是所有微生物入侵都能致使人体发病,是否发病取决于人体的免疫功能。感染和免疫是一对矛盾的存在,其结局将根据病原体和宿主的力量强弱而定。如果宿主足够强壮,可以完全避免感染;即使形成了感染,病原体也多半会逐渐消亡,患者随之康复。如果宿主很虚弱而病原体很凶猛,则感染扩散,患者将会死亡。

病原体感染发生在人类漫长一生的每一刻,但人体的免疫功能会保护我们,规避部分因感染而患病的情况;有些病原体甚至对人体有益,如肠道菌群可以合成多种维生素。但当机体免疫力降低时,人与微生物之间的平衡关系可能会破裂,以前没有致病的正常菌群也可以引起疾病,所以它们又被称之为条件致病微生物。机体遭遇病原体侵袭后是否发病有两个关键点,一是自身免疫力的强弱,另一关键点是病原体致病性的强弱和侵入数量。一般来说,数量到达一定的病原体将攻破免疫力导致发病。有些微生物仅感染少量也会致病,如鼠疫、天花、狂犬病等。

3.6.3　病原微生物的检测及诊断方法

人类历史上几次重大灾难的罪魁祸首都是微生物,其能导致大面积的感染暴发。回顾历史,鼠疫杆菌传播所导致的鼠疫大流行使得欧洲人口急剧减少。于地球上的生物而言,目前的最大困扰是造成感染性疾病的微生物日益突变,在常见病原微生物的威胁没有消灭的情况下出现了一些新型抗药性菌株,如大肠杆菌、肺炎链球菌、肺炎支原体等,新病原体的出现会给疾病诊断和治疗带来巨大阻力。近年来接连发生的禽流感和人类冠状病毒不断变异感染,感染不断重复,这给病原微生物的检测和诊断方法提出了更具挑战性的技术要求,同时应进一步规范病原菌的合理用药章程[16]。

3.6.3.1　生化方法

生化诊断是指有酶反应参与或者抗原抗体反应参与,主要用于测定酶类、糖类、脂类、蛋白和非蛋白氮类、无机元素类等生物化学指标、机体功能指标或蛋白的诊断方法。生化诊断试剂主要是针对血常规、尿常规、肝功能、肾功能、糖尿病等的诊断试剂。生化诊断是最早实现自动化的检测手段,也是目前最常用的体外诊断方法之一。

检测病原微生物主要是测定它的特异性酶。由于不同微生物所具有的酶系统存在差异,因此可利用不同代谢反应产生的代谢产物来间接检测该微生物内是否存在某种特异酶,从而明确微生物的种类。

3.6.3.2　血清免疫学方法

免疫学技术是利用抗原抗体特异性反应来观察和研究细胞的技术。最常使用的方法有血清凝集技术、协同凝集试验、酶联免疫测试技术、荧光抗体检测技术等。酶联免疫测试技术的应用大大提高了血清学检测的敏感性和特异性,不仅可检测样本中的病原体抗原,也可检测机体的抗体成分。我国人群的幽门螺杆菌(Hp)感染率高达 50% ~ 80%,应用酶联免疫吸附法(ELISA)检测唾液中抗 Hp 抗体来诊断 Hp 感染的准确率非常高[17]。

3.6.3.3　分子生物学方法

随着人们研究水平的不断提高,目前已经进入分子水平的分析阶段,这使人们对微生物的认识从外部结构组织特征转向内部基因分析,微生物的检测也相应地从生化、免疫血清方法转向基因水平。分子生物学技术最初应用的是基因探针方法,即使用带有同位素标记或非同位素标记的 DNA 或 RNA 片段来检测样本中某一特殊核酸序列。随着测序技术的高速发展,大规模 DNA 测序得以进行。根据形态学、生物化学特征来鉴定细菌的传统方法可能要被更精确的以翻译核苷酸序列为基础的分析方法所取代。分子生物学如今已发展为微生物检测方法中最重要的方法。

3.6.3.4　生物传感器

生物传感器是现代临床诊断发展的一个新突破点——将传感器技术和分子诊断技术相结合来诊断病原微生物。生物传感器包含分子识别器件和换能器。由于生物传感器检测具有敏感、准确、特异、操作简便等特点,其已经广泛应用于药物筛选、临床诊断、生物分子相互作用等领域。其中,最常见的应用于临床病原体检测的是 DNA 生物传感器,它仅用 20 秒便可检测并确定微量 SARS 病毒、天花病毒及炭疽杆菌等的存在。较之常规的核酸和蛋白质检测技术,生物传感器的优势更大,但它容易受外界杂质的干扰。我们相信,这些问题将随着研究的不断深化和技术的不断提升迎刃而解。人们可以通过一些量化的数据迅速确定物种种类,不再需要通过长时间的实验来鉴定。

3.6.3.5　生物芯片技术

生物芯片技术是将生物大分子,如 cDNA、基因组 DNA、蛋白质等固定在诸如硅片、玻璃片等固相介质上形成生物分子点阵,在待测样品中的生物分子与生物芯片的探针分子发生杂交或相互作用后,利用激光共聚焦显微扫描仪对杂交信号进行检测和分析。根据生物芯片探针不同,可将其分为 DNA 芯片和蛋白质芯片。

目前已完成绝大部分细菌、病毒等病原的基因测序,将代表微生物的特殊基因制成芯片后,可通过反转录检测样本中是否存在病原微生物的基因表达及其表达水平来确定感染程度,进而判断患者感染的病原以及确定治疗方案等。这将极大地提高检测效率。将基因芯片技术应用到病原微生物的诊断中可明显缩短诊断时间,同时还能检验出病原体是否存在耐药性,以及对哪些药物耐药、对哪些药物敏感等,为临床用药提供参考[18]。

3.6.3.6　宏基因组技术

基于宏基因组(metagenome)的新一代测序技术不依赖于传统的微生物培养,而直接对临床样本中的核酸进行高通量测序,其能够快速、客观地检测临床样本中的多种病原微生物,尤其适用于急危重症和疑难感染的诊断。

传统的病原微生物的鉴定方法存在周期长、过程复杂及灵敏度低等缺点,如分枝杆菌菌种鉴定时长为 30～40 天。分子生物学诊断技术虽然解决了部分鉴定问题,但仍无法检测未知微生物。因为在无法得知未知微生物核酸序列的前提下,无法设计引物。NGS检测很好地解决了这一问题,该技术无需对病原体进行分离培养,也不需要依赖已知核酸序列,可直接对样本进行测序鉴别,既节省了检测时间,也提高了诊断效率。

宏基因组的研究对象为微生物生态群落中所有微生物的基因组,它通过研究群落中物种组成和功能作用、微生物群落与宿主之间的相互作用、微生物之间的相互关系,以及进行不同表型的样品比较、分析,来明确生物学现象。NGS技术日渐广泛地被应用于肠道微生物领域的宏基因组学研究中。多项研究表明,肠道菌群与宿主共生、共进化的过程中,在营养、代谢及免疫等多个方面影响着人体健康。

（张　喆）

参考文献

[1] 张岚,李庆章. 新基因功能研究的整体策略[J]. 中国畜牧兽医,2011,38(5):109-113.

[2] 宋正阳,蒋春明. 多组学技术在单基因遗传病临床诊断中的应用展望[J]. 浙江医学,2022,44(4):427-431.

[3] 张学军. 人类复杂疾病全基因组关联研究[J]. 科学通报,2020,65(8):671-683.

[4] ENCODE Project Consortium,SNYDER M P,GINGERAS T R,et al. Perspectives on ENCODE[J]. Nature,2020,583(7818):693-698.

[5] 李璇. 下一代测序技术在遗传性共济失调诊断中的临床应用研究[D]. 广州:南方医科大学,2018.

[6] ZEESHAN S,XIONG R Y,LIANG B T,et al. 100 Years of evolving gene-disease complexities and scientific debutants[J]. Briefings in Bioinformatics,2020(5):885-905.

[7] 刘明生,秦建国. 西医综合[M]. 北京:人民军医出版社,2009.

[8] 张淼,郑磊,孙琦,等. 电感耦合等离子体质谱法测定人体尿液中13种元素[J]. 中国公共卫生,2020,36(3):433-438.

[9] 张雨薇. 抓住体外诊断行业发展新机遇[N]. 中国医药报,2019-8-20.

[10] 李梦楠. 基因检测,测什么?[N]. 海南日报,2022-5-26.

[11] 杭栋,沈洪兵. 代谢组流行病学研究进展[J]. 中华流行病学杂志,2021,42(7):1148-1153.

[12] 武洁,王荃. 病原微生物检测在感染判定的意义[J]. 中国小儿急救医学,2020,27(3):175-180.

[13] 王美华. 查微量元素,不要想当然[N]. 人民日报海外版,2021-10-8.

[14] 陈波. 基于分子药理学的中药研究[J]. 湖南师范大学学报(医学版),2012,9(2):

1 – 3.

[15] 韩宝娟,庞慧. miRNA – 181 家族与恶性肿瘤关系的研究进展[J].现代肿瘤医学,2018,26(3):459 – 462.

[16] 李维彬,郭辰虹,王玉炯.病原微生物快速检测方法及研究进展[J].生物技术通报,2006(2):67 – 71.

[17] 罗正汉,汪春晖,张锦海.新发传染病鉴定技术研究进展[J].公共卫生与预防医学,2021,32(2):1 – 6.

[18] 钱卿,薛冬,严波,等.肾移植术后水痘 – 带状疱疹病毒感染一例药学监护[J].临床药物治疗杂志,2022,20(2):87 – 90.

第 4 章
人类遗传资源的保护

随着生物技术的快速发展,人类遗传资源越来越成为各国研究机构和生物技术公司的争夺目标。如何有效地对人类遗传资源进行保护成为各国尤其是发展中国家面临的一项重要任务和难题。作为一种新型资源,人类遗传资源在内涵、属性、使用、权属等各个方面表现出与传统自然资源不同的特性。本章从人类遗传资源流失的问题和潜在风险、保护对象、保护过程及保护方法等方面对我国人类遗传资源的保护(protect of human genetic resources)情况进行了介绍。

4.1 人类遗传资源流失的问题和潜在风险

4.1.1 我国人类遗传资源管理存在的问题

随着基因测序成本的降低和大数据、人工智能等技术的兴起,人类遗传资源不仅包含了学术价值、社会价值,更蕴含着巨大的经济价值,同时还关乎一个国家的生物安全。各国对人类遗传资源的竞争在这样的社会背景下演化得逐渐激烈。虽然我国的人类遗传资源管理起步较晚,但相关立法进程及行政监管力度已在近几年里加速推进,这充分体现了国家的高度重视。

随着形势发展,我国人类遗传资源管理出现了一些新情况、新问题:人类遗传资源非法外流现象不断发生;人类遗传资源的利用工作并不系统规范;关于利用我国人类遗传资源以开展国际合作科学研究的有关制度不够完善;暂行办法也存在对人类遗传资源利用的规范不够、法律责任不够完备、监管措施不够完善的情况;以及科研人员生物安全意识不强等问题[1]。

4.1.1.1 人类遗传资源管理政策滞后

随着我国基因组技术的不断发展、国际合作的不断增多,现有的管理机制已不能满足人类遗传资源有效保护和利用的需求,这主要是因为存在以下三个方面的问题。

(1)立法不够明确,监管力度不够强硬:虽然加强了对利用我国人类遗传资源活动的行为规范和监督管理,但管理细则还不足够明确,特别是在资源采集过程中的知情同意和惠益分享方面。

(2)存在对不同类型研究监管"一刀切"的问题:目前的管理方式较为单一,药物临床研究、涉及基因分析及测序、特定地区人类资源采集的人类遗传资源研究开发活动的管理方式都是同一套,没有体现出对不同研究活动的监管重点和审批方式,应当分类施策。

(3)遗传资源管理和共享缺乏必要性标准和规范:目前我国生命科学研究人员的工作开展主要依赖于国际生物信息数据库所提供的服务,我国资源保藏中的生物样本质量参差不齐,缺乏统一的标准和规范,阻碍了资源库间的信息共享,达不到国际认可的研究质量标准。此外,在资源共享过程中所涉及的伦理问题、商业化后的获益分享等问题也缺乏明确的标准和规范[1]。

4.1.1.2 科研管理机构的人类遗传资源管理制度不健全

开展人类遗传资源研究数量最多的单位是学校和医疗机构,大量科学研究都涉及人类遗传资源。但这些机构对于人类遗传资源管理的力度不够,没有深刻意识到管理人类遗传资源的重要性,没有设立相应的管理部门,更没有相关的管理制度和规则,这导致科研管理人员缺乏对人类遗传资源存在意义的清晰概念。

4.1.1.3 科研人员生物安全意识不强

科研人员在科研过程中仅关注课题项目本身,对人类遗传资源保护意识不强,未能充分理解国家人类遗传资源管理的目的和意义。如在国际合作项目中,未经审批便私自携带我国人类遗传资源样本出境开展研究,允许外资对我国人类遗传资源进行研究,与外资机构共享人类遗传资源实体样本并研究其产生的相关信息等。应当针对这些情况加大对人类遗传资源管理与生物安全的教育力度。

4.1.2 人类遗传资源数据流失严重威胁生物安全

由于技术提升,个人基因组数据采集变得越来越方便、简单,这导致遗传资源的管理难度不断加大。以科研、制药等名义进行的基因组数据采集难以监管,个别国外制药企业以临床试验名义收集我国人类遗传资源材料,用于进行与药物临床试验无关的商业开发活动;在国际合作中,特别是在国际期刊发表以国人基因样本为数据支撑的学术论文将威胁国家生物安全[2]。如有些不法分子从公开数据库和文献中获得人类生物数据,通过发现人群某些基因组的特定特征与微生物感染的特异性,进而设计和改造病原微生物,以增加对特定人群的感染力度。目前各国基本都已完成人类基因测序计划,威胁人类的病原微生物测序也已完成,大量基因组数据已公开可查。生物安全是关乎民族危亡的关键因素,必须防备不法分子通过制造基因武器来损害人民利益。

美国政府高度重视人类遗传资源的管理和利用,已通过联邦政府立法明确管理机构和职责,出台了配套的管理规定、指南和标准以构建较为完整的管理体系,其最终目标是要达到资源有效保护与有效利用之间的平衡[1]。英国国会出台的《人体组织法》和《人体组织条例》是英国对人体细胞、组织以及器官等人类遗传资源材料进行管理的主要法律依据,相应成立的人体组织管理局负责对不同情况下涉及人类遗传资源材料采集和使用的监督管理[3]。

我国地域广阔,人口众多,孕育了多种多样的民族遗传资源和疾病遗传资源。外国公司可能随着人类遗传资源的流失开发相应的新药物,严重危及我国人民利益。习近平总书记在中央全面深化改革委员会第十二次会议上强调,要从保护人民健康、保障国家安全、维护国家长治久安的高度,把生物安全纳入国家安全体系,系统规划国家生物安全风险防控和治理体系,全面提高国家生物安全治理能力。第十三届全国人大常委会第二十二次会议于 2020 年 10 月 17 日通过了《中华人民共和国生物安全法》(后简称《生物安全法》),该法自 2021 年 4 月 15 日起施行。《生物安全法》从提出立法建议案到列入全国人大常委会立法规划再到表决通过,历时数年,意义重大而深远,这将有助于完善国家安全法律体系、保障人民生命权和健康权。该部法律的正式施行,标志着我国的生物安全基本制度得到保障,生物安全进入全面依法治理的一个新阶段[4]。

4.1.3　人类遗传资源管理的必要性

人类遗传资源跟普通老百姓的生活与健康息息相关,除了消费级的基因检测日益受到青睐外,临床上的肿瘤基因检测、无创产前基因检测、新生儿出生后的高发遗传病检测都涉及人类遗传资源的获取。人类遗传资源不仅涉及普通老百姓的健康安全,还涉及人类本身的健康安全,特别是在基因编辑技术方面。该技术在带给人们更先进的治疗手段的同时,也潜藏着巨大的伦理和变异风险[5]。

人类遗传资源管理的必要性源于对生物多样性、文化传承、医学研究和可持续发展的认识。人类遗传资源是指包括遗传物质、基因和文化传承在内的人类群体的生物和文化多样性;是指与人类遗传特质相关的各类资源,包括资源材料以及在资源材料基础上采集到的资源信息两大类。人类遗传资源也可分为重要遗传家系和特定地区人类的遗传资源两类。重要遗传家系含长寿人群、疾病核心家系,特定地区人类的遗传资源包含特殊人类人群、地理隔离人群等的遗传资源。从地域、界界、传统上看,一个国家的国民也构成了国家安全意义上的特定地区人类遗传资源和重要遗传家系所指的对象。普通大众是人类遗传资源的载体,也是人类遗传资源的潜在受益者。随着生物医学的发展,一些遗传疾病将会得到根治。提高对人类遗传资源的认识,加强对人类遗传资源的保护,关系着千家万户的幸福安宁[5]。

(1)在生物多样性的维护方面:人类遗传资源是地球上生物多样性的一部分,每个人类群体都承载着独特的基因池和文化传统,构成了人类的多样性。这种多样性不仅体现在外貌和生理上,还表现在对环境的适应性、生活方式、社会组织等方面。管理人类遗传资源,可以促进生物多样性的维护,确保各个群体的独特性在人类进化历程中得以保留。

(2)对人类遗传资源的管理对于研究和治疗遗传性疾病至关重要:通过深入了解不同人类群体的基因组,科学家们可以发现与遗传疾病相关的基因变异,这为预防、早期诊断和治疗遗传性疾病提供了基础。同时,通过研究不同地区的遗传信息,可以了解到一些地域特定的遗传病风险,为公共卫生政策的制定提供科学依据。

(3)人类遗传资源不仅包括基因组,还包括文化传承和社会组织:各个人类群体的语言、传统知识、艺术、宗教等都构成了丰富的文化遗产。管理人类遗传资源,可以保护和传承这些独特的文化元素,防止它们因现代化和全球化的影响而逐渐消失。这有助于维持文化多样性,促进人类社会的全面发展。

(4)推动科学研究:人类遗传资源是科学研究的重要对象,通过对不同人类群体的遗传信息进行研究,科学家们可以深入了解人类的起源、迁徙历史、演化过程等重要问题。这对于推动人类学、考古学、基因组学等多个学科的发展具有重要意义。同时,人类遗传资源也为医学、生物学、心理学等多个领域的研究提供了丰富的材料,推动了科学知识的深化和拓展。

(5)社会公正和伦理原则:人类遗传资源管理关乎社会公正和伦理原则,在获取、使用和共享遗传资源时,必须考虑到各个人类群体的权益和尊重他们的文化传统。遗传资源的使用应当遵循伦理准则,确保在科学研究、医学实践等活动中尊重个体的隐私和尊严。遵循社会公正的原则,确保资源的公平分配和合理利用是人类遗传资源管理的必要要求。

(6)支持可持续发展:人类遗传资源的可持续管理对于人类社会的长期发展至关重要。合理利用和保护人类遗传资源,可以确保未来世代仍能够享有生物和文化多样性。人类遗传资源的可持续管理也涉及生态系统的保护,因为人类的生存和发展不仅依赖于遗传资源的多样性,还依赖于生态系统的稳定和健康。

(7)人类遗传资源的管理还涉及对气候变化的适应:不同地区的人类群体由于环境的差异,其基因组中可能包含了适应特定气候条件的基因。了解这些基因,可以更好地理解人类对气候变化的适应能力,为应对未来的气候挑战提供科学支持。

人类遗传资源管理的必要性在于保护生物多样性、治疗遗传性疾病、传承文化、推动科学研究、维护社会公正、支持可持续发展以及适应气候变化。科学合理的管理和合作，可以实现对人类遗传资源的充分利用，促进人类社会的全面发展和持续进步。在此过程中，伦理原则和社会公正应当贯穿整个管理体系，确保人类遗传资源的使用符合道德和法律的规范，尊重每个人类群体的权益和文化传统。

4.2　保护对象

人类遗传资源包括人类遗传资源材料和人类遗传信息。人类遗传资源材料是指含有人体基因组、基因等遗传物质的器官、组织、细胞等遗传材料。临床和研究常用的检查标本有全血、血清、血浆、血细胞、尿液、粪便、脑脊液、骨髓、病理组织、器官等。这些材料中包含了人类的基因组、转录组、蛋白质组和代谢组等遗传资源信息，是需要受到保护并加以合理利用的遗传材料。

除了来自普通人群的人类遗传资源，来自重要遗传家系和特定地区人类的遗传资源，以及特殊病理样本，在立法保护中都是需要重点关注的对象。

4.2.1　少数民族遗传资源

人类在漫漫历史长河中形成了不同的种族和民族，我国是多民族国家，除了人数众多的汉族外，还有 55 个少数民族。随着科学研究的不断进展，基因在研究人类遗传过程中扮演着不可或缺的角色，其中少数民族基因是人类基因研究库中的瑰宝[6]。

云南是我国乃至世界人类遗传资源最丰富的地区之一，为避免这些重要民族遗传资源消失，我国研究人员走遍云南的大部分民族聚集区，采集了多种不同民族的 DNA 基因样本，建立了国内外样品最多、品种最齐全的专业基因资源库[6]。

目前的研究状况显示，从各个民族中采集到的 DNA 基因样本都存储在云南大学基因库里。这个由云南大学建成的少数民族 DNA 库，保存了超过 8000 多份少数民族 DNA 样品。基因研究是生命科学研究领域中的先进科学，它在基因的治疗、诊断、器官移植、重要疾病防治、法医鉴定、药物制造、食品制造等领域有着不可估量的作用[6]。

除了根本上的基因资源，我国也有不同区域的地理资源和文化资源。我国幅员辽阔，一方水土养一方人，不同地区、不同地理环境也就造就出不同的生活习性、不同的面貌特征。少数民族在其所生活的地域里有着其独特的衣、食、住、行习惯，也有其相应的文化特色。

4.2.2　特色健康长寿人群

衰老在人类遗传的探索过程中是一道亘古难题，不管是古代，还是医疗水平不断提高的现代社会,人类追寻长寿的脚步从未停下。

长寿人群分布统计显示,我国共有五大长寿带:新疆阿克陶—阿克苏—吐鲁番长寿带、云南潞西—勐海—景洪长寿带、四川都江堰—彭山长寿带、广西巴马—都安—东兰长寿带,以及广东三水—佛山长寿带。

全国人口普查的最新情况显示,我国高龄人口大部分分布在南方地区,一般在沿海区域,主要分布在各三角洲及沿海地区,且多分布于平原及中、低山丘陵地区。

据中国科学院统计,海南是全国百岁老人密度最大的省份,达到 1300 余人。换而言之,海南每 10 万人中就有 13 个人活到百岁以上,居全国之首。

从 2007 年开始,中国老年学和老年医学学会就已经陆续认证了 8 个人口超过 10 万、百岁老人比例超过 7/10 万的"中国长寿之乡",其包括湖南麻阳、广西永福、四川彭山、湖北钟祥、广东三水、河南夏邑、江苏如皋和四川都江堰。

广西在长寿之乡排名中居于前列,这都得益于广西各种物产、矿产、旅游等的丰富资源。不仅如此,当地的慢节奏生活、当地人积极乐观的心态都帮助他们得以长寿。人的寿命分析显示,长寿的因素构成比例为 30% 源于基因、3% 源于医疗技术改进、7% 源于社会进步、60% 源于生活方式。由此可见,生活方式是决定人们长寿的主因。同样的,中国长寿人口的分布分析显示,地理环境也是影响长寿与否的因素之一[7]。

4.2.3　特殊生态环境人群

地理环境将人群分为了陆地人群和海岛人群,其中陆地人群由于地势不同,有高原、平原、山地、丘陵、盆地等的区分。以高原地区为例,青藏高原人类遗传资源样本库于 2018 年 4 月 12 日在青海西宁启动建设[8]。

青藏高原人类遗传资源样本库是我国国家重点研发计划生物安全关键技术研发重点专项,由青海大学牵头,西藏大学、西藏民族大学、中国科学院大学、复旦大学、哈尔滨工业大学等单位参与其中。该样本库通过搭建国内首个规范化、标准化、质控严格的青藏高原人类遗传资源样本库平台,实现与中国人类遗传资源样本库信息管理平台的共享互联,为青藏高原独特人类资源的保护、管控和研究提供核心战略资源支持。这对影响高原人群适应特定低氧环境的特定基因组成研究,以及对高原反应人群预防高原反应研究有着重要的参考价值。

青藏高原完整保留了人类进化的生命过程,科学界针对高原地区人民对高原反应的适应进行了相应研究。"因一氧化氮增高,青藏高原的人没有高原反应"是一个比较合理的解释,但实际上问题远不是这么简单。

数据显示,生活在拉萨的西藏原住民的高血压患病率竟也高达三分之一,该数据和生活在平原的人并没有什么差别。一氧化氮含量的解释思路与该发现相悖:血管扩张时,血压应该降低,这与高血压的比例数据不吻合。青藏高原人的饮用水中的镁离子含量高,这也是导致血管扩张的因素,这些都能对抗高原反应。与此同时,在基因层面($HSP70-hom$ 基因多态性)破译高原反应的相关研究也在进展中[8]。

4.2.4 地理隔离人群

与陆地人群相对应的便是海岛人群,有着"海上吉普赛人"之称的巴瑶族是目前世界上最后一个生活在海上的民族。他们生活在印尼、马来西亚和菲律宾等东南亚海域,没有固定居所,是海上游牧民族。他们的身体因常年生活在海上而完成了相应进化,除了憋气时间甚于常人,他们的视力也异于常人,但可惜的是由于这个民族没有国籍,周边国家对其存在诸多争议,该民族的人数正在减少。很多巴瑶族人为了更好地适应发展选择了定居生活,目前与该民族相关的研究十分匮乏。

同时,通过对海岛人群的研究发现,海岛人群比陆地人群患诸如肠胃炎、腰椎间盘突出症等疾病的概率更大,这与其饮用水来源有一定关系。随着工业化进程的发展,铅中毒以及海洋生物污染的情况会对海岛居民的 DNA 造成一定程度的破坏,从而对海岛居民后代遗传产生相应影响,这也是基因库研究资源中宝贵的一部分。

4.2.5 基因遗传病核心家系

除了人类本身这个原始的遗传资源宝库外,我们能在各种疾病中探寻到遗传规律并借此寻求解决和预防疾病的方法。

根据权威性调查显示,目前人类罕见病的数量高达 6172 种,其中大部分是因遗传物质改变而引起的。优良纯正血统会在人类遗传进化过程中发生改变,如伴随着各种遗传疾病、基因变异等情况[9]。

已知的人类单基因遗传病在各种遗传病中的数量为 3000 余种,可用系谱法来直观研究单基因遗传方式,这是一种以一定的遗传规律绘制出相应遗传图解的方法。单基因遗传病不仅仅是单一的,它还包括了显性、隐性两种不同类别。其中常染色体显性遗传由常染色体上显性基因所控制,在该遗传病系谱中患者双亲常有一个患者并且常为杂合子;若在一个家系中连续几代都有发病患者,即伴有连代现象。常染色体隐性遗传则由常染色体上隐性基因所控制,在该系谱中患者双亲无病但都是携带者,近亲婚配时,子女发病风险高。而性连锁遗传包含了 X 连锁遗传和 Y 连锁遗传,在 X 连锁显性遗传中,可见患者双亲有一方患病,且若患者为男性,则女儿全为患者;X 连锁隐性遗传中,男性患者要多于女性患者,即双亲无病时,儿子可能患病,女儿无病。Y 连锁遗传只能由男性传递给男性。

4.2.6 多基因疾病

在遗传疾病中,除了单基因遗传外,还有许多多基因遗传病。显而易见,多基因遗传病是由多种因子引起的,如环境、生活习惯等因素都有可能引起多基因遗传病[10],其常见疾病为原发性高血压、青少年型糖尿病等。先天性心脏病是指因胎儿期心脏和大血管发育异常所引起的心血管畸形;多基因遗传缺陷是遗传因素和环境因素共同作用的结果,如完全性房室间隔缺损。而青少年型糖尿病则有许多因素,如自身免疫、遗传和病毒感染等都可能诱发该病的发生,但是具体原因尚不明确[10]。

4.2.7　肿瘤样本

除了遗传病外,其他人体病变也为遗传研究提供了宝贵的资源,如肿瘤是由于体内DNA 出现错误没有得到及时纠正所产生的。绝大多数人没有得过肿瘤是因为免疫系统在发挥作用成功纠错,即自身免疫系统在 DNA 复制的过程中将出错的组织杀灭或纠正。

但当人体免疫力低下时便很容易给肿瘤提供可乘之机。肿瘤样品制作指的是对患者进行手术并将肿瘤切除后,对肿瘤进行取样并进行病理分析,其过程需要用到肿瘤样品快速处理仪等工具的辅助。肿瘤样本将被储存于液氮中低温保存。制作好的肿瘤样品除了有病理研究价值,也可应用于其他领域,如恶性肿瘤样品数据库为样品信息的整理共享提供了便捷[10]。

我国在这方面做出了很多努力,中国的万人肿瘤基因图谱计划就是在此基础上展开的一个分支。通过收集建立中国肿瘤生物样本库、临床数据库和高通量测序数据库,科学家们绘制出了中国人群肿瘤基因图谱,获得了高频突变基因。推动肿瘤 NGS 医学检验实验室建设,陆续与国内 50 余家顶尖医院和数十家新药研发企业开展了合作,为肿瘤的精准诊断和药企的新药研发提供支持,这将全面推进肿瘤精准诊断产品的产业化。目前,围绕肺癌和消化系统肿瘤的多款伴随诊断的产品已经开展临床注册[10]。

4.3　保护过程及保护方法

4.3.1　人类遗传材料采集

在庞大的人类遗传资源面前,我们需要明确人类遗传资源的保护过程和制订详细的保护方法。在人类遗传材料采集方面,样品的采集涉及采集方法、采集设备、人员的采集能力、采集对象选取等方面因素的影响。

4.3.1.1　采集准备

采集前应该获得官方批准,在执行民族或者群体大规模样本的采集工作之前,样本采集人必须首先征得人类遗传资源管理委员会的书面同意,并获得当地政府或者民政部门等权力机构的批准,这样的收集工作才能被视为合法[11]。

采集人合法权益明确。需要尊重被采集人的知情权,所有有完全行为认知能力的被采集人都应该在采样前被告知此次采样的目的、方法、可能的后果。此外,被采集人的权利等知情同意内容必须获得被采集人的同意,并在相关文件上签字后才能进行相关流程的规定采样。一些脆弱人群(如胎儿、婴儿、儿童、认知功能障碍的残疾人等),必须得到合法监护人的书面签字认可之后才能采集。样本提供者所签署的知情同意书中的内容必须与咨询过程中收集者收集到的信息和做出的承诺相一致[11]。

4.3.1.2　采集硬件设施要求

采集硬件设备应该选用更加合适、精确的仪器,避免采集过程中材料的损失,实验室常规设备一般为无菌设备(如压力灭菌器和微波灭菌器等)、离心机、全规格的玻璃和塑料容器、制冰机、冰箱、超滤装置等。涉及细胞培养工作时,需要设施齐全的标准细胞培养室、过滤装置等。

根据所采集样本种类的不同,采血设施有一次性无菌注射器或经过消毒处理的玻璃注射器、预装有抗凝剂的血液收集管(以塑料材质为佳)、碘酒和酒精棉球、酒精灯、镊子、火柴、弹力绷带、记号笔等。组织和器官采集设施有无菌手术器械、无菌敷料、碘酒和酒精棉球、标准手术室或者简易手术台、照明设备和紫外灭菌灯、无菌托盘、无菌塑料密封袋、标签、记号笔。体液采集设备有穿刺设备、无菌敷料、碘酒和酒精棉球、血管钳、无菌导管;专用容器,如无菌取精杯、尿杯、已灭菌离心管、已灭菌试管等;有条件者可以采用血清分离器、一次性穿刺包等设施[11]。

4.3.1.3　采集调研及要求

采集前也需要做好相应准备。首先,可进行相应的调研并按照规定样本来源对其进行区分。样本来源于民族或者群体时,被采集者的代表性是否充足是优先考虑的首要问题,所以在采样前必须对群体的成员进行咨询。

原则上以等位基因多态性为研究目的的样本采集不得少于 100 个独立个体。咨询不仅可以了解被采集对象的代表性,而且可以在咨询过程中对采样过程、采样条件等一系列知情同意的内容进行商讨并在最后敲定成文。收集者必须确保所征询到的意见具有权威性。咨询的范围越广,所获得的意见就越有普遍性、越准确。

收集者需考虑以下内容以确定群体的代表性:①了解一个确定群体中待收集样本贡献者个体的大致总量。②群体内亚群的存在情况,亚群中个体的总数。③群体内的某一个亚群或者某几个亚群是否能够代表这一群体。④在代表性亚群内部是否存在以任何方式建立的行政性组织机构,如自治区、自治县、自治乡等。如果没有,那么这个群体是否有一个或者数个有组织的团体(如工会、基金会、社团等),如果样本收集工作必须涉及一个以上的团体,那么每个团体都应该加以咨询。如果在收集对象的聚居地没有任何团体,那么应该咨询当地的宗教或者文化组织。如果上述条件均不具备,那么也要尽可能寻找其他的途径,通过有效方式对这一选定群体的代表性加以咨询[11]。

咨询工作包括访问、会谈、村民大会、公众调查等形式。针对不同群体的咨询形式可以有结构上的差别,但是以下几点是咨询中应该重点考虑,并在所有的咨询工作中必须体现的。①收集这些样本入库后,样本的使用范围和针对这些样本的研究总体目标。群体内是否存在特定研究时无法使用的样本,这些信息需在样本收集前排除。②描述使用样本的研究性质(如科研、商业、公益性研究)和研究者的身份类型(如基础科研工作者、临床医生、研究所研究员等)。③明确告知在样本收集时,样本的部分信息可能被发布到网络上。④描述收集工作会给群体带来的风险和收益,并进一步说明为了尽量避免风险,收集者所做的努力。⑤协商样本在标本库中的保存时间及使用范围。⑥描述向群体通知样本使用情况、与群体保持信息同步的工作程序。⑦与群体协商达成共识,即如果样本被以某种与知情同意书上不同的方式使用时,群体可以在任何时间收回所有样本,终止研究[11]。⑧用易于理解的方式向群体解释,未来利用这些样本得到的研究结果向外界发布的形式。⑨如果是以建库为目的的,则应说明建库的意义和目标,包括样本在研究者之间的再分配和商业应用。⑩相关咨询结果必须以文件的形式保存于样本库中,并保证随时都可以被研究机构和管理机构调用。文件的内容应同时说明咨询所采取的形式(访问、会见等),以及采用此形式的原因[11]。

4.3.1.4　人员分配

明确采集材料过程中的人员组成分工。

(1)信息采集组:负责向被采集者征求知情同意,说明采集流程,收集被采集人的身份信息、病历信息,负责整理样本的身份信息和入库信息,并随时跟踪样本信息变化。

(2)样本采集组:由专业人士负责采样操作。这不仅可以最大限度减少采样意外的发生,减轻被采集人的痛苦,而且操作准确,能够保证采样的精度和样本的质量[12]。

(3)样本保存组:负责把采样组采集到的样本做后期处理,然后用适当的方法进行保存。同时,样本保存组还要负责向样本保存系统中输入和更新样本信息、日常维护样本库、监测样本状态,根据采集材料时的目的和任务量来确定并执行系统管理分工。

(4)样品顾问组:每一次单独的样本收集都要建立一个独立的样本顾问组。顾问组成员最好在咨询过程中完成遴选,由群体内部人员组成,一般6~8人即可。也可以根据群体大小和样本采集量来决定成员的多少。顾问组负责信息交流,将样本库和群体联系起来,一旦样本入库,顾问组可以定期监测样本状态,监督样本的使用情况,并将群体中成员的质询信息向样本收集者反馈,同时负责宣传和教育工作[12]。

4.3.1.5　人员培训及要求

所有参加采样的人员都必须接受足够的专业训练,熟知采样流程,确保在实际工作中能够熟练操作并及时处理突发情况。虽然在人类遗传采集材料数量上并没有严格要求,但是采集人员的专业程度不仅对样品本身质量有影响,也对采集对象有一定配合程度上的影响。

在材料采集的过程中,对环境条件也有一定的要求。由于采样过程要涉及多个个体,可能导致采样地点过于分散,因此要尽量将样本捐献者集中到一个相对洁净的环境中,如镇一级医院、乡村一级卫生所的采血室等。

如果实施起来有困难而又不得不在个体家中采样时,一定要保证采血空间相对洁净,尤其是涉及永生细胞系建系工作的采样过程,建议随身携带一个轻便操作台,放置于一个没有空气对流的环境中,用碘酒和酒精处理后,燃起酒精灯。这样至少保证操作台上方一定空间的洁净度。每次转移地点后操作台都要重新消毒。

材料采集后要及时处理,由于样本量有限且大部分样本不可再生,因此在能够满足保存要求的前提下,尽可能地减少因为人员操作而带来的样本损失。同时,采集人员的操作规范在人类遗传材料的采集过程中也很重要[13]。

4.3.2　人类遗传材料的收藏

人类遗传材料的收藏,即在材料采集完毕后,对其收藏和保存一样十分重要。

4.3.2.1　保存要求

原始血样在保存上可以在 −20℃ 或者 −80℃ 的冰箱中保存一年以上,且不发生明显的性质改变,仍然可以提取出高质量的 DNA,但是由血样转化形成的永生淋巴细胞系,应该保存在液氮中。而且就算如此,细胞活性还是会受到保存环境的影响。因此,永生细胞系保存的一项重要工作就是定期复苏细胞,检查细胞复苏成活率。

4.3.2.2　信息登记及要求

在信息交换方面,样本入库后,每一个样本收集者(如果收集者所在地远离样本收集地,则由当地的收集协作者执行)都有责任与顾问组保持经常性沟通。沟通方式由顾问组决定,以顾问组成员便捷、易懂为前提,可以灵活采取会议、电话或者邮件等形式。样本收集者应保存与顾问组进行信息交流的文本文件。一旦在研究过程中发生样本使用上的改动,样本库管理员或者研究者必须首先告知顾问组征求意见。

在保存过程中,期望借助于群体样本进行研究的研究者们必须遵循所有有关人类遗传资源采集、使用、保存、传播条例与法规的约束,研究者应该向相关部门提交研究内容报告并被批准。样本库管理者负责评价样本的用途是否与当初样本收集时所做的承诺一致,如果不一致,必须经过顾问组同意之后再决定是否将样本交付研究者使用。当研究者和样本收集者、样本库管理者为同一个个体时,同样应该遵循上述原则[14]。

4.3.2.3　组织样品保存方法

在组织样品的保存过程中,有新鲜保存、冻存和固定保存三种不同方法。每种方法的适用对象和效果都不一样,需要根据实验研究目的选取相应的保存方法。

（1）新鲜保存样本：在特定的培养基中，如 RPMI、DMEM 等；在平衡盐溶液中；保持初始状态而不加任何处置。温度要求常温、冰浴或者4℃低温保存均可。一般来讲，新鲜样本在切除离体后，必须保证在 12 小时内被运送到研究者的实验室中进行下一步的处理，并不适合做长期常温或者低温保存。

（2）冻存组织：可以在液氮中速冻，或者使用冷冻包埋介质（如 OCT），并置于液氮或者 –80℃ 环境下长期保存。由于液氮有挥发性，因此一定要定期检查液氮的损耗情况，做到及时补充，保证充足供应[15]。

（3）固定保存样本：可以采用湿法固定、石蜡包埋等方法保存，具体保存方法可参考《人类石蜡包埋组织收集整理保存技术规程》。

4.3.2.4　保存质量监测

在保存过程中最重要的是样品保存质量的监测。在培养细胞系监测中，由于细胞系在培养和冻存期间会因为污染或者退化而导致细胞系的遗传背景发生改变，影响细胞系的质量，严重者会因为污染而不可用甚至丧失。因此在细胞操作期间需实时监控细胞的培养状态，定期检查细胞的遗传背景，评价细胞复苏成活率。

监测内容：应用显微镜观察的方法检测细菌和真菌污染；用 PCR 的方法可以检测相应病原物的污染；用细胞计数板法可以监测细胞成活状况，用 G 显带或者 FISH 技术检测细胞遗传背景；用小卫星 DNA 杂交或微卫星标记 PCR 检测样本 DNA 指纹信息；用 Y 染色体特异引物 PCR 检测样本的性别属性；用 OD_{260}/OD_{280} 比率、蛋白浓度测定以及 EcoR Ⅰ 和 Hind Ⅲ 酶切 DNA 后进行琼脂糖凝胶电泳来评估样本 DNA 质量[15]。

在组织样本保存质量监测中，所有的样本都需在采集后立即进行初步病理学检测，如外观观察、冰冻切片和组织化学方法，以确定样本组织类型。大多数情况下，样本在到达研究者手里之前就可以确定组织归类及病理诊断。

但是在收集新鲜样本时，研究者得到的样本都只有初步病理诊断，此时要注意跟踪样本的确定诊断，及时更新样本的存档信息。

4.3.2.5　收藏仪器要求

除了保存方法和措施，收藏样品的仪器一样很重要，如 –20℃ 冰箱、–80℃ 超低温冰箱、液氮冻存设备（如液氮罐、液氮柜）等。一般在道路崎岖、海拔高的地区随时携带这些设备是十分不方便的，所以基因库建立的选址就显得十分重要。

4.3.2.6　样本运输要求

样本运输时，必须使用警示性标志贴附于样本运输包装的显著位置上，提醒样本具有潜在危险。建议使用亮橙色贴于组织样本容器外，提醒他人内含物有生物公害和感染性；使用亮黄色附于组织样本内包装上，提醒使用者必须熟知人类组织的标准操作[16]。

新鲜样本必须在冰块全部融化之前送达目的地,冷冻样本必须在干冰全部挥发之前运抵,培养细胞系必须在3日内到达目的地并进行处理。原则上都要尽快送达。

(1)运输新鲜样本时,需准备一个冷冻泡沫包装盒和一个大塑料袋,将塑料袋铺于泡沫盒的底部和四周,上口开放。在装有新鲜样本的塑料桶外套一层塑料袋,仔细密封好,放入泡沫盒中央位置。向泡沫盒中加入碎冰块,使塑料桶四周均被冰块包围。仔细将大塑料袋封闭,然后盖上泡沫盒盖,并再次密封,贴上警示性标签。

(2)运输冷冻样本时,需准备一个冷冻泡沫包装盒和一个大塑料袋,将塑料袋铺于泡沫盒的底部和四周,上口开放。将装冷冻样本的塑料桶外套一层塑料袋,仔细密封好,放入泡沫盒中央位置。向泡沫盒中加入干冰,使样本四周均被包围。仔细将大塑料袋封闭,然后盖上泡沫盒盖,并再次密封,贴上警示性标签。

(3)运输培养细胞系时,需用适当的培养基将内含培养细胞的培养瓶装满,拧紧瓶盖后再缠上封口膜,装入铺有脱脂棉的泡沫包装盒,盖上盒盖并再次密封,贴上警示性标签。这样更利于研究者在收到样本时了解样本情况,并更好地进行收藏[16]。

4.3.3 人类遗传材料的利用

4.3.3.1 遗传材料利用的优势

现代生物技术在过去几十年中的高速发展让我们能以特殊的方式使用遗传资源,这些方式不仅能从根本上改变我们对于生物的理解,还能引导新产品的开发并造福人类实践。例如,其提供了从重要药物到食品供应安全改善的方法,以及优化帮助保护全球生物多样性的保护方法[17]。

4.3.3.2 我国人类遗传资源利用的要求

在人类遗传资源的利用方面,除了开展国内研究,也可以开展国际合作。我国在自身保护方面也制定了许多法律条例,以加强对人类遗传资源的保护。

利用我国遗传资源开展相关活动者都应该遵守我国的相关法律法规,利用我国人类遗传资源开展国际合作科学研究者应当符合下列条件,并由合作双方共同提出申请,经国务院科学技术行政部门批准:①对我国公众健康、国家安全和社会公共利益没有危害;②合作双方为具有法人资格的中方单位、外方单位,并具有开展相关工作的基础和能力;③合作研究的目的和内容明确、合法,期限合理;④合作研究方案合理;⑤拟使用的人类遗传资源来源合法,种类、数量与研究内容相符;⑥通过合作双方各自所在国(地区)的伦理审查;⑦研究成果归属明确,有合理明确的利益分配方案。

如已获得我国相关方面的许可,某机构在利用我国资源进行相关国际合作、不涉及出境用途时,不需要经过审批。但在拟试用我国人类遗传资源时,需向我国相关部门进行报备。同时,我国相关部门也应该加强对相关备案的监测。

在对外利用方面,利用我国人类遗传资源开展国际合作等相关性研究的双方应遵循平等互利、诚实信用、共同参与、共享成果的原则,依法签订合作协议,并依照《人类遗传资源管理条例》第二十四条的规定对相关事项做出明确、具体的约定[17]。

利用我国人类遗传资源开展国际合作等相关研究,应该保证中方单位及其研究人员在合作期间全程参与。记录在研究过程中的所有数据信息应该完全向中方单位开放并且提供相应备份。同时,如果产生的成果需要申请专利,应该由双方一起提出申请,专利权归属于双方[17]。研究如果产生其他成果,其各种权益应该由合作双方通过相关协议进行约定;若未达成一致意见,则双方都拥有使用权,但向第三方转让时必须获得双方的一致赞同,所获得的利润也应该按劳共有。

除了法律的硬性保护,相关人员也应该遵守相关规定,坚守职业操守。除了利用现有资源进行研究外,还应利用现有资源进行创新,为人类遗传资源的保护做出努力。我国人类遗传资源丰富,国家也对利用人类遗传资源的相关产业进行了相应的支持。但这仅占世界人类基因组计划的很小一部分。除了对已有资源本身的保护,也需要防止不法人员非法采取样本,利用样本进行相关种族人群的遗传研究,甚至进行非法交易买卖人类遗传资源等行为,这潜在地威胁着各个种族的安全。依法收取或利用人类遗传资源相关费用被视为合理[17]。

有专家表示,人类遗传资源就如同人类的"生命说明书"。正式公布的《人类遗传资源管理条例》,为我国人类遗传资源管理提供了新的法制遵循,意味着我国人类遗传资源管理进一步迈入制度化轨道,接下来将着力在资源保护管理及开发利用方面建立良好、恰当的平衡,保护利用好人类"生命说明书"。

除了以上举措,加强各部门对相关过程操作的监督也是至关重要的,并应加大严重违法行为的处罚力度,而不是流于表面。国务院科学技术行政部门应当加强电子政务建设,方便申请人利用互联网办理审批、备案等事项;制定并及时发布有关采集、保藏、利用、对外提供我国人类遗传资源的审批指南和示范文本,加强对申请人办理有关审批、备案事项的指导[17]。

国务院科学技术行政部门和省、自治区、直辖市人民政府科学技术行政部门进行监督检查,可以采取下列措施:①进入现场检查;②询问相关人员;③查阅、复制有关资料;④查封、扣押有关人类遗传资源[17]。

完善法律责任、加大处罚力度都是至关重要的举措。不管是研究利用还是医疗利用,对内观察还是国际合作,我们都应该遵守相应规定,充分利用,合理利用,不随意向境外提供我国人类遗传资源。

4.3.4 人类遗传材料的对外提供

4.3.4.1 对外提供的要求

我国针对人类遗传资源对外提供和开放使用中可能存在的人类遗传资源外露问题，制定了严格规定[18]。使用我国人类遗传资源并携带出境需取得科学技术部许可，并符合一系列条件，包括对我国公众健康、国家安全和社会公共利益没有危害，具有法人资格，有明确的境外合作方和合理的出境用途，人类遗传资源材料采集合法或者来自合法的保藏单位，需通过伦理审查[18]。

4.3.4.2 对外提供的流程及相关要求

按照相关流程，相关人员申请也需备案。备案程序包括申请人登录网上平台，提交信息备份并且确定备份成功。申请人在信息备份成功后登录网上平台在线提交备案材料，获得备案号。获得备案号后才可以将人类遗传资源信息向外国组织、个人及其设立或者控制的机构提供或者开放使用。

同时，需对对外提供人类遗传资源的人员进行相关限制，避免出现滥用的情况。按照条例，在我国境内采集、保藏和对外提供我国人类遗传资源必须由我国科研机构、高等学校、医疗机构和企业开展。

境外组织或者个人不允许在我国境内采集、保藏我国人类遗传资源，也不能向境外提供我国人类遗传资源。提供数量也应该进行严格把控，人类遗传资源是宝贵的，所采集的样本也是有限的。根据我国基因库建立基地中所存储的数额与种类来看，我们对遗传材料的采集并不完善，研究所涉及的范围也只是冰山一角[18]。可持续开采原则指出，采集数量需有一定限制。究其根本是因为样本储存条件有限，样本的采集也并非是一蹴而就的事情。所以我国对于向境外提供的资源数量有着严格限制，并不是所谓的要多少给多少、要多少有多少。

4.3.4.3 对外提供方式

在提供方式上有信息提供和生物样本提供两种方式[18]。在人类遗传资源的保护中，合作往往比闭门造车效率更高。互联网信息发达，我国也建立了完善的生物基因样本信息库。根据对外提供的要求，我们应该完善信息共享中共享审核相关的审核措施：根据信息内容和重要程度划分审核流程和审核时间；生物样本在共享方面也应根据相关国际合作规范共享规范操作。

4.4 法律法规

保护人类遗传资源的法律法规，经历了从建立到修缮的一系列复杂过程。学界多数学者认为我国人类遗传资源管理的立法进程可分为四个阶段:第一阶段是 1996 年以前;第二阶段是 1996—2012 年;第三阶段是 2012—2018 年;第四阶段是 2018 年至今。

4.4.1　人类遗传资源管理的开始(1996 年之前)

20 世纪 80 年代,获得遗传资源和利益分享的机会已成为此时国际社会的焦点。经过长时间的谈判,联合国《生物多样性公约》于 1992 年正式通过,并于 1993 年 12 月 29 日生效。在关于遗传资源部分,该公约确立了公平、合理共享遗传资源利益的原则,这是国际上首次公开讨论遗传资源。我国于 1992 年 6 月 11 日签署《生物多样性公约》,但该公约中关于遗传资源的内容并未完全覆盖人类遗传资源范围。在后续推行的《世界人类基因组人权宣言》等一系列相关国际文件中,各国就人类基因组是人类共同遗产的认知达成了广泛共识。中国积极参与会议、讨论共识,为我国人类遗传资源管理制度打下了坚实基础。

4.4.2　人类遗传资源管理立法阶段(1996—2012 年)

1996 年,美国哈佛大学在中国大别山地区,以“实验研究”为目的,开展了与哮喘病、高血压、肥胖症、糖尿病、骨质疏松等疾病有关的基因样本的采集工作,成千上万的民众接受了“体检”,有的人先后被抽了两次甚至多次血样,却根本不知道采集者的真实目的,更不知道自己和家人的血样会被如何使用和处理。

在这个“实验”中,仅送至哈佛大学的哮喘病基因样本就高达 16400 份,还有 500 个家庭的基因样本被交给了美国千禧制药公司以进行哮喘病等基因的研究。这一事件引发了我国国内对包括基因信息在内的人类遗传资源的高度关注,成为我国人类遗传资源管理制度诞生的直接动因。

1998 年 6 月 10 日,经国务院同意,国务院办公厅转发实施《人类遗传资源管理暂行办法》。《人类遗传资源管理暂行办法》的主要目标是有效保护我国的人类基因资源(特别是人类基因资源材料)不外流,在保证安全的情况下加强人类基因技术的研究和开发,在平等互利的基础上促进国际合作与交流。

《人类遗传资源管理暂行办法》共 6 章 26 条,主要规定了在我国境内进行的采样、收集、研究、开发、交易或输出我国境外的人类遗传资源等活动的相关规则,并对我国的遗传资源管理、研究审批和涉及人类遗传资源知识产权等工作及其法律责任做出详细规定。总体来说,《人类遗传资源管理暂行办法》对我国遗传资源领域的科学研究等国际合作提供了较为基础的保护,对我国人类遗传资源保护和利用发挥了一定的积极作用。

4.4.3　人类遗传资源管理条例阶段(2012—2018 年)

我国人类遗传资源申报在 2012 年之前的积极性并不高,但随着基因技术的飞速发展,为了更好地适应时代的发展变化,科学技术部在 2012 年发布了有关人类遗传资源管理(咨询草案)的法规,在遗传资源的保护上逐步细化,更加突出专业性。但因在基因信息等遗传资源的利用等关键问题上并未取得突破,所以一直未获通过。

2012 年,国务院将人类遗传资源管理的联合责任从科学技术部和卫生部转变为科学技术部。2015 年,国务院审改办把原"涉及人类遗传资源的国际合作项目审批"变更为"人类遗传资源采集、收集、买卖、出口、出境审批",该法规于 2015 年 10 月生效。2015 年,科学技术部发布了有关人类遗传资源的收集、销售、出口、退出检查和批准的行政许可服务准则需要以及其他具体事项。2016 年 1 月,科学技术部向国务院提交了有关人类遗传资源管理的法规,并多次向相关部门、地方政府、科研机构、企业、专家学者以及社会公众征求意见,经过一再修订后,最终确立了中华人民共和国对《人类遗传资源管理(草案)》的管理法规[18]。

4.4.4　生物安全立法阶段(2018 年至今)

2015—2018 年的数起事件暴露了生物安全立法的紧迫性。科学技术部曾公布了六项违反人类遗传资源管理规定的行政处罚。为应对前沿科技发展带来的问题,我国第一部基本法意义上的《生物安全法(草案)》于 2019 年 10 月 21 日接受了全国人大常委会的审议,这对我国的生物安全立法具有重大意义,标志着我国进入了生物安全基本法的立法阶段。

通过对《生物安全法(草案)》规定的具体制度进行解读,可以看出该草案是对我国生物安全相关法律法规的制度总结,它将过去的生物安全保障能力进行制度化的处理,强调国家生物安全防控体制建设关键联系。如主要的新型和新兴传染病,动物和植物流行病的预防和控制,生物技术研究、开发和应用安全,实验室生物安全,人类遗传和生物资源安全,生物学恐怖主义和生物武器威胁等,都将受到监管。然而,鉴于生物安全问题的前沿性和复杂性,《生物安全法(草案)》不可避免地存在各种争议,如结构和体例是否合理、基本原则是否恰当、是否兼顾和平衡了各方主体的利益、具体制度是否合理且具有可操作性等。

2020 年 10 月 17 日,经过一系列修订以完善生物安全风险防控体制机制,并以提高国家生物安全治理能力为主要目标的《生物安全法》审议通过,我国生物安全领域自此有了基础性、综合性、系统性、统领性法律。

在人类遗传资源安全保护方面,2021 年 4 月 15 日起实施的《生物安全法》则是将《中华人民共和国人类遗传资源管理条例》的主要内容上升到了法律层面,但并未对其核心制度做出调整与变化。

《中华人民共和国个人信息保护法》和《中华人民共和国数据安全法》(已被颁布)也涵盖了人类遗传资源信息的保护。《中华人民共和国刑法修正案(XI)》规定,通过非法运输或以邮寄方式将中国的人类遗传资源材料带出国的行为已被列入至《中华人民共和国刑法》"社会管理秩序"中"公共卫生"这一节的第334条中,生物安全受到新兴刑法的保护。最近,科学技术部发出公众观点通知文件以公示公众对《人类遗传资源管理法规(草案)》的实施规则的意见建议。

以上是我国人类遗传资源管理立法的四个阶段[19]。知识经济模式下的信息化特征以及人类遗传资源技术、人工智能产品的开发与应用尚处于初始阶段,后续的发展速度应更为高效。从人类遗传资源管理的立法演进可以看出,国家从一开始就具有前瞻意识,通过立法、行政、司法过程传输清晰的价值观和审慎的立场,以便确立正确的发展方向。企业及社会资本及时理解立法目的、监管方向于企业自身而言可帮助做出科学的决策,这将减少和降低社会成本。人类遗传资源的任何收集、保存和利用均应遵守我国法规对人类遗传资源的管理。

4.5 失败案例

因滥用人类遗传资源而导致的失败案例仍使人记忆深刻。如2018年11月26日,"首例免疫艾滋病基因编辑婴儿"诞生的消息引爆了国内外科学界,其中的科学伦理问题也引发了公众的关注。

首先,从法律的角度来看,贺建奎所进行的基因编辑婴儿实验是非法的。中华人民共和国科学技术部和卫生部早在1998年就共同制定并批准了《人类遗传资源管理暂行办法》。该文件明确指出,中国患者的样本(包括但不限于全血、血清、血浆、组织、唾液、尿液、头发和其他样品)属于遗传资源范围。所有临床试验都必须在开始之前获得中国人类遗传资源办公室批准,无论是否出口[20]。

许多欧洲国家禁止人类胚胎编辑工作。尽管是特殊情况也需要在合理审核后再进行,某些国家甚至规定编辑人类基因组是违法的甚至会有牢狱之灾。贺建奎的实验并没有进行合法的流程申请和审批流程,是典型的先斩后奏的做法。美国生物学家詹妮弗·杜德纳(Jennifer Doudna)首先提出CRISPR-Ts技术能进行基因编辑,但正如她在2015年TED演讲中所说:"基因编辑技术不仅在成人细胞中充满道德争议,其在包括人类在内的某些生物胚胎中也涉及许多道德问题。由于实验的不确定性,我们正在呼吁全球暂停CRISPR在人类胚胎中的临床使用。1870年代,科学家提倡中止分子克隆技术的应用,直到通过技术安全为止。我们需要考虑这样做之后可能产生的不可控因素,对可能产生的结果进行预判,忽略这些潜在的问题就直接进行研究是很不负责任的行为。"

另外,从相关实验数据上面来看,贺建奎的实验无疑也是失败的。他在实验失败的基础上强行进行移植,让婴儿诞生,这也是他遭受攻击的原因之一。

2018 年,科学技术部对违反《人类遗传资源管理暂行办法》行为的六家机构进行了处分。其中,阿斯利康投资(中国)有限公司没有经过允许就将已获得批准项目的剩余样本转运到了厦门艾德生物医药科技股份有限公司和昆皓睿诚医药研发(北京)有限公司,并且进行了超出审批范围的研究。厦门艾德生物医药科技股份有限公司未经许可便接收了阿斯利康投资(中国)有限公司投资的 30 管样本,拟用于试剂盒研发相关活动;昆皓睿诚医药研发(北京)有限公司未经许可接收了阿斯利康投资(中国)有限公司 567 管样本并保藏。

除此以外,还有发生在 2021 年的涉嫌走私人类遗传资源的刘某某案件。虽然我国涉及人类遗传资源的条例、法律随着发展在不断改进,但还是出现了一些关于我国人类遗传资源非法外漏的案件,这些都是人类遗传资源保护失败的案例。

4.6　成功案例

除了失败的案例,我们也有成功的案例,如利用基因进行治疗。

1991 年,上海复旦大学与上海长海医院合作开展了 B 型血友病基因治疗的临床试验,并取得安全有效的成果。

1994 年,复旦大学遗传学研究所用导入人凝血因子Ⅹ基因的方法成功治愈乙型血友病患者。

1999 年,中国科学院院士、上海血液学研究所所长陈竺教授获得法国政府颁发的总统骑士荣誉勋位勋章,以表彰他在白血病临床基因治疗研究领域取得的重大突破。他推动了我国白血病新型治疗研究整体水平跃入世界领先地位。

2000 年,华中科技大学同济医院脑外科专家薛德麟教授和雷霆教授用基因治疗恶性脑胶质瘤大获成功,浙江大学第二附属医院眼科姚克教授利用基因治疗白内障获得成功。

2002 年,台湾中央研究员分子生物研究所利用 *C/EBP* 基因治疗来防止肥胖;台北新光医院进行心脏血管疾病基因治疗的人体试验;上海第九人民医院组织工程研究中心用基因治疗手段成功抑制了动物伤口的疤痕。

2003 年,遗传学研究所基因治疗研究小组、复旦大学开发了"重组 AAV－2 人类凝血因子Ⅸ注射";华中科学技术大学的汤吉医院在高血压基因疗法的动物实验方面取得了成功;一种新的抗癌药物"重组人 PS3 腺病毒注射"(世界上第一种基因治疗药物)诞生于中国,该药物自 1998 年开始进行临床试验。

2004 年,同济医院基因治疗中心的基因治疗糖尿病鼠实验取得成功;广西圣保堂药业有限公司与中山大学基因诊断与基因治疗科研小组成功用中国人癌胚抗原研制出

CEA 肿瘤基因疫苗;烟台麦德津生物工程有限公司和清华大学共同开发出重组人内抑制蛋白注射"恩度",这是一种新的内皮抑素抗癌药。

2005 年,浙江大学医学院第二附属医院的徐荣臻博士领导的研究小组,在国际著名血液学杂志《血液》中发表了用于白血病的基因疗法。同年,浙江大学附属邵逸夫医院院长何超教授利用基因治疗对大肠癌和脓毒症进行了研究。

2006 年,第四军医大学(现为空军军医大学)唐都医院成功研发宫颈癌基因治疗特异性新技术。

以上均是利用基因治疗造福人类的成功案例。

(张　喆)

参考文献

[1] 杨渊,池慧,殷环,等.美国人类遗传资源管理研究及对我国的启示[J].生命科学,2019,31(7):637-643.

[2] 孙佑海.生物安全法:国家生物安全的根本保障[J].环境保护,2020,48(22):12-17.

[3] 杨渊,秦奕,池慧,等.人类遗传资源数据共享管理研究及对中国的启示[J].中国医学科学院学报,2019,41(3):396-401.

[4] 刘光宇,付宏,李辉.情报视角下的国家生物安全风险防控研究[J].情报杂志,2021,40(7):94-100.

[5] 王玥.如何保护和合理利用人类遗传资源[N].深圳特区报,2019-6-18.

[6] 方向东,朱波峰.人类遗传资源与生物大数据[J].遗传,2021,43(10):921-923.

[7] 胡爱珍,张雪,齐苗苗,等.人类遗传资源管理的现状与实践思考[J].中国医药生物技术,2021,16(6):556-558.

[8] 甄守民,曹燕,王弋波,等.人类遗传资源样本库建设初探[J].中国科技资源导刊,2019,51(5):97-102.

[9] 王庆梅,刘悦琛.初识人类遗传资源"庐山真面目"[J].走向世界,2019(42):46-49.

[10] 赵伟,侯聪聪,白晨,等.人类遗传资源样本信息共享中不同主体之间博弈模型的构建与分析[J].情报工程,2019,5(6):37-45.

[11] 褚嘉祐.中国人类遗传资源的研究和管理[J].科学,2020,72(2):5-10.

[12] 周燕,任宇,杨宏昕,等.药物临床试验实施中涉及人类遗传资源管理的实践与思考[J].中国医药导报,2019,16(28):174-176.

[13] 石锦浩,黎爱军.人类遗传资源管理与生物安全现状[J].解放军医院管理杂志,

2019,26(8):712 – 714.

[14] 中华人民共和国国务院.中华人民共和国人类遗传资源管理条例[J].中华人民共和国国务院公报,2019(18):29 – 35.

[15] 李萍萍,潘子奇.我国人类遗传资源保护与利用的现状分析[J].中国新药杂志,2018,27(23):2731 – 2734.

[16] 何蕊,董妍,刘静,等.典型人类遗传资源管理模式及对我国的启示[J].中国医药生物技术, 2018,13(6):566 – 568.

[17] 苏月,何蕊,王跃,等.加强我国人类遗传资源保护和利用[J].中华临床实验室管理电子杂志,2017,5(1):9 – 11.

[18] 人民日报社.中华人民共和国人类遗传资源管理条例[N].人民日报,2019 – 6 – 24(11).

[19] 曾理,张国圣.全球最大高原人类遗传资源生物样本库首次开放共享[N].光明日报,2021 – 8 – 11.

[20] 王文秀,黄涛,李立明.基于"中国慢性病前瞻性研究"的遗传资源建设与应用[J].遗传, 2021,43(10):972 – 979.

第5章
生物资源的保护及应用

生物资源是地球生物多样性的物质体现，是人类生存、繁衍和发展最基本的物质基础，是生物技术和产业发展的重要基石，是保障国家粮食安全、生态安全、能源安全等的重要战略资源。本章从生物资源的概念、基本特征、重要性和战略地位、现状、世界生物资源的保护与管理、我国生物资源保藏与利用的发展现状等方面对生物资源保护和利用进行了介绍。

5.1　生物资源的概念

生物资源是指当前人类已知的一切具有利用价值的生物材料，是自然资源的有机组成部分，包括生物圈（biosphere）中对人类具有一定经济价值的动物、植物、微生物以及由它们所组成的生物群落。广义而言，所有对人类具有直接、间接或潜在经济、科研价值的生命有机体都可以称之为生物资源，它包括基因、物种以及生态系统等[1]。

生物资源又称生物遗传资源[2]（biogenetic resources），包括动物遗传资源、植物遗传资源和微生物遗传资源。其中，动物遗传资源包括野生动物遗传资源、驯养动物遗传资源、渔业生物遗传资源；植物遗传资源包括森林遗传资源、草地遗传资源、野生植物遗传资源和海洋植物遗传资源；微生物遗传资源包括细菌遗传资源、真菌遗传资源等。从研究和利用角度，生物资源通常分为森林遗传资源、水产遗传资源、栽培作物遗传资源、草场遗传资源、驯化动物遗传资源、野生动植物遗传资源、遗传基因（种质）资源等。从应用领域角度，生物资源又包括食品遗传资源、药用遗传资源、能源生物遗传资源和环境生物遗传资源等。而从某一具体应用领域如农业看，生物资源又包括作物遗传资源、林木遗传资源、药材和花卉植物遗传资源、畜禽遗传资源、水产遗传资源、农业微生物菌种资源、林业微生物菌种资源、兽医微生物菌种资源和食用菌种质资源等。

　　生物资源作为自然资源的有机组成部分，广泛分布于地球的大气圈、岩石圈、土壤圈和水圈。而地球表面千差万别的地形地貌结构、水域特征和错综复杂的气候系统，形成了生物赖以生存的生态环境系统。在过去数亿年的进化过程中，生态环境系统的变化和差异使得生物资源多样性丰度极高。

5.1.1　动物遗传资源概述

　　动物遗传资源依据价值、用途等的标准不同有不同的分类标准[3]。从应用领域角度，动物遗传资源包括食品动物遗传资源、药用动物遗传资源、劳力动物遗传资源和环境动物遗传资源等。而从某一具体应用领域如农业看，动物资源又包括畜禽遗传资源、水产遗传资源和食用动物遗传资源等。一般习惯上将动物遗传资源分为野生动物遗传资源、驯养动物遗传资源和渔业生物遗传资源。

5.1.2　植物遗传资源概述

　　植物资源是在社会经济技术条件下人类可以利用与可能利用的植物[4]，包括陆地、湖泊、海洋中的一般植物和一些珍稀濒危植物，植物资源是一切植物的总和。植物遗传资源既是人类所需的食物的主要来源[5]，还能为人类提供各种纤维素和药品，在人类生活、工业、农业和医药上具有广泛的用途。它是人类生存和发展的物质基础，是创造美好生活环境的根本保障。常见的粮食作物有水稻、小麦、大麦、玉米、高粱等；常见的经济作物有大豆、油菜、花生及各种水果等。

5.1.3　微生物遗传资源概述

　　微生物能够广泛生存于各种生境，如森林、土壤、高原、草原、空气、水域等；极端环境中（包括极端温、湿度，极端酸碱度，高压环境，高盐，高渗，极地，深海等）也可检测到微生物的存在。分布广泛以及生境复杂是微生物最显著的特征之一[6]。微生物所具有的这些特性，为自然界贮藏了非常多样化的宝贵资源。其多样性的研究已经应用于生命起源的探索、环境的保护治理、新型抗生素的筛选等多个领域，为人类解决健康、食品以及能源等问题[7]。

5.2　生物资源的基本特征

5.2.1　生物资源的再生性（可持续性）

　　再生性是生物资源的最基本属性。地球上所有的生命体都具有自我复制和繁衍再生的能力。当人类利用其中一部分后，生物资源可以通过自我更新而得到恢复。因此，生物资源是一类可持续的再生自然资源,而人类社会的持续发展则依赖于生物资源的可持续性。然而,生物资源并不是取之不尽用之不竭的,被人类利用的自然资源需要较长时间才可以恢复到原来水平,如果过度利用则会打破生物资源自我调节的平衡,导致生物资源的枯竭。因此,从这个意义上看,生物资源又具有有限性,即生物资源受到自然灾害(气候突变等)和人为破坏(环境污染等)而导致某些物种减少甚至灭绝的特性,并且这一过程有时是不可逆的。

5.2.2　生物资源的多样性

生物资源的多样性是指地球上所有存在的动物、植物、微生物及它们的基因,以及它们与生态环境相互作用形成的复杂生态系统和与此相关的各种生态过程的总和。生物资源在基因、细胞、组织、器官、个体、种群、物种、群落和生态系统等不同生命系统水平(或层次)上,都表现出丰富的多样性。其中,研究较多的有遗传多样性、物种多样性和生态系统多样性。遗传多样性是指种内不同群体或群体内不同个体的遗传变异,包括个体表现型和性状多样性、细胞染色体多样性以及分子多样性。物种多样性是指生物群落中物种的丰富性和异质性,它是生物资源多样性在物种水平上的具体表现形式。生态系统多样性是指生物圈内不同生态系统及同一生态系统内环境、生物群落和生态过程变化的多样性。其中,物种多样性是生物资源多样性的关键。它既体现了生物与生态系统之间的复杂关系,又是遗传多样性存在的基础,从而决定了其用途的多样性。就物种而言,目前科学家们估计地球上现存的生物物种大约为1000万种,而已经被人类鉴定的物种仅仅只有大约150万种(表5.1)。

表5.1　全球已鉴定及预测的主要类群物种数目

物种	陆地		海洋	
	已编录物种数	预测物种数	已编录物种数	预测物种数
真核生物				
动物	953434	7770000	171082	2150000
藻类	13033	27500	4859	7400
真菌	43271	611000	1097	5320
植物	215644	298000	8600	16600
原生动物	8118	36400	8118	36400
原核生物				
古细菌	502	455	1	1
细菌	10358	9680	652	1320
总计	1244360	8750000	194409	2210000

5.2.3 生物资源的可利用性

生物资源的价值表现在:①直接利用价值,即作为食物、药物、燃料、建材等资源直接被人类利用。人类最基本的生存需求,如衣、食、住、行等几乎都取自于各种生物资源,自然界约有 3000 种植物被人类用作食物,人类营养所需要的蛋白质主要来源于牛、羊、猪、鸡等畜禽;我国中医药文化传承几千年,涉及 5100 余个物种,如青蒿素可以治疗疟疾,水蛭素可以用作抗凝血剂等;偏远地区的人们所需的能源仍主要依靠天然生物资源,尤其是森林出产的薪柴;此外,以化学能的形式储存在绿色植物中的生物质能,可转化成常规固态、液态燃料。②生态价值。生物资源在维系生物圈内物质和能量循环方面发挥着重要作用,是维系地球生物圈内生态功能和生态平衡的必要条件,丰富多彩的生物资源以及它们生存的环境共同构成人类生存的生态环境。③科学价值。生物资源多样性包含着丰富的信息,生物群落、种群的变化往往是生态环境变化的间接反映。建立生物资源多样性与生态环境变化之间的关系,对研究物种起源、演化、保护、改良和利用等都具有重要的科学价值和意义。此外,随着科学技术的发展,人类可以利用现代生物技术(如基因工程、基因编辑等)改造生物资源,不仅了解生命体的结构形态、功能和机理,而且能够模拟合成人类需要的重要物质、培育新品种、治疗遗传疾病等。如 1965 年我国首次合成牛胰岛素晶体;1977 年美国科研工作者将人脑激素基因转移到大肠杆菌中,产生具有活性的生长素释放抑制素。④美学价值。很多生物资源可作为重要的观察、旅游、绿化环境等被利用。

5.2.4 生物资源的整体性

自然界中的任何物种都不是孤立存在的,而是形成了一个错综复杂的系统关系网络,即个体离不开种群,种群离不开群落,群落离不开生态系统。各物种生物之间、生物与生态系统之间相互依存、相互作用,从而构成了一个庞大的整体——生物圈。因此,在利用生物资源时,必须坚持从整体和全局出发,综合评价、利用和治理。

5.2.5 生物资源分布的区域性

在漫长的进化过程中,生物物种之间以及物种与生态环境之间形成了稳定的动态平衡关系,生物总是生长在适合其生长的生态环境中,而非一切地方都能生存。"橘生淮南则为橘,生于淮北则为枳""深种荷花浅种菱",就是说,一个物种如果在不适合自己生长的环境中就会难以生存。另一方面,如果某个物种在一个新的环境中不仅可以生存,并且没有天敌,那么它就会疯狂抢夺环境中的资源,造成食物链的紊乱以及生态系统的失衡,即"入侵物种"(invasive species)。因此,生物资源在地球上的分布不是均匀的,生物资源多样性丰富的国家主要集中在部分热带、亚热带地区的少数国家,如哥伦比亚、巴西、秘鲁、厄瓜多尔、马达加斯加、中国、印度、澳大利亚、印度尼西亚等 12 个国家。而中国的脊椎动物和高等植物种类数目占全球物种总数目的 10% 左右,是生物资源多样性最丰富的国家之一。生物资源分布的区域性是人类进行开发利用生物资源时的重要依据。

5.2.6　生物资源获取的时间性

由于不同物种生长需要的环境不同,因此获取生物资源的时间不一样。"三月茵陈四月蒿,五月六月当柴烧。"又如淡水鱼类多在春、夏季繁殖和生长,因此每年 4 – 8 月多为禁渔期,给鱼类足够的时间繁衍生息。

5.2.7　生物资源的可驯化性

随着社会的发展,人类对生物资源的利用逐渐由直接获取转变为种植者和养殖者,引种、驯化、选种、育种等成为利用生物资源的重要手段。目前我国已有家养动物36 个物种,涉及 650 余个品种和类群,为我国家畜产品的供应以及畜牧产业的发展提供了重要保障;我国人工林面积居世界第一,已有 210 个树种列入造林树种;我国常用药材有 800 ~ 1200 种,其中约有 250 种可以被大面积人工种植;我国海洋和淡水水产品资源十分丰富,包括鱼、虾、贝类等物种 4000 余种,其中人工养殖类水产品占水产品总量的 64% 以上。此外,我国科学家在农作物遗传育种工作方面也取得了举世瞩目的成就,被誉为"杂交水稻之父"的袁隆平院士,培育了多个杂交水稻品种,大大提高了我国粮食的产量;还有"西瓜之母"吴明珠,扎根新疆 62 年,只为培育出中国人自己的最为香甜的瓜果品种,让中国人实现吃瓜自由。

5.2.8　生物资源的稳定性和变动性

生物资源具有一定的稳定性和变动性。相对稳定的生物资源系统能较长时间保持能量流动和物质循环平衡,并对来自内、外部的干扰具有反馈机制,使之不破坏系统的稳定性。但当干扰超过其所能忍受的极限时,资源系统就会崩溃。不同的资源系统的稳定性不同。通常资源系统的组成种类和结构越复杂,抗干扰能力越强,稳定性也越大,反之亦然。

5.3　生物资源的重要性和战略地位

生物资源是生态系统的基本组成部分,对生物资源的收集、保藏、保护、开发与利用是保障国家大健康领域发展以及国家生物安全的重要基础。

5.3.1　生物资源是科学研究的基础

生物资源既是科学研究的对象,也是科学研究的基础。对生物资源及其与生态环境变化之间关系的研究,有助于人类了解、认识、开发和利用生物资源,从而服务于人类。然而,很多生物医学的科学研究又依赖于模式生物以及实验动物(laboratory animals)的应用。近年来,利用大肠杆菌、酵母、拟南芥、线虫、小鼠、果蝇、家兔、羊驼等模式生物,人类在揭示生命本质、动物、植物和微生物功能基因与系统代谢调控网络体系等方面取得了重要的进展。此外,一些疾病模型动物的使用,大大促进了重要药物药理、药效的评价及新药临床前等方面的研究。例如,由于小鼠体型小、繁殖快、饲养方便、基因跟人类较为接近,因此常常被用作医学材料或药物的效果评价对象;由于线虫体型小、结构简单,仅仅由简单的神经系统和肌肉组成,因此常常用于研究神经系统调控网络方面的研究;我国特有的猕猴,由于适应性强、容易驯养繁殖,生理上与人类极为接近,并且具有与人类一样极其复杂的社交行为,因此,猕猴常常被用作研究对象来探讨一些人类精神类疾病的诊疗、诊治研究。这些生物资源对于提升一个国家的科研水平起着至关重要的作用。

5.3.2　生物资源是农业和生物安全的重要保障

人类虽然很早就开始了种植粮食和其他经济作物,但是过去几千年一直处于一种生产力非常低下的状态,直到近现代随着科学技术的发展,人们认识到遗传物质和基因等生命本质内容,才渐渐迎来了农业生产力的暴发时期。20 世纪 50 年代,随着我国抗囊包线虫病的北京小黑豆的发现,以及后来在小黑豆中发现的多个抗线虫基因,成功挽救了全世界的大豆产业。在粮食作物小麦和水稻中发掘的半矮秆基因引发了全球粮食生产的第一次"绿色革命"。随后,我国科学家又利用水稻野败型细胞不育基因资源成功研制了"三系"杂交水稻,引发了全球粮食产业的第二次"绿色革命",也使得我国的水稻育种技术处于世界领先水平。

5.3.3　生物资源是重大新型药物的主要来源,是国民健康的保障

目前,全球基于生物资源开发的天然药物约占 30%。例如,合成全球畅销的降血脂药物阿托伐他汀的先导化合物就来自天然红曲霉菌;止痛效果非常好的镇痛药物齐考诺肽则来自于海洋生物海蜗牛体内的一种多肽类毒素;红豆杉中的紫杉醇具有良好的抗肿瘤效果,从而被开发成为抗癌药物。然而,红豆杉作为一种稀有濒危植物,却因此险遭灭绝。因此,人类在谋求自身发展的同时,要维护生态系统和生物资源的平衡,不能只顾眼前利益,以牺牲生物资源和生态系统为代价,而忽略人类的长久发展。因此当人类利益与自然发生冲突时,需要尽量寻求新的替代方案。20 世纪 70 年代以前,高昂的胰岛素价格使得全球无数糖尿病患者望而却步,直到我国科学家首次人工合成胰岛素才让糖尿病患者看到了希望。随后,由于基因工程技术的迅速发展,人们利用微生物"工厂"生产了大量人类需要的包括胰岛素在内的酶、蛋白等生物制品。基于干细胞的新型治疗手段,为人类许多重大疾病的根治带来了希望。这是人类生物资源利用的一次巨大革命,也从

此开启了人类合成生物学的新篇章。

5.3.4 生物资源是保障人类环境和能源的必要条件

生物资源多样性对人类赖以生存的生态价值是巨大的,它在维系自然界物质循环、能量流动、改良土壤、调节气候、涵养水源等方面发挥着关键的作用。生物资源多样性是维系自然界生态系统平衡的必要条件,某些物种的消失可能会引起整个生态系统的失衡,甚至崩溃。丰富多样的生物资源还蕴含着丰富的生物质能。作为被植物通过光合作用将太阳能转化为化学能的一种表现形式,生物质能遍布世界各地,蕴藏量极大。除传统有机矿物燃料(如煤、石油等)以外,地球上所有来源于动、植物的能源物质均属于生物质能,它包括林木废弃物、农作物秸秆及工业和城市有机废弃物等。目前,很多国家都在大力发展以开发生物质能为主导的能源产业。然而,地球上的植物每年通过光合作用生产的物质总量虽然高达 1730 吨,其蕴藏的生物质能相当于全世界能源消耗总量的 10 ~ 20 倍,然而,目前生物质能的利用率却不到 3%。此外,一些环境微生物(如可降解石油、塑料)及能够生产乙醇等燃料的微生物,也为人类的能源和环境危机提供了重要的途径。因此,保护生物资源多样性对维护生态系统的稳态以及解决能源危机起着至关重要的作用。

5.4 生物资源的现状

5.4.1 世界生物资源的现状

自生命诞生以来的数亿年间,地球经历了数次快速和剧烈的气候变化,以及陆地和海洋环境组成的剧烈变迁(如海水酸化或大规模火山活动产生的酸雨等),从而导致了地球上的生物经历了数次大规模的灭绝,即显生宙"五次生物大灭绝",如图 5.1 所示。生物大灭绝(mass extinction)一般是指在相对较短的地质时期内(约 200 万年),全球环境恶化导致地球上至少 75% 的生物大量消亡,一般以每百万年灭绝的科数目作为衡量生物灭绝速率。大灭绝重创或毁坏了原有的生态系统,加速和催化了优势类群的更替,使演化轨迹发生重大改变。主要包括:①奥陶纪末大灭绝(4.4 亿年前),是由大冰期造成的海洋生物大灭绝。在数十万年时间里,南方大陆冰盖的形成和融化、全球温度的骤降和骤升、海平面的速降和速升,导致 70% 左右的海洋生物物种消亡以及部分陆地生物物种的灭绝。②晚泥盆纪大灭绝(3.6 亿年前),主要也是海洋生物遭到了大规模的灭绝。③二叠纪末大灭绝(2.5 亿年前),是地球史上最惨烈、最严重的一次生物大灭绝事件,是由西伯利亚地幔柱引发的全球性极热事件导致。在短短的 10 万年内,全球的火山大规模喷发,大气中二氧化碳急剧增加,海水酸化缺氧,温度骤升,生态系统全面崩塌,95% 的海洋生物彻底灭绝,陆地干旱,热带雨林遭到彻底破坏,土壤生态系统被破坏,将近75%的陆地生物彻底消亡。④三叠纪末大灭绝(2亿年以前),主要是由中大西洋火山活动引发的全球温度急剧增加,以及海洋生态系统剧烈变化导致的大规模爬行动物的灭绝。⑤白垩纪末大灭绝(6000万年前),是由墨西哥尤卡坦洲的小行星撞击导致全球灾难性的快速冷却,以及一些早期强烈的火山活动和地壳板块运动抬升等造成的,这一时期造成了几乎所有的包括恐龙在内的大型爬行类动物以及菊石等生物灭绝,而与此同时新生代陆生哺乳动物开始辐射。在人类出现的数百万年间,在相当长的一段时间内,人类和自然生态之间和谐发展,处于动态平衡的关系。然而,随着近现代科技的飞速发展,人类进入工业时代,使得人类的活动对生态环境的负面影响远远超过之前任何一个时期,生物灭绝的速度也远超之前的任何时期。因此,如果人类不为此做出一些行动的话,那么地球将很有可能进入由人类活动引发的第六次生物大灭绝时代。

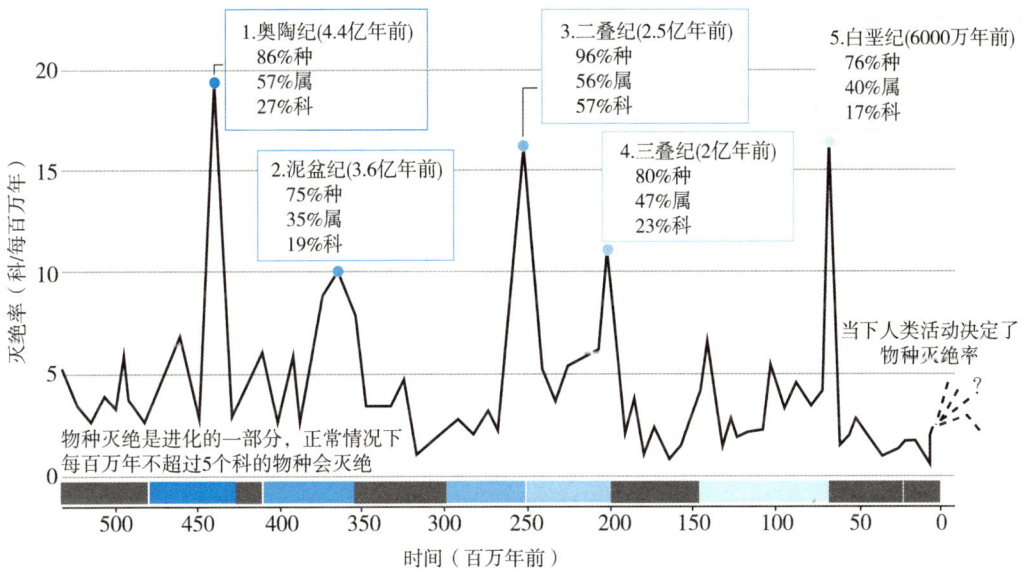

图5.1 地球史上的"五次生物大灭绝"

在过去的数亿年间,地球上的地理环境发生过多次重大变化,各种生物资源在自然选择、自身遗传变异及其与生态环境相互作用的共同控制之下不断发生变异与进化,旧物种逐渐灭亡,新物种相继产生,地球始终处在生物大灭绝与生物大幅射交替进行的过程中,最终演化、发展而形成今天地球繁荣的生态系统和丰富的生物资源分布特征[8]。科学家们常常用特有物种密度来反映一个地区的物种多样性。特有物种是指那些只存在某一个国家或地区的独特的物种,如澳大利亚的袋鼠和鸭嘴兽等。不同类别物种(如哺乳动物、鸟类、两栖动物、水生生物等)随着地区或国家不同,呈现出不同的特有物种密度。大部分国家或地区都有自己的特有物种,但是生物多样性密度在世界不同地区却表现出巨大的差异。总体来看,目前地球上的生物资源分布呈现明显的规律性,以热带和亚热带地区物种数量最多,向两极逐渐减少。不论是大型哺乳动物还是鸟类、两栖类或是鱼类,赤道附近都呈现出一条明显的生物多样性丰富的国家带。据估计,热带雨林生态系统包含着地球上将近一半的物种种类。遗憾的是,热带雨林也是目前全球生物多样性受到威胁最严重的地区,因为这里是全球 95% 的森林砍伐的地方以及大多数哺乳动物、鸟类、两栖动物和爬行动物遭到猎杀和偷猎的地方。

尽管物种灭绝是地球进化历史中必然的一部分,地球上曾经产生的 40 亿种物种中有将近 99% 的物种都已经灭绝。自然条件下,地球上的生命一直在以一定比例和频率在消失,大概是每一百万年有 10% 的物种消失,每一千万年有 30% 的物种灭绝,每一亿年则会失去 65% 的物种。然而在人类出现的几百万年里,人类经历了原始社会、农耕时代、封建社会和现代文明,从最初的直接获取自然资源,到种植作物、驯化野生动物,再到后来的生物资源储存、加工,以及到现代社会结合生物技术的生物资源的改造和合成。在人类利用生物资源的相当长的一段时间里,人类与自然和谐相处,处于动态平衡之中。然而,自 20 世纪以来,由于全球人口的增加和现代工业革命对生态环境的破坏以及对自然资源的不当开发利用,生物多样性面临着大规模灭绝的危机。一项最新的研究表明,自 1500 年以来,估计有 900 种物种遭到灭绝,其中包括 159 种鸟类、85 种哺乳动物、80 种鱼类以及 299 种软体动物等(图 5.2)。然而这种预估其实是远远小于实际数据的,因为在过去的 500 余年间,我们并没有完全认识世界上所有的物种,即使是现在,人类了解的物

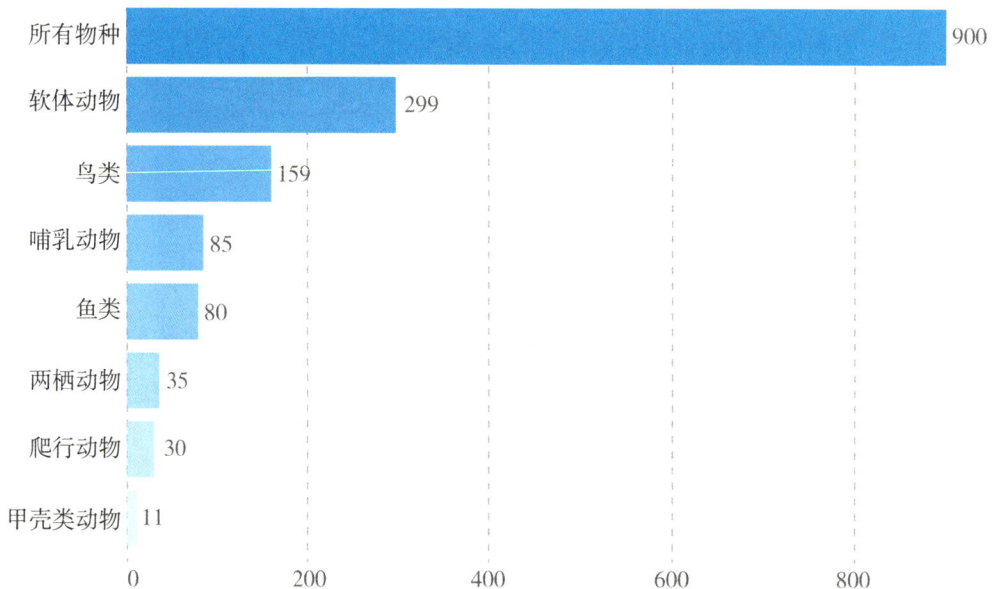

图 5.2　1500 年以来地球上灭绝的已知物种数

种数也不到总物种数的十分之一。因此,很多物种在没有被人类了解之前就已经从地球上消失了。

为了进一步研究生物多样性现状及了解现存物种的濒危状况,生物学家每年都会对全球的很多物种的濒危现状进行评估,并且逐步扩大评估的物种范围。濒临灭绝的物种分为三个等级类别:①极度濒危物种,是指 10 年内或者 3 代以内灭绝的概率大于 50% 的物种;②濒危物种(endangered species),是指在 20 年内或者 5 代以内灭绝的可能性大于 20% 的物种;③易危物种,是指 100 年内灭绝的可能性大于 10% 的物种。由于目前人类了解的物种多为大型高等动物,因此超过 80% 的大型高等动物(如哺乳动物、鸟类、两栖类等)的灭绝风险等级都已经被评估,而对于很多物种数高达数百万种的低等动物(如真菌、昆虫等)来说,只有不到 1% 的已知物种被用来评估它们的濒危现状。目前,总共只有不到 7%(40000 多种)的已知物种的濒危现状被评估。因此对于低等动物的濒危物种数及比例的预估是无法反映其类群濒危真实现状的。为了更为直观地了解目前地球濒危物种的现状,《世界自然保护联盟濒危物种红色名录》统计了为人类描述较多的高等动物类群(超过 80% 的物种数被用来评估其灭绝风险)的濒危物种数比例(如图 5.3)。可以看出,有 26% 的哺乳动物种类、13% 的鸟类物种以及 41% 的两栖类动物都面临着灭绝的风险。而在一些更小众的分类群中,如鲨等,大多数物种都濒临灭绝。

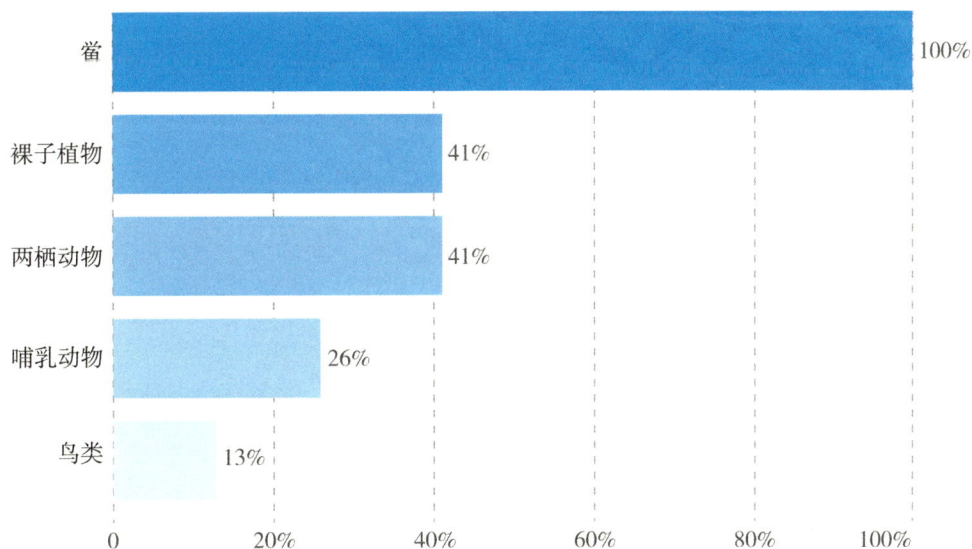

图 5.3　濒临灭绝物种的比例

而在另一项调查研究中,生态学家引入了"地球生命指数"(living planet index,LPI)的概念,即全球某物种种群内个体数目的平均变化,作为衡量全球野生动物种群演变的指标。在这项研究中,生态学家统计了从 1970 年到 2016 年间全球不同地区 4392 种脊椎动物(包括哺乳动物、鸟类、鱼类、爬行动物、两栖动物)的 20811 个种群个体数目的变化情况(图 5.4)。结果表明,自 1970 年以来,全球平均 LPI 降低了 68%,尽管这并不能说明过去 30 年中有将近 68% 的生物从地球上消失,但是足以反映出当前地球上大部分物种所面临威胁的严峻形势。此外,不同地区的 LPI 变化也呈现出明显不同的特点,其中拉丁美洲和加勒比地区的 LPI 降低 94%,非洲地区降低 65%,亚洲 – 太平洋地区降低 45%,北美降低 33%,欧洲和中亚地区仅仅降低 24%。发展中国家较多的亚洲、非洲和拉丁美洲相较于欧美地区呈现出更快的降低趋势,主要是由于发展中国家技术较为落后,生产发展对环境资源产生的破坏较为严重,尤其是近几十年来大规模的农业毁林开垦及农业耕地的迅速扩张,从而导致生物种群的大量灭亡。而欧洲和中亚地区之所以呈现较低的 LPI,则得益于近年来欧洲国家采取的对生态系统的保护措施,包括退耕还林、植树造林、恢复野生生态系统等;另一方面则可能是由于历史原因,欧洲国家早在 17 – 18 世纪就经历了毁林开荒和农业扩张。然而,值得欣慰的是,近些年来随着人类渐渐意识到生态环境以及物种多样性的重要性,各地区的 LPI 自 2010 以后都呈现出较为平缓的降低趋势,甚至某些地区出现了增长。因此,这项研究反映了人类活动尤其是破坏草原、森林和湿地,以及狩猎或偷猎某些珍贵物种是造成 LPI 下降的主要原因,同时也强调了人类采取措施保护这些自然资源的重要性。

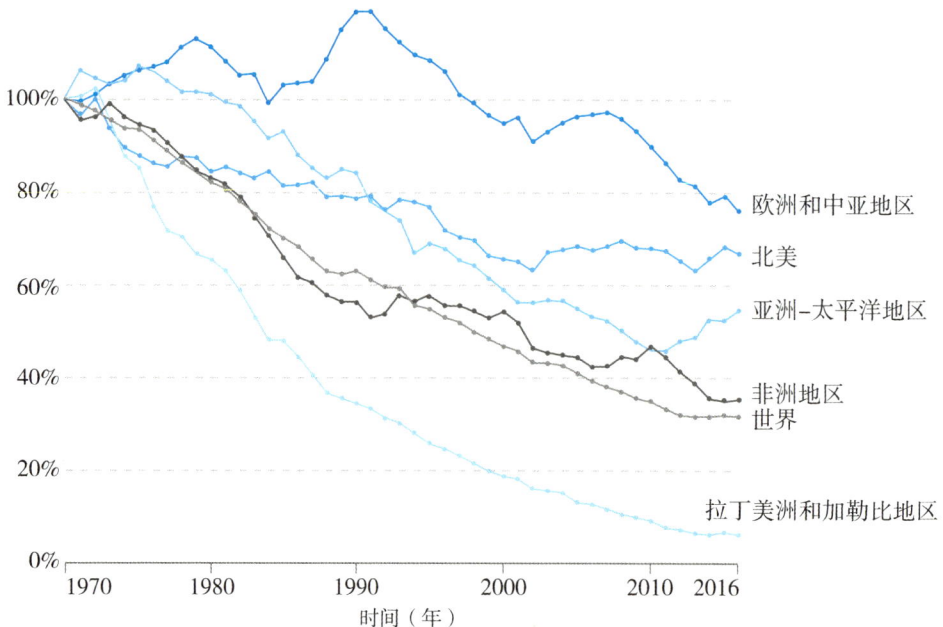

图 5.4　全球不同地区"地球生命指数"的变化

正如这些数据所示,目前地球生物资源正面临着严峻的威胁,由于过去几百年间仪器设备条件限制以及我们对生物物种的了解有限,因此我们对生物物种灭绝速率的评估大大低于其真实的灭绝速度。因此,生态学家结合之前统计数据以及综合各种因素推断人类在过去 500 年间大概失去了将近 1% 的物种。如果再考虑到目前面临濒危物种的比例,那么地球当前的平均物种灭绝速度将会大大提高。即使是以每 500 年失去 1% 的速度来计算的话,我们也仅仅只需要 37500 年就会失去地球上 75% 的物种,也就是我们说的第六次生物大灭绝。而这将会远远大于过去每几百万年才会发生一次的生物大灭绝速度。而前五次的生物大灭绝都是由一连串的不可抗因素(如火山活动、海洋酸化、气候剧变等)造成的,是地球进化史的一部分。而这一次主要是由于人类为了满足自己无尽的物质欲望造成的环境破坏以及生态系统失衡导致的,但是目前我们还是有机会阻止第六次生物大灭绝的到来的。所以,保护生态环境以及生物多样性将是当前人类亟须思考和解决的问题,以及未来几百年都应该放在首位的时代主题。

5.4.2　世界生物资源濒危的原因

20 世纪以来,由于全球人口的增加以及气候的改变,生物多样性面临着巨大的灭绝危机,全球许多物种都在短期内快速灭绝或者濒临灭绝,其范围涉及全球所有生物类群。引起全球性生物资源丧失或减少的原因是错综复杂的,但是人类的活动是主要因素。

5.4.2.1　生物栖息地的丧失和片段化

生物栖息地的丧失和片段化是生物濒危和灭绝的最主要原因。随着工业化进程的迅速发展以及城市化的不断扩大,森林资源遭到乱砍滥伐、盲目开荒、围湖造田、过度放牧、大兴水利工程设施等,使得很多野生生物的栖息地急剧减少,并使得一些生物种群的生态环境片段化,严重破坏了生物物种生存和生态过程的能力。大约 10000 年前,地球上约 40% 的地区都是人类未知的区域,如原始森林、草原和沙漠等。8000 年前,人类开始了最原始的畜牧业;6000 年前开启了农业种植;直到 1000 年以前,人类获取食物、作物种植、城市发展、村庄形成等所有的活动范围,仅仅只有地球 1% 的面积。在此之后,人类农业发展和定居范围在全球范围内(包括欧洲地中海沿岸、中东地区、非洲和东亚等地区)迅速扩张开来。900 年时,人类已经占领地球 5% 的面积;1700 年时,达到 10%;1880 年时,达到 25%;而目前人类的活动范围已经高达地球 50% 的地区。随之而来的结果是,在过去的 10000 年里,我们失去了地球上三分之一的森林面积。据联合国粮农组织 2001 年关于世界森林的报告指出,当前全球林业面积为 39 亿 hm^2,由于人类的乱砍滥伐,现在正在以每年 0.4% 的速度锐减,而被称为“地球之肺”的热带雨林的减少速度是这一速度的两倍。过去 10 年间,全球热带雨林面积每年损失 1520 万 hm^2,其中 1420 万 hm^2 是毁于人类乱砍滥伐。非洲的森林覆盖率从 20 世纪初的 60% 减少到现在的 10%;南美洲热带雨林的三分之二已经消失,其中世界上最大的亚马逊雨林的一半以上已经被砍伐殆尽;东南亚热带雨林也正在以惊人的速度消失在人类的视野里。我国除了一些专门的自然保护区外,原始森林和比较完好的森林已经所剩无几。1940 年以来,海南岛 70% 的森林已经消失,天然原始林由 46% 下降到目前的 2% 左右;而云南西双版纳的热带雨林由 55% 下降到 20%。

5.4.2.2 过度采伐、开垦和掠取

许多人认为当今地球的环境问题(如自然和生态系统遭到破坏)是由近代以来全球人口剧增和日益增长的物质需求导致的,然而这只是其中的一部分原因。人类其实很早就开始开垦森林,建立居住地。如图 5.5 所示,生态学家估计,大约 10000 年前,地球总共有 149 亿公顷的陆地,其中只有 71% 的面积是被森林、草地、灌木等植被覆盖的,也是适合人类居住的;其他 29% 的地区都是沙漠、盐碱地等不适合人类居住的地方。在之后的很长一段时间内,由于全球的人口并不多并且增长缓慢,到 5000 年以前时,全球人口不足 5000 万,因此尽管人均耕地面积比今天还要大,但是对全球的森林资源的威胁相当小。而到 1700 年时,全球人口增长了 10 倍多,高达 6 亿,人类对农业耕地以及畜牧养殖面积的需求暴发式增长。并且在这一时期,人类不仅向森林资源扩张,同时向原始草原和灌木林扩张,尽管如此,也只有 10% 的森林资源被人类占用。而到了 20 世纪初的时候,全球森林面积的减少达到了 10000 年以来森林资源减少总量的一半。到 2018 年时,短短的一个世纪里,地球损失了森林资源减少总量的另外一半。

10000年前,149亿公顷中,71%地球表面被森林、草地和灌木覆盖,29%为沙漠、冰川、岩石或其他荒漠

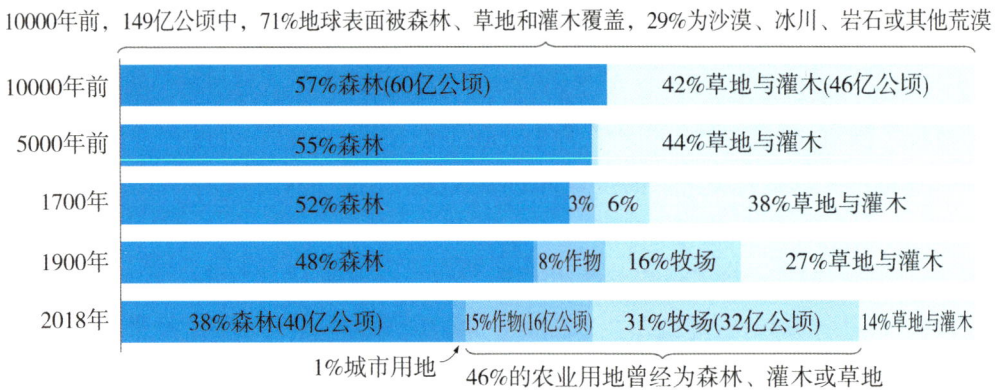

10000年前	57%森林(60亿公顷)	42%草地与灌木(46亿公顷)
5000年前	55%森林	44%草地与灌木
1700年	52%森林 3% 6%	38%草地与灌木
1900年	48%森林 8%作物 16%牧场	27%草地与灌木
2018年	38%森林(40亿公顷) 15%作物(16亿公顷) 31%牧场(32亿公顷)	14%草地与灌木

1%城市用地   46%的农业用地曾经为森林、灌木或草地

图 5.5　人类农业用地侵占地球森林、草地与灌木资源情况

5.4.2.3 环境污染

污染物及有害气体的排放,使水域、土壤和大气被污染,产生温室效应、酸雨、水体营养化和臭氧层破坏,已对生物和人类生存造成了极大影响。尤其是工业革命以来,科学技术快速发展,此时也是地球环境污染和破坏最严重的时期,最为著名的世界十大环境

污染事件就是人类最惨痛的教训。

由于人口的增加和人类生产活动的规模越来越大,向大气释放的二氧化碳(CO_2)、甲烷(CH_4)、一氧化二氮(N_2O)、氯氟碳化合物(CFC)、四氯化碳(CCl_4)、一氧化碳(CO)等温室气体不断增加,导致大气的组成发生变化。大气质量受到影响,气候有逐渐变暖的趋势。全球气候变暖,将会对全球产生各种不同的影响,较高的温度可使极地冰川融化,海平面每 10 年将升高 6cm,因而将使一些海岸地区被淹没。全球变暖也可能影响到降雨和大气环流的变化,使气候反常,易造成旱涝灾害,这些都可能导致生态系统发生变化和破坏,全球气候变化将对人类生活产生一系列重大影响。

在离地球表面 10～50km 的大气平流层中集中了地球上 90% 的臭氧气体,在离地面 25km 处臭氧浓度最大,形成了厚度约为 3mm 的臭氧集中层,称为臭氧层。它能吸收太阳的紫外线,以保护地球上的生命免遭过量紫外线的伤害,并将能量贮存在上层大气,起到调节气候的作用。但臭氧层是一个很脆弱的大气层,如果进入一些破坏臭氧的气体,它们就会和臭氧发生化学作用,臭氧层就会遭到破坏。臭氧层被破坏,将使地面受到紫外线辐射的强度增加,给地球上的生命带来很大的危害。研究表明,紫外线辐射能破坏生物蛋白质和基因物质脱氧核糖核酸,造成细胞死亡;使人类皮肤癌发病率升高;伤害眼睛,导致白内障而使眼睛失明;抑制植物(如大豆、瓜类、蔬菜等)的生长,并穿透 10m 深的水层,杀死浮游生物和微生物,从而危及水中生物的食物链和自由氧的来源,影响生态平衡和水体的自净能力。

酸雨是指大气降水中酸碱度(pH 值)低于 5.6 的雨、雪或其他形式的降水。这是大气污染的一种表现。酸雨对人类环境的影响是多方面的。酸雨降落到河流、湖泊中,会妨碍水中鱼、虾的成长,以致鱼、虾减少或绝迹;酸雨还可导致土壤酸化,破坏土壤的营养,使土壤贫瘠化,危害植物的生长,造成作物减产,危害森林的生长。此外,酸雨还腐蚀建筑材料,有关资料表明,近十几年来,酸雨地区的一些古迹特别是石刻、石雕或铜塑像的损坏超过以往百年以上,甚至千年以上。目前世界已有三大酸雨区。

全球陆地面积占 60%,其中沙漠和沙漠化面积占 29%,每年有 600 万公顷的土地变成沙漠,每年经济损失 423 亿美元。全球共有干旱、半干旱土地 50 亿公顷,其中 33 亿遭到荒漠化威胁,致使每年有 600 万公顷的农田、900 万公顷的牧区失去生产力。人类文明的摇篮底格里斯河、幼发拉底河流域已由沃土变成荒漠,我国黄河流域的水土流失亦十分严重。

大气污染的主要因子为悬浮颗粒物、一氧化碳、臭氧、二氧化碳、氮氧化物、铅等。大气污染导致每年有 30 万～70 万人因烟尘污染提前死亡,2500 万的儿童患慢性喉炎。全球 60% 以上的地区都处于中等以上大气污染的环境中,而这些地区则居住着全球 90% 以上的人口。

全世界每年约有 4200 多亿 m³ 的污水排入江河湖海,污染了 5.5 万亿 m³ 的淡水,这相当于全球径流总量的 14% 以上。第四届世界水论坛提供的联合国水资源世界评估报告显示,全世界每天约有数百万吨垃圾倒进河流、湖泊和小溪,每升废水会污染 8L 淡水;所有流经亚洲城市的河流均被污染;美国 40% 的水资源流域被加工食品废料、金属、肥料和杀虫剂污染;欧洲 55 条河流中仅有 5 条水质勉强能用。此外,人类活动使近海区的氮和磷增加 50%~200%;过量营养物导致沿海藻类大量生长;波罗的海、北海、黑海、东中国海(东海)等出现赤潮。海洋污染导致赤潮频繁发生,破坏了红树林、珊瑚礁、海草,使近海鱼、虾锐减,渔业损失惨重。

5.4.2.4 生产的集约化和商品化

生产的集约化和商品化使栽培品种单一化,一些具有特色的地方原始品种丧失,物种种类数量大大减少,农业上栽培品种的高度一致性降低了遗传基础,从而降低病、虫等自然灾害的抵御能力。

5.4.2.5 外来物种的入侵

人类的活动引入了外来物种,往往会引起原有物种的灭绝,还会导致生境的丧失,尤其是岛屿国家,这一问题尤为严重。

5.5 世界生物资源的保护与管理

目前,世界各国高度重视生物资源的保护,尤其是 1992 年以后,各国为履行《生物多样性公约》条款义务,在生物多样性保护上采取了一系列策略、计划和措施。

5.5.1 建立完整的生物资源保护管理体系

美国建有国家植物种质资源体系(national plant germplasm system,NPGS),其包括了美国联邦和州政府有关组织和研究机构,以及私人的组织和研究机构参与。美国农业部农业研究服务署(United States Department of Agriculture – Agricultural Research Service,USDA – ARS)负责系统运作协调,政府组织和研究机构负责资源收集、评价鉴定、编目、分发和保存。印度也于 1976 年建立了国家植物种质资源局(NBPGR),其下有 30 个协作单位组成印度植物种质资源体系。中国一直由国家农业、林业、医药等部门及中国科学院的动、植物研究单位分别负责动物、植物和微生物遗传资源的收集、保存和评价利用,目前均已形成非原生境种质库、圃、园保存和原生境自然保护区、保护点的保护体系。

5.5.2 重视生物资源收集和保存

一些国家生物资源贫乏,本国的资源主要通过各种途径从国外引进,如美国植物遗传资源的 90%、俄罗斯的 60%、日本的 85% 是从国外收集引进的。1897—1970 年的 73 年间,美国共派出国外资源考察队 150 次,1970 年后仍继续重视从国外引进生物遗传资源,从而使一个生物资源贫乏的国家成为世界生物资源大国;俄罗斯从瓦维洛夫开始就非常重视从世界各地搜集植物遗传资源;日本 20 世纪 50 年代以来一直重视对世界植物遗传资源的收集;印度 20 世纪末对本国农业区、生态区进行了 517 次考察收集,并积极到国外及世界各地收集植物遗传资源,使生物资源总量迅速增加。

据统计,截止 1996 年,仅植物遗传资源全世界已建成了 1300 余座种质库,共保存 6100 余万份遗传资源(含部分重复)。英国、匈牙利、捷克、中国等均已建立活鱼基因库保护重要鱼种资源。中国等国家建立了重要的野生动物和畜禽胚胎库、细胞库,以及微生物保藏中心。对野生动、植物的保护主要以设立自然保护区、保护点(站)进行原生境保护为主。目前各个国家都设有面积不等的自然保护区。

5.5.3　一些国家对生物资源保护给予了较充足的经费支持

据 1998 年资料显示,美国每年用于植物遗传资源的经费约 2650 万美元,参与植物遗传资源研究和管理的人员年均经费在 3 万美元以上,仅国家植物遗传资源库每年耗资 250 万美元,全部由政府拨款。日本每年用于植物遗传资源的经费为 350 万美元,其中日本国家种质库每年耗资 142 万美元,全部由日本政府提供预算拨款。印度每年用于植物遗传资源的经费为 255 万美元,其中印度国家种质库每年耗资 110 万美元,全部由印度农业研究委员会拨款。中国 2008 年用于植物遗传资源的经费约 300 万美元,其中国家作物种质库(包括长期库、复份库和中期库)耗资 60 万美元,全部由国家通过项目拨款支持。

5.5.4　建立相关政策法规逐步规范生物资源工作

在法规制定上,发达国家更重视生物资源的搜集、保存和利用,而发展中国家更重视本国生物资源的保护。在植物遗传资源保护和利用方面,如美国的《国家遗传资源保护法》《国外遗传资源搜集指导依据》《植物专利法》《植物品种保护法》,日本的《植物遗传资源分发指南》《种苗法》《基因资源管理规章》,英国的《植物品种和种子法》,挪威的《植物品种法》,澳大利亚的《联邦环境保护与生物多样性保护法》《植物新品种保护法》,加拿大的《植物种质系统获取政策》《植物保护法》,印度的《生物多样性条例》,巴西的《遗传资源获取法》等。在动物遗传资源方面,如日本的《爱护动物管理法》(1973 年),英国的《动物保护法》(1911 年),比利时的《动物保护法》(1960 年),韩国的《动物保护法》(1991 年)等。此外,目前国际上已有近百个与动物遗传资源保护相关的国际条约和公约。

5.5.5　战略生物资源数字化建设

新技术带来的数据激增以及数据管理要求的提高,推动着生命科学向大数据驱动发现的维度发展。21 世纪初,人类基因组计划的完成标志着生命科学已经进入大数据时代,一种新的生命科学研究范式出现。大数据革命将改变我们的生活和商业模式。

科学数据是科技创新和社会经济发展的重要基础。大数据的应用将成为未来竞争的基础。标本馆的收藏及其保存的数据不仅对于传统的分类学和系统学研究很有价值,而且对于生态学、生物工程、食品安全以及科学收藏的人类社会和文化元素也很有价值。植物学数据可用作开发统计模型的训练数据,以预测变化对生物体的影响。这些模型可用作保护和政策工具,以减轻全球环境变化对生物多样性和粮食安全的影响。基于原始生物多样性数据建立的物种分布模型也可用于更好地发现和预测生物入侵。整合新生物和古生物多样性数据,与在资源中发现的基于文献的发生数据相联系,可以帮助回答当今全球变化研究的深层问题。科学数据作为国家科技创新发展和经济社会发展的重要基础性战略资源,已经成为全社会的高度共识。与生物资源本身一样,生物资源信息数据也已成为国家重要战略资源,成为国际科技与产业竞争热点和战略制高点。大数据基础设施提供大规模数据收集、存储以及处理和分析的能力,是国家核心竞争力的重要组成部分。

因此,建设一个集中的国家级战略生物资源大数据基础设施成为当务之急。这种基础设施应实现卓越的安全数据存储能力、标准化数据处理和质量控制、跨多种类型的系统数据集成,以及深入的数据挖掘和有效的数据共享。利用这种基础设施作为发射台,我们将能够不断提高国家安全数据存储、信息共享、技术创新、标准化系统改进、知识产权增值和生物数据高效利用的能力。

在过去几十年中,发达国家创建、存储和连接生物多样性数据库的举措激增。例如,英国国家生物多样性网络门户是一个收集、分类、分析和传播英国生物多样性数据的组织。欧洲建立了生物多样性数据中心,爱尔兰和比利时也倡导了目的类似的国家计划。长期监测项目,如美国的长期生态研究网络项目(LTER)、美国国家科学基金会(NSF)出资 4 亿美元建立的国家生态观测网(NEON)及澳大利亚的陆地生态系统研究网络(TERN)等,正在提供长期标准化的生态和生物数据集的开放访问。更雄心勃勃的国际基础设施寻求将各国和各大洲的数据库连接起来。全球生物多样性信息设施(GBIF)是一个跨国、开放的数据基础设施,用于汇集当地和不同来源的生物多样性信息,目前已包括 10 亿多条物种分布信息。该设施"允许任何地方的任何人通过互联网访问跨越国界共享的关于地球上所有类型生命的数据"。同样,由美国 NSF 资助的生态信息技术平台DataONE(地球数据观测网络)备受瞩目;该项目的目标是广泛收集、存储地球和环境有关数据,在普及应用基础上,创造新的知识。

馆藏数字化已成为世界自然历史馆藏的关键活动之一。通过 NSF 资助推进的生物多样性数字化(ADBC)项目,美国的保藏物数字化得到了加强。到 2020 年,美国博物馆中数字化的标本总数已超过 1 亿件。

近年来,生物多样性信息学快速发展,全球和区域水平的生物多样性数据库不断建立和完善。若干国家水平的数据库,如澳大利亚生物多样性信息系统(ALA)已有超过 4606 万条记录、美国标本数字化平台(iDigBio)有超过 9500 万条的数字化标本共享。全球生物信息的主要数据由美国国家生物技术信息中心(NCBI)和欧洲生物信息研究所(EMBL–EBI)等建立的数据库控制。

2014 年启动的世界植物在线(WFO)项目扩大了数字化工作和虚拟植物标本馆的范围。WFO 是根据《全球植物保护战略》2020 年的主要目标开发的一个与世界其他 30 个机构合作的项目,旨在制作并呈现世界在线植物区系。这些数据通过虚拟植物标本馆呈现,并提供给 WFO 门户网站;所有参与机构将向该网站提供其拥有的数字化植物描述。

2015 年,中国作为代表提出了亚洲植物多样性数字化计划(Mapping Asia Plants,MAP)。MAP 旨在建立亚洲植物学信息的大数据在线平台,为亚洲植物多样性保护与研究提供综合性基础信息和跨学科数据挖掘环境。与 MAP 类似的项目为数不多,全球尺度上有 MOL(Map of Life)。MOL 旨在搜集和整合全球物种分布及其动态变化的数据和知识,为生物多样性教育、保护、研究和科学决策服务。其理念是把生物多样性画在图上。在区域尺度上,植物学信息与生态网络(Botanical Information and Ecology Network,BIEN)提供了很好的参考案例。

5.6　我国生物资源保藏与利用的发展现状

5.6.1　我国生物资源的保护政策与现状

我国是世界上物种最丰富的国家之一,为了评估与保护战略生物资源,我国出台了多项政策。2007 年,环境保护部发布了《全国生物物种资源保护与利用规划纲要》,编制了 2011—2030 年的《中国生物多样性保护战略与行动计划》,印发了《加强生物遗传资源管理国家工作方案(2014—2020 年)》,确定了生物资源保护的一系列国家方案。2008 年,国家林业局、国家环境保护总局、中国科学院联合对外发布《中国植物保护战略》。2016 年,国家发展和改革委员会发布《"十三五"生物产业发展规划》,提出建设生物资源样本库、生物信息数据库和生物资源信息一体化体系。2017 年,科学技术部印发《"十三五"生物技术创新专项规划》,确定我国战略性生物资源发展目标和发展举措。

经过多年的发展,我国生物资源保藏水平持续提高。科技基础条件资源调查数据显示,截至 2016 年底,我国已建成了 316 家植物保藏机构、96 家动物保藏机构、90 家微生物保藏机构以及国家级人类遗传资源数据中心,建成了作物、林木、微生物菌种、人类遗传、家养动物、水生生物等 8 个生物种质资源领域共享服务平台。基于这些平台,我国现已保存农作物种质资源 2700 余种、林木种质资源 2300 余种、野生植物种质资源 9500 余种、活体畜禽动物 700 余种、水产动物种质资源近 1800 种、微生物菌种近 21 万株。

5.6.2 中国科学院战略生物资源计划

作为国家战略科技力量的重要组成,中国科学院十分重视对生物资源的保存和利用。在财政部等国家相关部委的大力支持下,面对经济社会快速发展的新需求,中国科学院在"十一五"期间启动了战略生物资源计划[9]。该计划以服务社会发展和支撑科学研究的基本职能为出发点,在坚持长期收集保藏的基础上,面向国家重大需求和国民经济主战场,整合植物园、标本馆、实验动物平台、生物遗传资源库以及中国科学院生物多样性科学委员会的相关资源,构建了集成植物、动物、微生物、细胞库等为一体的战略生物资源平台,大力提升我国战略生物资源收集、保藏、评价、转化与可持续利用的综合能力,支撑和服务于生物产业发展,为我国经济社会的可持续发展提供强有力的科技支撑。中国科学院战略生物资源平台由 5 个平台组成。

(1)植物园平台:包括 15 个院属及共建植物园,收集、保藏了 21000 余种植物物种,约占全国植物物种的 60%、活体保存物种的 90%;迁地保护了 445 种极危植物、787 种濒危植物和 1130 种易危植物,数十种濒危植物已开始进行野外回归试验。通过开展"本土物种全覆盖保护计划"(Ⅰ期),我国对 15 个代表性区域(约占国土面积的 37.4%)开展了本土植物的评估、清查与保护等工作,为我国本土植物的清查与保护提供了重要数据支撑。

(2)标本馆平台:由 19 个院属标本馆(博物馆)组成,是亚洲最大的生物标本馆体系,馆藏标本 2038.5 万号,占全国统计标本总量的 60% 以上,数字化标本 971.6 万号,定名标本 1146.1 万号。其中,昆明植物标本馆建设了国内首个第三代数字植物标本馆系统——Kingdonia,其极大地提高了标本馆的标本数字化效率和标本管理水平,实现了高度自动化的植物标本数字化管理。中国科学院植物研究所标本馆研发的"花伴侣"专业版手机应用软件,可识别 1.5 万种植物,涵盖中国植物的大部分科、属,是标本馆收藏以及公众科普的重要工具。

(3)生物遗传资源库平台:包括 12 个院属单位,目前保存生物遗传资源 29900 余种、697379 份。其中,国家重大科学工程"中国西南野生生物种质资源库"保藏 21666 种、150803 份种质资源。该平台拥有亚洲最大的微生物资源库——中国普通微生物菌种保藏管理中心,保藏微生物 64830 株,占全国微生物保藏量的 50%,物种覆盖度达 80%。

(4)实验动物平台:由 19 家院属单位组成,拥有 10 余个实验动物物种、1846 份品系,支撑了一系列重要的动物模型和相关重大科技成果的产出,有力推动了中国实验动物模型特别是大动物模型整体的研发能力。该平台在新型实验动物模型的构建和野生动物的实验动物化方面做出了重要贡献,涌现出一批具有国际影响力的重大科研成果,如成功培育出体细胞克隆猴、世界首例亨廷顿舞蹈病基因敲入猪模型、世界上首例长寿基因敲除的食蟹猴模型等。

（5）生物多样性监测及研究网络平台：包括10个专项监测网和1个综合监测管理中心，从基因、物种、种群、群落、生态系统和景观等水平上，对动物多样性、植物多样性和微生物多样性进行多层次的全面监测与系统研究，以跟踪分析全国典型区域重要生物类群的中长期变化态势。监测结果为中国大鲵等野生动物的保护，以及为三峡工程等国家重大工程提供了重要参考。

以战略生物资源计划的五大平台信息化数据为基础，中国科学院建立了战略生物资源综合信息平台，提供包括保存、研究和功能评价在内的全方位的信息支撑，建立完备的数据交换与数据共享机制，打造我国战略生物资源数据集成和数据服务平台。通过系统集成，实现优势互补、资源共享，共同拓展发展空间。中国科学院战略生物资源计划为提升我国生物资源保藏、保护以及挖掘、利用起到了重要的推动作用，为服务国家生物多样性安全和履行国际公约起到重要的支撑作用。

5.6.3 我国生物资源保护面临的严峻挑战

近年来，在国家需求和社会需求的拉动下，我国生物资源领域日益受到关注并得到各方支持，保藏能力与研究水平同步大幅提升。但由于我国对生物资源的收集、保藏起步较晚，我国生物资源保藏和利用仍然面临诸多严峻的挑战。

（1）生物资源储备不足，种类不丰：我国的生物资源虽物种数量多，但资源总量少、"天然"储备量不足的问题突出。我国虽然已针对珍稀濒危植物的保护开展了大量工作，但目前已经实现迁地保护的珍稀濒危植物数量仅仅涵盖了《中国物种红色名录》的1/3左右，这远低于《全球植物保护战略》和《中国植物保护战略》中的既定目标，因此亟待加强对我国资源储备量特别少的珍稀濒危物种的收集、保藏和研究工作。同时，我国对生物资源的收集、保藏工作主要集中于高等植物和大型动物，对微生物、昆虫等的生物资源、特殊物种、特殊生境的认识、收集、保藏和利用不足。此外，对国外重要的战略生物资源收集保存量亦不足。

（2）生物资源开发利用不够：我国在开发利用生物资源方面集中于主要的经济作物和动物品种，对野生动、植物资源的评价和挖掘重视不够。近年来，由于环境问题导致物种灭绝速度加快，物种列入《中国物种红色名录》日益增多。同时，对于具有潜在经济价值的物种和基因的研究尚在起步阶段，未形成特种资源的专库，缺乏与欧美国家类似的系统基因挖掘计划，重大成果缺乏，亟待进一步加强平台建设及研发投入。

（3）生物资源管理制度不健全：目前，我国各类生物资源库分属不同部门、地方，覆盖众多资源类型，资源库缺乏统一的建设规范与数据标准，资源质量差异大，资源收集、保藏能力和利用、分享水平参差不齐，专业人才匮乏，传统分类及新生物技术支撑不足，基因挖掘技术不强,信息化水平较低。因此,需要通过建立"中国植物园标准""国家标本馆体系"等规范技术体系,进行标准化管理,加强我国资源的保藏能力与利用水平。

生物资源是国家的战略资源,从战略层面加强生物多样性保护,既有利于推进生态文明建设,又有利于促进生物资源的合理开发利用。有效保护是合理利用的前提和基础,在生物多样性丰富、典型生态系统分布和生态环境脆弱等区域集中了我国大部分重要生物资源,切实保护好我国特有的、珍稀濒危的、开发价值高的生物物种至关重要。有效保护也是为了更好地合理利用,每一个生物物种都包含着丰富的基因资源,加强开发利用可以为生物多样性和生物资源的保护与利用带来深刻的科技革命。这就需要把推进生物资源及生物多样性保护与发展新兴生物产业结合起来,从战略高度重视生物资源利用,推进在农业、医药、环保等领域的产业化,促进绿色经济发展壮大。

生物资源永续利用和生物多样性保护的有机结合,事关整个地球生态系统的稳定和发展。新形势下,应立足我国国情,借鉴国际经验,坚持优先保护、合理利用、惠益共享的目标和方针,建立健全生物多样性保护体系,科学开发利用生物资源,创新保护和发展模式,形成在发展中保护、在保护中发展的新机制。

世界是一个相互依存的整体,由自然界和人类社会所组成。物质文明有赖于人类对生物多样性保护与生物资源永续利用的不断认知。自然界任何一方的健康存在和兴旺都与其他方面息息相关,人类以群居为主要生存形式,其健康的存在方式不仅仅是人类之间,还包括与自然界其他生物间和谐共处。如果我们无限度攫取地球上的自然资源,造成物种灭绝,人类必将付出降低生活水准和生活质量的惨痛代价。在扩大内需、满足我国不断增长的社会需求之时,理应注重生物多样性的有效保护机制、长效保护策略研究,为重点物种保护工程提供理论基础和关键核心技术支撑;同时加强具有自主知识产权的生物资源永续利用研发、推动新兴生物产业升级,对现代化生态城市建设、构建资源节约型和环境友好型社会都有重要的指导作用。寻求自身发展和自然界和谐相处的可持续发展方式,将是人类发展道路的必然选择。

5.7 动物遗传资源

5.7.1 动物遗传资源的概念和特点

5.7.1.1 动物遗传资源的概念

广义的动物遗传资源是指具有实际或潜在价值的来自动物的任何含有遗传功能单位的材料,主要包括动物基因组、基因及其产物的器官、组织等遗传材料及相关的遗产信息资料。广义的动物遗传资源不仅包括了狭义的动物物种或品种资源,而且还包括了与品种相关的遗传信息资料,从微观层面揭示了动物遗传资源的实质。世界联合国粮农组织(FAO)则将动物遗传资源定义为所栖居在地球上已经改变或尚未改变的环境条件下,动物的繁殖、品种、类型和种群数量[10-11]。

5.7.1.2 动物遗传资源的特点

1. 动物遗传资源的对象具有复合性

传统的自然资源的对象仅指在自然界中具有物理表现形式的物质,而动物遗传资源的对象不仅指具有物理表现形式的动物资源,更强调这些动物材料上所记载的遗传信息以及所体现出来的遗传功能。遗传信息是决定某一物质是否为遗传资源的决定性因素,如果某种动物的生物材料中不含有任何遗传信息,则它可能仅仅是自然资源或一般性的生物资源而不是遗传资源。因此,遗传信息与生物材料本身是可分的两个对象。生物材料中包含的遗传信息才是生物开发者进行获取与惠益分享的对象,也是各国进行管制的主要对象。

2. 动物遗传资源是一种可恢复的耗竭性资源

动物遗传资源能够随着动物物种中基因资源的耗竭和数量的减少而消失,但与传统的自然资源不同的是,它同时具有再生性,即在被利用后能够通过自我繁殖增长和更新得到恢复,所以我国建立了众多的野生动物保护区禁止人们滥捕滥猎,野生动物物种得到了很好的保护,而且一些绝迹的野生动物物种又重现。动物遗传资源固有的优良特性还可以通过扩大群体规模、优化内部结构等措施来恢复。

3. 动物遗传资源的开发利用具有科技性

生物科技水平是决定动物遗传资源开发利用的关键因素。在一国的生物科学技术条件下无法开发的遗传材料,在另一国的科学技术条件下就可能是宝贵的资源。人类对动物遗传资源的开发利用无不是以生物科学技术的快速发展为前提的。遗传物质的低温保存、动物繁殖技术、动物基因组、动物疾病的诊断等技术对动物遗传资源的保护、实现动物遗传资源的可持续利用发挥了决定性的作用。

4. 动物遗传资源具有用途的多重选择性

动物遗传资源具有非常广泛的用途,可以用作食品、药材、工业原料、科学实验材料、观赏物等。随着生物技术的不断发展和人们对动物遗传资源的深入了解与重视,其用途必将进一步扩大。同时由于动物遗传资源本身具有优良的特性和特征,为了充分利用其优势方便生活、发展生产,在不改变原品种特征的基础上,可通过物种选择使其进一步提高。

总之,动物遗传资源是人类生存和发展最基本的物质基础,是经济、社会可持续发展的重要保障。重视保护动物遗传资源,一方面能确保全球粮食安全和推动农业生产,另一方面能维持动物遗传资源多样性,也有助于人们发展新的动物品种来应对未来气候变化、疾病等带来的挑战。因此,我们应站在国家战略的高度,保护我国的动物遗传资源,防止其继续流失。

5.7.2 动物遗传资源的分类

5.7.2.1 野生动物遗传资源

野生动物遗传资源主要包括以下几类。

(1)野生遗传动物资源:生存在天然自由状态下或来源于天然自由状态下的动物资源。

(2)半驯化野生动物资源:已经短期驯养但还没有进化变异,具有经济价值、社会价值和生态价值的野生动物资源。

(3)野生渔业遗传资源:生存在天然自由状态下或来源于天然自由状态下的鱼类、贝类、虾及其他水生动物资源。

5.7.2.2 驯养动物遗传资源

家养动物遗传资源包括家畜、家禽和特种养殖动物及其品种资源与遗传材料,如常见的鸡、鸭、鹅等家禽,猪、牛、羊等家畜,以及驯养的特种动物驯鹿、牦牛、梅花鹿等。

5.7.2.3 渔业生物遗传资源

渔业生物遗传资源包括海洋和淡水养殖的鱼类,养殖的无脊椎动物虾、蟹、贝、藻等物种及其品种资源。

5.7.3 动物遗传资源的价值

动物遗传资源关系到人类的生存和社会发展,是国民经济可持续发展的战略性资源,动物遗传资源的拥有和开发利用程度已成为衡量一个国家综合国力和可持续发展能力的重要指标之一。动物遗传资源是地球生命经过长期发展进化的结果,是人类赖以生存和持续发展的物质基础,为人类提供了食物、能源、医药、娱乐等基本需求,而且随着生物技术的不断发展,动物遗传资源的潜在价值必将进一步被发掘出来,在更多的领域为人类社会发展服务。丰富多样的动物资源与他们生存的地理环境共同构成了人类赖以生存的生物支撑系统,为人类的生存和发展提供了牢固的物质基础[12]。动物遗传资源多样性的存在,使得人类有可能多方面、多层次地持续利用动物资源为人类的生存环境提供保障[13]。简而言之,动物遗传资源具有直接价值和间接价值。

5.7.3.1 直接价值

动物遗传资源的直接价值在其被直接用作食物、药物、能源、工业原料时体现出来,通常可以用货币形式表现。家养动物不仅为当今人类提供了主要的动物性蛋白质,而且在人类社会发展过程中,在狩猎、运输等多方面起过重要的作用。人类猎取、饲养、宰杀动物的主要驱动力是经济效益。世界许多地区食物蛋白质主要来源于牛、羊、猪、鸡、鸭等少数几种畜禽。这些产品有的直接供人类食用，也有的作为动物饲料间接地为人类提供动物蛋白质。我国是世界上畜禽遗传资源最为丰富的国家之一，这些畜禽遗传资源是培育新品种和新品系、保护生物多样性、实现畜牧业可持续发展的重要物质基础，也是满足未来育种需求的重要基因库。在不发达的国家或地区，人们还相当依赖获取野生动物作为食物，如加纳人和扎伊尔人所需蛋白质来源于野生鱼类、昆虫和蜗牛等。除了直接为人类提供食物外，动物还在其他方面为人类生活做出了巨大贡献，如野生动物被用来改良畜禽，每年价值达到数十亿美元。相当多的动物提供了重要的药物，如水蛭素是珍贵的抗凝剂蜂毒，可以治疗关节炎；某些蛇毒制剂能控制高血压。此外，一些动物还是重要的医药研究模型和实验动物，如小鼠、大鼠、恒河猴等。

1. 对国民经济的贡献

无论在世界的哪个地区，畜牧都对食品生产和经济产出有着贡献。在发展中国家，其相关农业产值占总 GDP 相当大的比例，其中以非洲国家占 GDP 的比重最高。而仅就畜牧业在农业中所占的比重来说，随地区不同而变化，但总体而言，发达国家的这一比重比较高。然而，研究畜牧业在农业中所占比重的历史趋势会发现一个很有趣的现象，发达国家的这一比例在过去的 30 年当中总体处于下降的趋势。相反，在大部分发展中地区里（亚洲、拉丁美洲、加勒比地区以及中东地区）畜牧业显得越来越重要，但非洲例外，其在 20 世纪 80 年代达到最高峰后畜牧业的比重已开始缓慢下降。

在世界很多地区，畜禽养殖所提供的产品数量远远大于相关的经济统计数据，而且还在维持众多人口的生计中有着突出贡献。目前对全球或地区层次的畜牧饲养者的数量还没有准确的统计数字。社区、地区或国家层次上的有关数据往往存在，但将这些数据归总为更大层次上的数据时，往往存在一些数据盲点，使得大范围的准确数据难以估计。在非洲和亚洲，大部分人仍然依靠从事农业生产谋生，而他们当中大部分人的生活都或多或少地依赖于畜牧业。农业生产方式以及所养殖的畜禽品种的类型将不可避免地受到耕地资源与劳动力多少的影响，而后者又会受到工业化程度和经济发展水平的影响。

畜牧业除了具有重要的社会经济价值外，对土地资源的充分利用也很重要。因为在全球各地都存在大面积的由于气候因素不能进行种植业生产的地区，而这些地区却可以用来放牧发展养殖业。除了欧洲及高加索地区之外，其他各地的情况都可以很好地说明这一点，因为在这些地区里 50% 的农业用地是永久牧场。

2. 食品生产

从动物性食品生产的总经济价值方面来看，亚洲的动物性食品在当地经济发展中所起的作用最大，这反映了该地区庞大的畜禽量。然而在考虑畜禽对经济以及食品供应的重要性时,应将占有畜禽量水平与当地人口数量和生产力状况相联系。人均肉、奶产量以西南太平洋地区为最多。由于澳大利亚和新西兰两国表现突出,这一地区牛、羊肉和牛奶的生产水平也很高。除了这一地区以外,人均奶产量较高的地区是北美、欧洲及高加索等经济发达地区,而在发展中地区,拉丁美洲及加勒比地区的人均奶产量较高。在亚洲,水牛奶的奶制品有着重要的地位,其在中东地区也较重要。另外,中东地区也拥有最高的人均山羊和绵羊奶产量。骆驼奶更是仅仅限于在中东地区才较为重要。北美是次于西南太平洋地区的主要产肉地区,其猪肉和禽肉的产量居全球第一。拉丁美洲和加勒比地区也是主要的产肉基地,该地区的人均肉品产量高于欧洲及高加索地区,但是其人均占有动物肉产量小于欧洲及高加索地区。北美、欧洲及高加索地区的人均占有蛋产量分别居全球第一、第二,后面依次是亚洲、拉丁美洲及加勒比地区(表5.2)。

表5.2　动物性食品产量　　　　　　　　　　　　　　　　单位:万吨

动物性食品	非洲	亚洲	欧洲及高加索	拉丁美洲及加勒比	中东	北美	西南太平洋
肉总量	13	28	67	69	21	131	203
牛肉和水牛肉	5	4	15	28	5	38	107
羊肉	2	2	2	1	4	0	42
猪肉	1	16	31	11	0	34	18
禽肉	3	6	17	29	9	58	34
骆驼肉	0	0	0	0	1	0	0
其他肉类	2	0	2	0	2	1	2
奶总量	23	49	279	114	75	258	974
牛奶	21	27	271	113	45	258	974
水牛奶	0	20	0	0	14	0	0
山羊奶	1	2	3	1	8	0	0
绵羊奶	1	0	5	0	7	0	0
骆驼奶	0	0	0	0	1	0	0
蛋	2	10	13	10	4	17	8

　　在很多国家,畜禽产品不仅要供给本国人民的生活需要,而且还是主要的出口商品。畜产品贸易正在日益增长,但由于动物健康等问题,也面临一些限制。根据对动物性产品的供需状况,可以把全球各国分为净进口国和净出口国两种。巴西、南美的南方国家和北美、澳大利亚、新西兰、一部分非洲国家、中国、印度以及其他几个亚洲国家连同大部

分欧洲国家都是畜禽肉制品的净出口国家。在奶制品方面,除了澳大利亚、新西兰和阿根廷等国一直为净出口国以外,现在又有哥伦比亚、印度、吉尔吉斯斯坦等国也成为了净出口国。蛋的净出口国几乎遍布全球,亚洲主要有中国、印度、伊朗和马来西亚。亚洲最大的出口蛋制品的国家是南非共和国,除此之外还有埃塞俄比亚、赞比亚、津巴布韦等。拉丁美洲的哥伦比亚、秘鲁和中东地区的埃及也是新生的蛋净出口国。

3. 毛、皮、革等的生产

畜禽动物的毛、皮、革同样是重要的商品(表5.3)。尽管近年来全球绵羊产业的发展趋势开始由羊毛生产转向肉制品生产,但羊毛产业在很多国家依然有着重要的地位。西南太平洋地区是全球最大的羊毛生产基地。此外绵羊养殖量较大的中国、伊朗、英国也是主要的羊毛出产国,但这几个国家的绵羊产业主要以肉、奶产品为主,羊毛产业居次。中国羊毛的需求量一直很大,而且中国是全球最大的毛产品进口国家。在一些国家,如莱索托、乌拉圭等,羊毛产业一直处于绵羊养殖业的主导地位。在乌拉圭,羊毛产业是其主要的就业岗位提供产业,它所提供的就业岗位占手工业就业岗位总数的14%。许多绵羊品种的产毛性能也得到了培育和提高。西班牙的细毛美利奴羊已经遍及全球,而其他国家也有各自的地方细毛羊品种能够生产制品独特的羊毛。

表5.3 全球各地区毛、皮、革的产量

产品	非洲 (万吨)	亚洲 (万吨)	欧洲及 高加索 (万吨)	拉丁美洲 及加勒比 (万吨)	中东 (万吨)	北美 (万吨)	西南 太平洋 (万吨)
生牛皮(鲜)	515.5	2576.7	1377.8	1809.0	119.7	1157.7	304.1
山羊板皮(鲜)	112.2	727.9	30.6	23.2	64.9	0.01	5.4
绵羊板皮(鲜)	0.05	0.03	0.06	0.03	0.01	<0.01	<0.01
生水牛皮(鲜)	—	796.7	0.7	—	23.3	—	—
羊毛(原毛)	137.5	663.7	325.8	151.9	118.6	18.6	726.5
粗山羊毛	0	21.6	2.7	0	0	—	—
细山羊毛	0	56.9	0.3	0	0	—	—
各种动物细毛	5.3	25.0	1.6	3.7	0.1	—	—
马毛	—	—	—	—	0	—	0.1

山羊毛同样是重要的工业原料。克什米尔和安哥拉山羊都是优良的毛山羊品种。粗羊毛是山羊养殖的一种重要副产品。亚洲是出产山羊毛的主要地区,欧洲及高加索地区也有大量山羊毛制品。由于南美生产的骆驼科动物毛的品质独特,除了国内手工业对

这种原料有需求外,近来国际市场对它的需求量大增。安哥拉兔是另外一个重要的产毛家畜品种,中国安哥拉兔毛产量居全球各国之首。骆驼毛是骆驼养殖的一个副产品,但是那些品质较好的毛料,尤其是大夏骆驼的内层绒毛,毛质特别出众,这种绒毛在中国也有相当的产量。牦牛内层绒毛的质量较高,其主要为牧民自用,但也有少量出售。牦牛绒毛已经逐步开始为中国的纺织业所利用。牦牛的外层毛质较粗,但也被开发用来加工各种产品,如捻成绳索等。禽类的羽毛也是重要的副产品,主要用来做床上用品和小的手工艺品。

世界各地几乎都出产牛皮、绵羊皮、山羊皮,但是仅有局部地区出产水牛皮。亚洲是全球生牛皮、山羊板皮产量最大的地区,而欧洲及高加索地区是绵羊板皮的主产区。生皮和板皮为本国制革作坊提供了许多原材料,在很多国家它还是重要的出口产品。皮革也是牧民自制衣物、地毯及其他家用物品的原料。一般来讲,家畜皮革只是畜牧业的副产品,但是对于卡拉库耳大尾绵羊养殖户来说,羔羊毛皮是该种动物主要的有价值产品。该品种主要分布在亚洲,但世界其他地区也有零星分布,如澳大利亚、博茨瓦纳、美国等。其他毛皮质量较好的动物有中国济宁的青山羊,它以其羔羊皮毛独特的颜色和条纹而著名。另外,家畜的角、骨、蹄等也是有用的副产品,可少量用于各种装饰品、工具、家具用品以及制胶工业中。

4. 农业投入、运输和燃料

役用型家畜为欠发达地区的农作物生产做出了巨大的贡献。在亚洲,畜力一直都在起着重要的作用。但是因为受当地土壤性质和锥虫病等因素限制,在撒哈拉以南非洲地区役用型的家畜并不多见。尽管如此,在非洲的其他地区,役用型家畜仍起着极其重要的作用。例如,冈比亚73.4%的农田要靠家畜来耕种;在拉丁美洲及加勒比地区以及中东,对于小农户的生计来说,役用型家畜依然有着重要意义。

在世界很多地区,机械化程度的不断提高对役用型家畜的需求越来越小,这一趋势在亚洲最为明显。在马来西亚,主要的农业生产都已经实现机械化,役用型家畜的作用已经微乎其微。但是这种现象并不普遍,在某些地区,由于汽油价格昂贵,许多农民仍然趋向于使用家畜来耕地,其使用数量甚至还有增长的势头。役用型家畜在许多农业经营过程中都有使用,如在埃塞俄比亚,役用型牛、马和驴的用途包括除杂、犁地、打谷子及播种前后平整土地等。对那些拥有役用型家畜的农户来说,还常常通过出租役用型家畜来获得一定的经济收入。相反,那些没有役用型家畜的农户的土地利用效率往往较低。

除了农田耕作以外,家畜还可用于运送货物。尽管有很多国家使用家畜运送货物和乘客的传统已经逐渐消失,但在世界上一些基础设施比较薄弱或者地形恶劣的地区,家畜仍然被广泛用于运输业。例如,埃塞俄比亚有较大数量的马匹,据统计该国约有75%的农场位于距离主干道1km以上的地方,因此,马匹成为运送农产品到市场的必不可少的交通工具。

用作役用型家畜的畜种种类较多。在冈比亚,马是最主要的役用家畜,有大约36%的耕地需要马来耕种,其他物种分别为牛(33%)、驴(30%)、骡子(1%)。在坦桑尼亚,主要有牛和驴两种役用家畜,分别占畜力的70%和30%。此外,水牛也是比较重要的役用型家畜,尤其在亚洲,更加擅长于湿地耕种。而在非洲、亚洲和中东地区的半干旱地区主要靠骆驼进行犁地、抽水和驮运等。牦牛则是高原地区的役用型家畜。农民有时甚至还使用绵羊和山羊作为役用,如尼泊尔国别报告显示有多个绵羊品种被驯化用于运送货物,如高寒羚羊、Sinhal山羊以及Baruwal绵羊,其中后者可以在其背部驮上多达13kg的物品。中国有几个有名的马品种,如玉塔和Boeta马等擅长在山路崎岖的地方行走。由于骡子的大量繁殖已经导致许多优良的马品种资源丢失,和外来品种马的过度杂交也同样威胁着纯系土著品种的保护。在拉丁美洲及加勒比地区同样有很多的马、驴、骡子和牛被用于农田耕作和农产品驮运。而在欧洲及高加索地区的东部,一些小农户依然在使用马耕地。然而,一些国家的马正在从役用型逐步向肉用型品种转变。

畜禽的粪便可以作为纯天然无公害的农作物肥源,这是畜禽的另一个重要作用。但是由于无机肥的大量使用,世界许多地区的粪肥重要性显著下降。目前在部分地区,为农作物提供肥源的用途已经减退。尽管如此,斯里兰卡国别报告显示,该国利用家畜粪便作为有机肥的势头有所增长,并且还有些畜主开始把有机肥转卖到那些自己没有饲养牲畜的菜农手里。而在非洲的部分地区,由于人口压力和伴随而来的土壤贫瘠等问题的出现,使更加有必要采取相关措施将作物生产和畜牧生产结合起来,其措施之一即是粪肥的大面积使用,尤其是在无机肥料难以购买的情况下更是如此。种养业的另外一个结合方式就是,人们可以在收割庄稼后的耕地上放牧,在放养的过程中,畜牧排泄物成为优良的肥源,而收割后剩下的庄稼茬为畜禽提供了食物。在一些市区外围地带,集约化养殖产生的大量动物粪便促进了市场园艺农业的发展。即使在工业化国家里,如欧洲及高加索地区的部分国家,粪肥依然是一种重要的肥料来源。粪肥作为一个重要的有机肥源,正越来越受到发达国家的重视。

在发展中地区,干粪还经常被用来作为燃料使用,对于那些薪材比较缺乏的地区更是如此。另外,还可以用动物粪便作为原料制沼气。这些排泄物的其他用途包括燃烧后用来驱赶昆虫,以及用作建筑材料等。

5.7.3.2　间接价值

动物资源除了以上这些对人类产生直接的经济价值以外,还具有一定的社会文化功能和环境服务等方面的潜在价值。

1.生态环境价值

动物遗传资源的间接价值主要是维持物种多样性和生态平衡,为人类社会适应自然变化提供了选择的机会和原材料,如为寻找新的养殖动物、提取新的药物提供材料,为畜禽及农作物改良提供遗传物质,为控制和治疗疾病等方面提供更多的机会等。

畜禽养殖业在生态环境和景观管理方面也起到了良好的促进作用。在相对较发达的欧洲及高加索地区,畜禽的这方面功能尤其显著。牧养的牛、羊、马和一些小型的反刍动物对于当地草原、灌丛草地和沼泽草地的维护与再生有着重要作用。斯洛文尼亚国别报告指出,小型的反刍动物对于清除那些生长过度的灌木丛很有效,这些灌木丛在过度生长后很容易引起火灾。无论在世界的哪个地方,当草地植被比较贫瘠或者生长不太稳定时,游牧生产系统则是一个效率高、可持续的生产方式。在农业生产中,家畜的作用之一是减少了农民对除草剂的需求,更为重要的是由于粪肥的使用,土壤中良性微生物体系的繁殖生存状态良好,增加了土壤肥力。在以农林间作的农区里,尤其是在亚洲,畜禽同样可以帮助农户消灭林间的杂草,牛还可以用来帮助人们收获椰子。

从保护那些濒危以及商业价值较小的品种的角度来讲,这些品种在生态环境管理方面所起的良性作用有效地促进了它们的品种保护工作。一方面,保护环境的需求可以与传统畜禽等田园文化与历史元素的保护相结合;另一方面,土著品种都是经过长期进化而来的品种,也更适应当地环境和牧场的粗糙植被。然而,并不是所有时候地方品种都能同时实现上面所提到的两个方面的目的的。最有利于生态环境管理的品种并不一定是土著品种。消费者对畜禽饲养环境的关注,是畜牧生产系统不断变化的主要动力。有机畜牧业的发展将会促进人们更加青睐环境适应性较强的地方品种,尤其是猪和禽改为舍外饲养后,地方品种将更加占优势。

畜禽的另一个特点是它们能够将废弃物(农工业副产品、剩饭剩菜等)变成有用的产品。在这一特点的作用下,这些废弃物将不再需要花费钱或破坏环境的废弃物处理方法,而是服务于动物产品的生产。畜禽作为废弃物转换器的这一功能可以在每家每户进行,还可以对邻里间的厨房垃圾和农作物残渣等加以处理利用,或者进行大规模、有组织地利用食品加工工业中的副产品。当副产品具有双重用途(如生物燃料)时,将这些产品用作动物饲料当然会遇到障碍。比如,超出生存所需水平之外,废弃物的循环使用被各种卫生要求所限制。除此之外,还存在一些其他问题,如运送大体积原料困难、加工花费及某些供应地季节性等。尽管如此,在提高了加工方法,对这些饲料的营养价值有了更好的了解后,畜禽对这些在其他生产过程中产生的副产品的利用将更加有效。

2. 资本储蓄和风险应对

尽管畜禽能为养殖者提供多种消费或出售产品,但是对于很多养殖者来说,畜禽养殖在资本储蓄、生活保障和应对危机方面的作用也非常重要。雇佣劳动和农作物生产是农民的两种主要经济来源,但是这部分收入受各种因素影响而不稳定,如自然灾害、病虫害等问题导致农作物产量下降等,畜禽养殖则提供了另外一种经济收入来源,使农户应对经济收入的变动。其中,地方品种作为资本储蓄的这一功用得到了较好的应用,因为这些品种能更好地适应当地气候环境,减少因疾病和饲料匮乏等原因造成的动物死亡,降低损失。另一方面,养殖业也可以看作是积累财富的一种途径。扩大畜群规模所用的资金通常来源于种植业富裕出来的部分资金,而且畜禽养殖作为储蓄或抵抗经济风险的方法也并不限于农民或农村人口。许多商人等更倾向于将他们的钱以牲畜的形式储存,并雇佣其他人来代他们饲养。

3. 社会文化功能

家畜动物除了其重要的经济价值外,还有非常重要的社会文化功能。而这方面产生的驱动力对于畜禽遗传资源的利用也很重要,并且许多地区与其养殖的地方品种之间存在着密切的联系,因此家畜的社会文化功能促进了世界各地的畜禽遗传资源的培育和保存。在部分地区,畜禽的屠宰或出售更受社会风俗或者信仰等因素的影响,而不是纯粹为了商业目的。畜禽在各个国家、宗教文化中的作用是不同的。例如,几内亚的一个风俗就是在婚丧嫁娶等重大节日时用山羊等小型反刍动物招待客人;在尼日利亚,人们通常用本地特有的一种牛和公羊来庆祝酋长、首领等的任职仪式,而在该国的北部地区,当地的人们一般要用骆驼驮着鼓以及其他象征着王权的标志来庆祝 Sallah 节;在秘鲁的农村地区,牛、马和驴都曾经被用在祭祀等庆典中。

畜禽的副产品在不同国家或地区的风俗文化中同样扮演着重要的角色。山羊、绵羊和牛的皮、毛、角以及禽类的羽毛等在一些宗教和节日庆典等活动中都有着各自不同的用途,也被人们当作礼品互相赠送。在喀麦隆,人们利用几内亚禽类的羽毛制作很多艺术品和祭祀品,以及节日庆典时用的东西。

在许多国家,人们还通过相互交换或赠送畜禽来增进彼此的感情。在刚果,用畜禽作为将要结婚的青年男女双方互赠的聘礼是当地的一种风俗,同时,赠送、交换和继承畜禽也是一个大家庭甚至一个宗族维系其成员之间相互依赖和相互支持等亲密关系的一种方式,从中还能看出一个家庭的经济能力和所处的社会地位。喀麦隆国内的几种家禽品种是其社会纽带维持的重要作用因素,且文化功能是其品种选育的重要的考虑因素。

人们在防治疾病的过程中也经常用到畜禽以及相关产品。在乌干达,部分人相信用羊奶可以治疗麻疹,这些传统仪式和疾病治疗方法也在一定程度上影响着畜种的选育及其遗传资源的多样性。在乌干达,因为传统行医者的原因,黑山羊和白山羊价格尤其要高。在秘鲁,豚鼠尤其黑色豚鼠,经常在传统医治方式中被使用。在越南和中国,一些特殊品种的鸡也经常被用作药材。在斯里兰卡,一些动物产品(如酥油、凝乳、乳清甚至粪便和尿液)也在传统医疗中有被使用。

在一些发达地区,畜禽在社会文化活动中也有着重要的地位。然而,在更多的情况下,乡间风俗和传统手艺都已经失去了其在原有的日常生活中的作用,而仅仅被当作"遗传"下来的产品用来吸引游客。在一些地区,常常急需增加创收的门路以满足当地居民经济发展的需要,传统畜禽品种的这种吸引观光者的潜能开始被广泛关注。一方面,一些农场和田园博物馆里可以保存这些稀有或传统的品种,另一方面它们可以被视为某个人文景观的一部分,并吸引大量的旅客到那里参观旅游。

在众多国家里,畜禽动物所蕴含的文化意义不仅仅限于通过旅游业等来赚取经济利益,它们还被视为该国文化遗产的一部分。在韩国,人们把当地特有的马和鸡定为本国的国家代表物之一。日本也有几种鸡、牛和马一起被列为国宝,并采取了相应的保护措施。在中国,被列为国宝的大熊猫在中国与其他国家外交以及文化交流中发挥着重要的桥梁作用。因此,畜禽遗传资源的保护是与继承国家传统文化的各个方面紧密相连的,如建筑文化、服饰、民谣和烹饪等。此外,很多畜禽品种还被用来进行各种体育和娱乐活动等。如欧洲、高加索及中东地区,马的文化价值很高,当地居民非常热衷于养马和赛马活动。同时,在许多节日、展览、马戏团表演等活动中,马也扮演着重要角色。

5.7.4 动物遗传资源的现状

5.7.4.1 世界动物遗传资源情况

动物遗传资源在不同区域存在较大区别,全球畜禽品种种类繁多(表5.4),其中牛的品种数约13亿,猪的品种数约10亿,鸡的品种数约170亿,山羊的品种数约8亿。我国拥有的脊柱动物品种达到了6347种,占到全世界的14%,也有很多特有物种。已经驯化的物种33个,总计710个品种。其中主要哺乳类动物中,猪的品种100个,牛的品种72个,水牛的品种28个,山羊的品种69个,绵羊的品种71个,牦牛的品种12个,貂的品种8个,麋鹿的品种4个;家禽的品种中,鸡的品种116个,鸭的品种34个,鹅的品种31个,中国山鸡的品种3个,野鸡的品种1个,鸵鸟的品种3个。在有关野生与驯养动物争论中,有关管理部门认为农场中较为常见的狐狸、鹿、貂等均该属于驯化动物。绝大多数动物资源对人类有重要经济价值,可作为食物、饲料等,同时部分动物还具有较高的审美价值。

表5.4 全球畜禽品种数量

年份	哺乳动物		家禽		国家数
	品种数量	占已记录的部分(%)	品种数量	占已记录的部分(%)	
1999	5330	63	1049	77	172
2006	10512	43	3505	39	182
2012	10694	—	3482	—	198
2013	10711	—	3473	—	198

　　畜禽动物资源多样性为人们提供了大量生活资源,对于维持自然界的平衡也起到了重要作用。但据联合国粮农组织统计资料显示,全球8%的畜禽品种已经灭绝,并且还有22%的品种面临灭绝,全球动物遗传资源多样性形势不容乐观。虽然我国动物遗传资源丰富,但遗传资源流失情况同样非常严重。相关统计资料显示,我国生物物种濒危情况逐渐提高,生物物种受威胁比例达到30%左右,有的动物品种已处于濒危状态(如五指山小型猪),也有部分品种已经灭绝(如九斤黄鸡、项城猪),还有很多动物个体数量在不断减少。受到土地开发的影响,很多野生动物受到严重威胁。人口消费巨大需求下忽略了长期利益,对动物遗传资源开发强度很大,保护力度不足。

5.7.4.2　我国动物遗传资源概况

　　我国是世界上国土面积最大的国家之一,生态和地理环境千差万别,从降雨充沛的热带雨林到空气稀薄的高原冻土,从良田千顷的江南米乡到戈壁乱石的广袤荒漠。不同地区由于环境等因素孕育了丰富多彩的生物遗传资源,使得我国是世界上生物多样性最为丰富的国家之一,拥有极为丰富的动物遗传资源。历史上,我国曾与其他国家进行过动物遗传资源的广泛交流。早在多年前,我国广东地区的番禺猪就被英国、美国引入,对丰富当地的畜禽品种做出了重要贡献。同时,我国也积极从国外引进优良畜禽品种,对改良我国低产畜禽品种起到了积极作用,有不少品种参与了许多新品种的培育。

　　我国地域辽阔,纬度跨度大,气候复杂多样,使得我国的野生动物资源非常丰富。据统计,我国有6347种脊椎动物,其中哺乳类581种,鸟类1244种,两栖类284种,爬行类376种,等等。在这些动物中,许多为我国特有或主要分布在我国的,如全世界有雉类276种,我国就有56种,约占20%,其中19种为我国特有,如大熊猫、金丝猴、白唇鹿、羚羊、毛冠鹿等动物也为我国所特有。

　　我国有记录的海洋生物有2万种之多,其中海洋动物有1.2万余种。海洋生物在种类、数量上以无脊椎动物为多,占动物种类总数的80%。无脊椎动物以原生动物、节肢动物和软体动物的数量为最多,三类动物总数占无脊椎动物总数的68%。

　　我国畜禽等家养动物主要有猪、鸡、鸭、鹅、黄牛、水牛、牦牛、独龙牛、绵羊、山羊、马、驴、骆驼、兔、水貂、貉、蜂等20个物种,共计576个品种。此外,我国先后从美国、澳大利亚、土耳其等国家引进马、牛、羊、猪、禽品种120余个,数量达185万头(或只)。利用国外优良种质,已培育了90余个畜禽新品种。这些引进品种对我国农业、畜牧业和医药等领域的发展做出了重要的贡献。

　　由于盲目追求经济发展、大量开垦田地,造成生态环境恶化,适合动物生存的栖息地骤减,致使以前许多常见的野生物种数量大幅减少甚至濒临灭绝。如曾经广泛分布于我国西北却因捕杀导致数量稀少的亚洲野驴、数量极少濒临灭绝的斑鳖,还有已经灭绝的华南虎。而地方家畜的生存情况同样不容乐观,外来品种的引进和无规划杂交导致许多具有优秀表型和遗传资源的地方品种数量减少甚至已经灭绝。家畜遗传资源的流失比想象的更为严重。由于农户对遗传资源保护意识淡薄,加之畜禽品种保护宣传力度小,地方品种经济效益低于外来品种,在短短的数年中就可能导致地方品种资源纯度急剧下降甚至消失。通过相关调查和审核发现,我国畜禽遗传资源主要的 432 个畜品种中有 158 个由于规模减小已很大程度上丧失了原有的育种潜力,其中已有 32 个不可挽救或已绝种,目前我国71% 的猪、44% 的马和驴、34% 的牛、20% 的家禽、15% 的绵羊和山羊种质资源受到不同程度的威胁。

此外,随着国际贸易的不断增加、对外交流的不断扩大、国际旅游业的迅速升温,近年来,外来入侵生物借助多种途径越来越多地流入我国,主要包括有意引入和偶然带入。有意引入是指某些部门或个人为了经济效益、观赏和生物防治等,从国外或外地引入了大量物种。由于管理不善或缺乏相应的风险评估,有的物种变成了入侵物种。偶然带入是指无意间将外来物种从原生地带到遥远的别的地区,人员流动和物资交流可以充当外来物种的引入媒介,相当一部分入侵物种是由这种方式传入的。到目前为止,我国的主要外来动物主要有美国白蛾、美国斑潜蝇、松材线虫、福寿螺、食人鲳等。动物入侵物种已经对我国的生物多样性和生态环境、农业生产、人体健康等多方面造成严重的危害,同时也造成了巨大的经济损失。

虽然我国在动物资源的保护方面采取了有效的措施,取得了一定的成效,但我们同样应该清醒地认识到动物遗传资源保护形势依然严峻。由于我国动物遗传资源保护和管理的力度不够,动物遗传资源流失严重,如北京市场上的北京烤鸭为英国品种"樱桃谷",而"樱桃谷"正是中国传统"北京鸭"在国外杂交的后代。近年来,由于野生动物栖息地遭破坏、掠夺式地开发利用和环境污染等原因,野生动物资源面临的压力不断增大,我国有多种陆生脊椎动物处于濒危状态。1995—2000 年,林业局对 252 个物种的调查结果显示,一些非重点保护物种,尤其是经济利用价值较高的物种资源量呈下降趋势。由于生态环境恶化、品种单一化等因素,畜禽种质资源的状况堪忧。随着新畜禽品种的推广,过去数千年来驯化的许多传统品种被遗弃,大量珍贵的遗传资源也随之损失,如上海的荡脚牛、湖北的枣北大尾羊等已经完全灭绝。

如今国家建立了一定数量的保护区和保种场,但由于我国动物品种数多,保种投资成本大,保种工作仍然困难重重,有些保护区和保种场因为品种数量的限制,迫使其进行近亲交配导致遗传性能退化也屡见不鲜,动物遗传资源的保护形势依旧严峻。

5.7.5 动物遗传资源库

随着近年来生物技术的发展,为了进一步了解动物资源的生态多样性,掌握世界各地各种动物的全面信息,各国及世界公益组织建立了多种动物资源数据库,通过大数据平台的建立和信息资源共享,从而更好地保护动物遗传资源。

5.7.5.1 《世界自然保护联盟濒危物种红色名录》

《世界自然保护联盟濒危物种红色名录》是世界自然保护联盟于 1963 年开始编制，是全球动植物物种保护现状最全面的名录，也被认为是生物多样性状况最具权威的指标。此名录由世界自然保护联盟编制及维护。《世界自然保护联盟濒危物种红色名录》是根据严格准则去评估数以千计物种及亚种的绝种风险所编制而成的。准则是根据物种及地区厘定，旨在向公众及决策者反映保育工作的迫切性，并协助国际社会避免物种灭绝。

2021 年 9 月 4 日，第七届世界自然保护大会在法国马赛举行。世界自然保护联盟更新了《世界自然保护联盟濒危物种红色名录》。该名录评估的物种达到 138374 个，其中 38543 个物种面临不同程度的灭绝危险，占比接近 28%。

5.7.5.2 中国动物主题数据库

中国动物主题数据库（China Animal Scientific Database）是依据国内外相关动物学研究成果，以动物物种数据为主体内容建设的动物主题数据库系统和服务体系。其主要目的是为我国动物科学研究提供翔实的基础数据，为相关政府决策提供全面的数据支持，为科普教育与国际交流提供友好的信息平台。

中国动物主题数据库由中国科学院动物研究所和中国科学院昆明动物研究所主持，联合成都生物所、上海植物生理生态研究所共同建设，对中国科学院"十五"信息化专项的建库成果进行了整合与更新，增加了部分动物类群和区域的特色数据库，建立了基于 Web Service 的多个子库联合查询和基于 WebGIS 的物种地理分布查询的信息展示平台。中国动物主题数据库的原始数据主要来源于文献、专著和已经结题的研究报告，经过专家组反复论证，确定了数据结构和标准规范。所有数据均由动物学专家审核确认后收录到数据库中，数据质量得到了保障，是目前国内动物学领域规模最大、权威性最强的数据库服务系统。

中国动物主题数据库包括脊椎动物代码数据库、动物物种编目数据库、动物名称数据库、《中国动物志》出版与编研信息数据库、濒危和保护动物数据库、中国昆虫新种数据库、中国昆虫模式标本数据库、动物研究专家数据库、中国动物志数据库、中国动物图谱数据库、中国蜜蜂数据库、中国隐翅虫名录数据库、云南鸟类数据库、中国灵长类物种及文献数据库、中国两栖爬行动物数据库、中国直翅目昆虫数据库、中国鸟类数据库、中国内陆水体鱼类数据库、西南县级脊椎动物分布名录、西南保护区脊椎动物分布名录、云南蝴蝶分布名录、云南森林昆虫分布名录。

5.7.5.3 国家家养动物种质资源库

国家家养动物种质资源库（National Germplasm Center of Domestic Animals Resources）

是国家科技基础条件平台的重要组成部分,以家养动物活体资源、遗传物质和信息数据收集保存、技术培训和共享服务为一体的国家级科技基础条件服务平台,以中国农业科学院北京畜牧兽医研究所为依托单位,联合中国农业大学、全国畜牧总站、江苏家禽所、中国农业科学院特产研究所等单位建设及运行。经过近 20 年的努力,家养动物种质资源库累计收集保存了猪、鸡、牛、马等家养动物品种的遗传物质 58 万份,有效保存品种数 150 余个;抢救性收集保存家养动物的体细胞和干细胞 9 万余份,建立了世界规模最大的畜禽体细胞库;制定了 103 项资源描述规范等技术规程,制定《家畜遗传资源濒危等级评定》等国家标准或行业标准 14 项,为畜禽种质资源调查监测、基因库的制备检验、遗传物质保存等提供了重要技术支撑;此外,对所存资源进行了基本性状鉴定与功能基因发掘,筛选出一批高产、优质和抗逆性强的种质资源,支持了五指山小型猪、Z 型北京鸭、北京油鸡等一批地方新品种的培育。

国家家养动物种质资源库也积极推进种质资源的共享服务。2010—2019 年,累计整合家养动物活体资源 138 个品种,遗传物质 86 种;向全球 2000 余家机构提供家养动物实物资源 2385 万份次,其中活体资源 1670 万份次,遗传物质 715 万份次;在近 20 个省份开展家养动物高效生态养殖技术研究与示范推广、家养动物品种的选育提高和细胞库的构建与利用等专题服务。

国家家养动物种质资源库建立了国家家养动物资源库信息系统,积极开展了猪、牛、羊、家禽、鹿等家养动物资源的整合,畜禽动物核心元数据共 722 条,累计更新信息 4971 条,整理加工平台 236 个品种的核心元数据信息,门户网站总访问数超过 600 万次,网站总访问数超过 319 万,访问数超 200 万,访问人次 18.69 万/年,总数据下载量超 253.31 GB。

国家家养动物种质资源库的建立,对发展我国畜牧业具有极高的实用价值和理论意义,为畜牧业工作者和生产者全面了解畜禽种质的特性、拓宽优质资源和遗传基因的使用范围,培育优质、抗逆、抗病等新品种提供了新手段,为畜禽遗传多样性的保护和可持续利用提供了重要依据。

5.7.5.4　国家动物标本资源库

国家动物标本资源库(National Animal Collection Resource Center, NACRC)是科学技术部和财政部批准的国家科技资源共享服务平台,是 30 个国家生物种质与实验材料资源库之一。

目前馆藏各类群动物标本实物资源 2000 余万号,收集的标本覆盖了我国所有的省区、海域和典型生态系统,占有我国近 70% 的动物标本资源和近 90% 的已知动物物种。国家动物标本资源库凝聚了国内具有代表性的动物学研究、馆藏机构及一流的动物学研究队伍和高质量的动物标本管理、建设队伍,是亚洲最大的动物标本资源馆库,也是涵盖我国已知动物物种最多、最有代表性的平台和我国最大的动物标本信息共享平台,是我国动物标本资源库建设领域的"引领者"。

国家动物标本资源库旨在通过整合我国动物标本资源,制定、完善平台标准与规范,并依据标准、规范开展动物标本的收集、整理、制作、保藏、研究等工作,对其进行数字化建设,以此推进我国动物标本资源保藏、管理、建设水平;以实物资源、数字化资源和科研资源为依托,通过实体馆、门户网站等途径面向社会进行资源共享,实现动物标本资源在科学研究、国家建设和科学普及等方面的服务功能。

5.7.5.5 实验动物资源库

实验动物资源库是保存实验动物资源生物学数据和图像数据的专业资源信息共享数据库,提供实验动物资源数据和信息的免费查询与检索,通过数据资源共享,带动实物资源共享。

2015年,国家实验动物数据资源中心(依托广东省实验动物监测所信息中心)承担国家科技支撑计划课题任务,建成实验动物资源数据库,并负责数据库维护和资源数据的收集、保存、共享工作。实验动物资源库也是"国家科技资源共享网"实验动物资源数据的重要组成部分,主要包括国家啮齿类实验动物资源库、国家遗传工程小鼠资源库、国家禽类实验动物资源库、国家犬类实验动物资源库、国家鼠和兔类实验动物资源库及国家非人灵长类实验动物资源库。

资源数据主要来源于国家实验动物种子中心和特色实验动物资源单位。数据类型包括资源单位信息、动物基本信息、生物学特性数据(生理数据、生化数据、遗传数据、解剖数据)、图像数据(组织结构图、解剖图)等。

目前,已经保存了大鼠、小鼠、豚鼠、灰仓鼠、金黄地鼠、长爪沙鼠、兔、犬、猪、鸡、鸭、猴、鱼、树鼩,共14大类195个品种品系的数据,以及犬、猴、鱼的800余张正常组织图、解剖图数据和恒河猴病理组织图。

5.7.6 动物遗传资源的保护

5.7.6.1 活体保存

活体保存是动物遗传资源保护中最为传统的方法,但也是现在最值得提倡的方式之一,动物体本身是实现可持续发展必不可少的素材,可根据需要投入大量的人力、财力和设备。

1. 自然保护区保护模式

活体保护可通过在动物资源原产地建立保护区(青海可可西里国家级藏羚羊保护区)或保种场(山东嘉祥小尾寒羊保种场)的方式进行保护。目前这种保护方法广泛应用于全国各地,对我国的动物资源保护起到了积极作用。

自然保护区是对有代表性的自然生态系统、珍稀濒危动植物物种的天然集中分布的陆地、水域,依法划出一定面积予以特殊保护和管理的区域。自然保护区包括生态系统类型保护区、生物物种保护区等。对处于濒危状态的单个物种采取各种保护措施是非常必要的,但对于保护整体生物多样性来说,最有效的方法还是保护生物的生境和保护整个生态系统。当前生物多样性的保护已越来越依赖于保护区的建立。动物遗传资源自然保护区可以对被保护的生态系统和动物遗传资源进行原地保护,为动物特意保留栖息地,最大限度地减少人类活动和生境丧失给物种及遗传多样性带来的影响,有效地保护动物遗传资源的生物多样性。专门研究类型的自然保护区,能够为相关研究保存一个完整的生态系统和相应的被保护动物遗传资源。自然保护区的建立,需要足量的国土面积,并且需要严格的管理,尽可能减少人类活动对于自然保护区生态系统的扰动,通常是多种动植物种类共享一个保护区。自然保护区可以分为严格的保护区和不严格的保护区,前者是指完全保护,后者是指部分保护。对于某一生态类型区域的动物遗传资源的保护,要依据其价值和濒危程度,以及当地的客观条件,可以采用不严格的保护区进行保护。

2. 自然保护区保护模式案例

在西藏阿里地区的羌塘国家级自然保护区,总面积约 $29.8 \times 10^4 \mathrm{km}^2$,保护区内包含了高寒草原、高寒湿地、高山荒漠等多种生态类型,在自然保护区内有野牦牛、藏野驴、藏羚羊、岩羊等野生动物。在野牦牛群中往往既有金丝野牦牛,又有黑色野牦牛、白色野牦牛。在金丝野牦牛的活动区域内也有牧民的活动,但是禁止狩猎和捕获野生动物。通常情况下,金丝野牦牛自由活动,行走缓慢,当察觉到有人靠近它们,就会快速往山上跑。

金丝野牦牛喜欢群居,发现 1 或 2 头,周边就可能还有其他个体,有的一群可达到30 多头,群体中以母牦牛和牦牛犊为主,母牦牛带着牦牛犊,牦牛犊在群中约占1/3。从种群年龄金字塔结构关系来分析,该群体的年龄结构比较合理,种群呈现增加势头。经自然保护区人员调查,2011 年有金丝野牦牛 170 余头,数量比设立自然保护区之前明显增加了,这说明自然保护区对金丝野牦牛的保护起到了应有的作用。野牦牛和野驴都是动物育种的重要遗传素材,育种专家曾经利用野牦牛与家牦牛杂交,成功培育成了大通牦牛和无角系牦牛。更重要的是,羌塘国家级自然保护区的实践可以为建立畜禽遗传资源生态保护区提供借鉴。

3. 生态岛保护模式

生态岛(ecological island)是在自然条件下形成的能够与外界有效隔离的相对封闭的生态系统,通过内部的物质和能量循环维持系统的稳定,使动、植物遗传资源得以繁衍和保护。

生态岛应具备的条件:需要与外界相对有效的隔离,受外界因素的影响较小;内部能够进行物质与能量的循环,通过系统内部的植物生产能够维持系统的稳定;要有足够的面积并且要有缓冲地带;生态环境与动物原生存环境一致;不需要或者很少需要外界的物资和资金投入。

在自然条件下形成的生态岛,对很多动物遗传资源起到了长期稳定的保护作用。在人类开发利用自然活动日益频繁的情况下,建立模拟生态岛保护动物遗传资源实属必要。在山区有很多山地林场,在平原地区也有一些大型国有林场,林场有大量的土地资源和丰富的饲草饲料,同时林区或者林场的地理环境相对比较封闭,有利于建立动物保种群体。以林区和林场为基础,构建动物遗传资源保护生态岛是可行的。要实施这一计划,从管理层面需要在林业和畜牧业两个部门之间形成共识,统筹协调,还需要有专项保种资金作为保障。

4. 生态岛保护模式案例

西沙群岛东岛的野生黄牛,它们体格矮小,毛色棕黄,皮肤较厚,耐潮湿,抗炎热,具有敏锐的听力和强烈的奔跑能力。东岛岸线长度为6.12km,热带季风气候,年平均气温为26~27℃,年降雨量接近1500mm。东岛植被丛生,枝叶茂密,中部的水塘储有天然淡水资源,气候和生物因素为其繁衍提供了基础条件。

东岛野生黄牛分为两大群,较大、较多的一群有近百头,另一群有数十头。东岛野生黄牛能够保持稳定的种群,主要在于很少受到人为因素的生态扰动,不允许随意宰杀黄牛,从而使黄牛种群保持稳定,遗传资源得以保护。

5. 异地活体保存

异地活体保存是指动物原栖息地由于某些因素变化,不适合该品种的生存,而人为地寻找环境、气候等与之相适应的地区或有充裕的科技资金支持地区进行动物保护的方式。目前我国也有少数品种迁移出原产地进行建场保护,同时展开了一系列的科学研究。如云南省有关部门从农户手中收集茶花鸡在昆明进行保种和科学研究,藏香猪被引入中国农业大学进行纯种繁育等。

5.7.6.2 多级保种技术体系模式

针对地方家畜遗传资源,采取传统保种与现代生物技术保种相结合的策略,建立保护区、保种场、种公畜站及遗传物质冷冻库相结合的多级保种体系,从而使地方家畜遗传资源得到长期保护。构建"活体保种-细胞保种-分子保种技术"为一体的保种配套技术,需要建成家畜种质资源库,进行细胞保种和分子保种等保护方式。

1. 细胞保种

收集家畜生殖细胞(精子、卵子)、受精卵和胚胎、细胞系或细胞株等材料,进行超低温冷冻保存。冷冻精液保存技术简称冻精技术,主要是利用液氮作为冷源将精液从正常状态降温到 -196℃的过程,让精子很快降温穿过产生致死性冷冻伤害的危险温区

（-60~0℃），减少冰晶对精子的损伤,在冷冻状态下精子的活动和代谢完全停止,达到长期有效的保存效果。目前很多国家都建立了相关的动物精液库来保护优良家畜品种和珍稀野生动物,为动物遗传资源的保护和利用做出了巨大贡献。

2. 冷冻胚胎保存

冷冻胚胎保存技术原理与冷冻精液相同。随着动物遗传和繁殖技术的发展,冷冻胚胎保存技术的应用使动物遗传资源的保护工作变得相对简便,从理论上讲,如果冷冻胚胎保存时间不受限制,就不需要保存整个品种个体。冻胚技术的应用不受动物自身、时间、地点的限制,弥补了活体保存的不足(自然灾害、气候变化、疾病等),可以大幅度降低保护和饲养的成本,但由于冷冻、解冻技术与方法等因素,胚胎解冻后成活率目前不能达到100%,因此,冷冻胚胎保存是今后动物遗传资源保护的重点研究方法和方向。

3. 分子保种

创建家畜基因组 DNA 文库、cDNA 文库等种质资源基因库,用分子遗传标记确定留种后代,保留含优良基因的个体,实现家畜优良基因的分子保种。

5.7.6.3　其他可用于动物遗传资源保护的技术

从 1997 年第一只由体细胞克隆的绵羊"多莉"诞生以来,克隆技术(cloning technology)一直是生物研究的热点话题,由于动物体细胞中携带有全部遗传信息,只要有任何动物的体细胞或生殖细胞就可以让其生长成一个完整的动物体。此外,由于细胞生物学和细胞培养技术的高速发展,这些技术广泛应用于动物遗传资源的保护中。自 2001 年起,针对畜禽遗传资源理论方法的建立、调查和动态信息分析及网络系统的构建、珍稀畜禽品种活体抢救性保护、遗传多样性评估和细胞库的建立 5 个主要方面开展积极、有效的工作,特别是建立了重要、濒危畜禽遗传资源体细胞库技术平台和体外培养细胞生物学特性检测与研究技术平台,开辟了畜禽种质资源收集、整理、保存和利用的新途径。然而无论是克隆技术还是细胞培养技术的研究与应用,其本质是细胞的自我更新复制,其上一代和下一代在基因型和基因的组成相同,而动物遗传资源的保护更重要的是遗传物质的多样性,不只是简单的拷贝过程。尽管如此,这些现代技术的研究应用仍然为动物遗传资源的保护和利用提供了新途径。

5.8　植物遗传资源

5.8.1　植物资源的概况和特点

据研究,世界上现存的植物种类约有50万种,其中高等植物近30万种。我国在地球演变过程中,受冰川期影响较小,幅员辽阔,横跨寒温带、温带、暖温带、亚热带和热带,气候、地形复杂多样。因此,植物种类也较多,仅高等植物就 3 万余种,仅次于巴西和哥伦比亚,居世界第三位。这些植物种类是在地球漫长的演化变迁过程中,由简单到复杂、由低级到高级逐渐形成的,并在进化过程中通过植物本身的遗传变异和自然的选择,适者生存繁衍下来的。在众多的植物种类中,栽培植物仅占植物资源的一小部分,绝大多数仍处于野生状态,不同程度地被人类利用的有 1%~2%。随着人类社会的发展,现有的栽培植物已不足以满足人类生活的需要,因此,开发利用野生植物资源将是不断满足人类生产、生活需要的必由之路[4]。

5.8.1.1　国内外植物资源研究概况

1. 我国植物资源研究和开发利用概况

植物资源的研究和开发利用是人类为了谋求生存,以创造美好的社会生活条件为前提的。中国是全球生物多样性大国之一,高等植物(陆地植物)物种总数位居北半球首位。我们的祖先在创造自己悠久的历史文化过程中,也积累了植物资源开发利用的宝贵经验。远在公元前 10 世纪前后,我国著名的诗歌总集《诗经》就有关于植物开发利用的记述 130 多种,如“桃之夭夭,灼灼其华……桃之夭夭,有蕡其实”等,说明桃是我国植物资源开发利用较早的一个植物种类。同时,随着历史的演变,我国逐渐利用植物纤维制作衣服。我国早期的衣着原料主要是兽皮和树皮,以后利用麻类植物和蚕丝,进一步演化到棉纤维。此外,我国利用植物治疗疾病的历史悠久。从传说“神农尝百草”起,先人们就开始了药用植物的探索。最早的《神农本草经》是一部以药用植物为主的药物专著,书中收集药物 365 种,药用植物 252 种。明代医药学家李时珍的《本草纲目》是我国16 世纪以前的本草学集大成之作,也是世界医药学的一部经典著作,书中收载药物 1892 种,其中药用植物有 1094 种。这充分说明了我国药用植物研究和开发利用的广泛、深入。1949 年后,政府对野生植物资源的调查、研究和开发利用非常重视,我国生物分类学得到了迅速发展,到 21 世纪初已完成了两版全国植物志《中国植物志》和 *Flora of China*,以及一大批省级及地方性植物志。同时,在各类植物资源的研究、开发和利用中取得了丰硕的成果,为我国的经济建设和改善人民的生活质量起到了很好的作用,并成为各地脱贫致富、发挥地方资源优势的重要途径之一。

2. 国外植物资源研究概况

各国都非常重视植物资源的研究工作,多数国家都设置了植物资源研究机构,并颁布了保护植物资源的法规或条例,出版了具有世界性的植物资源研究著作,如英国伦敦的邱园植物园收藏着全世界的植物蜡叶标本,并出版了第一份《世界植物状况》报告,它是世界各国研究和考证植物的重要参考资料;美国从野生植物中筛选出与地中海地区野生的长角豆中所含相同成分半乳甘露聚糖胶的瓜尔豆,从而保证了美国在第二次世界大战期间造纸工业的正常生产,也促进了美国石油工业和糖业的发展;日本在植物的染色体、化学成分上研究的较多,特别是对抗癌植物的筛选研究取得了不少成果。

总之,世界各国都在开展植物资源的保护、开发和利用的研究工作,收集世界各地有重要经济价值的野生植物种类,建立和完善各种植物的种质库,从而达到不断提高现有各种栽培植物的遗传品质,创造各种高产、质优、抗逆性强的新栽培类型。

5.8.1.2 植物资源的特点

植物资源除了具有一般植物的生物学特性、生态学特性、生理学特性和遗传学特性等普遍的植物特点外,也有许多资源意义上的特点,如资源有可更新与不可更新之分,有各种不同的用途之分,有不同的利用方法之分,以及将普通植物开发为植物资源等。了解植物资源的特点对于合理开发利用和保护管理植物资源,使其更好地为人类社会的发展服务具有重要意义,如果忽视了这些特点的认识,就会影响挖掘、利用植物资源的成效,会导致植物资源被破坏,甚至物种灭绝。综合起来植物资源主要有以下特点。

1. 可再生性

植物资源的再生性,从狭义上讲,是指植物具有不断繁殖后代的能力;从广义上讲,不仅指其繁殖后代的能力,而且还包括其自身组织和器官的再生能力。在开发利用过程中,我们可以合理有效地利用这些再生能力生产更多的产品,并可利用其再生能力进行人工繁殖,扩大资源量。

2. 易受威胁性

植物资源多数是具有直接经济价值的,受到经济利益的驱使,如果利用过度或利用不当,都可能影响其再生能力的发挥,使种群处于衰退状态,甚至导致灭绝。尽管在植物的演化史中都要经历产生和衰亡的过程,但据有关研究表明,人类活动所造成的物种灭绝速率是其自然灭绝速率的 100 ~ 1000 倍,有近 30% 受威胁的物种与直接经济利用有关。为此,了解重要植物资源的自然更新能力、更新周期及其与利用强度的关系,探讨可持续利用的方法、技术和途径,制定合理的轮采制度,加强野生资源的保护管理是开发和利用植物资源的重要研究内容。

3. 利用的时间性

在植物的生长发育过程中,不仅其形态结构发生变化、体积增大、重量增加,并且其体内的化学成分也在不断变化。不同的植物种类、不同的植物器官在不同的时期所积累的代谢产物不相同,这就决定了植物资源采收利用的时间性。植物的采收时间直接关系到目的收获物的产量和品质。采收时间的确定因植物种类、生长发育阶段和所利用的植物器官而不同。掌握采收时期总的原则是按经济目的要求,选择植物含有效成分最多、产量最高的时期采收,以取得最好的经济效益。

4. 用途的多样性

植物种类和植物功能的多样性决定了植物资源用途的多样性。植物资源丰富,从整体上看,大部分植物资源是可直接利用的原料植物;还有相当一部分是非原料性质的植物资源,它们以某种植物功能的特殊方式为人类服务,如绿化观赏、防风固沙、保持水土、消除污染、保护环境以及植物种质等,这些植物虽然不为我们直接提供某种商品,但是却以其特有的生态学功能保护或供养其他植物、动物,甚至为工业生产、交通安全、环境卫生等提供生产、生活的良好条件。在开发利用时要考虑进行综合利用,提高资源的利用率和利用价值。

5. 可栽培性

只要人们为植物创造与原产地相似的生境,所有野生植物都是可以栽培的。现有的栽培植物都是野生植物经过人工驯化培养而来的。引种驯化工作不仅可以解决野生植物资源零星分布、不易采收的困难,还可以拯救濒危植物、扩大分布区和提高产量;既可以应用于发掘和扩大驯化乡土植物,也可以引种国外经济价值高的植物,以扩大我国的植物资源,培育出优良品种,提高资源产品的质量或数量。

6. 分布的地域性

分布的地域性是指植物资源都分布在一个自己适应的区域内,这也说明了一定的地域有一定的植物资源。生态环境不仅影响植物资源的分布,而且影响其有用成分的含量及其结构、功能等特性。如药材的道地性除与其使用历史悠久、质地纯正、行销面广、信誉高有关以外,主要是长期适应分布区域生态环境,有效成分含量较高并且比较稳定也是重要因素。植物资源分布的地域性是合理开发利用各种植物资源的重要依据,也是引种驯化、变野生为栽培、扩大分布范围和提高品质的重要限制因素。

7. 成分的相似性

植物化学分类的大量研究表明,植物近缘属种在所含化学成分上具有相同或相似性。它的理论依据是从生物化学角度研究,发现植物基因中碱基对的排列特征,对植物的形态、结构和遗传,以及植物代谢产物的积累有着决定性作用。所以在形态、结构相似的植物中,其代谢产物也具有相似性,从而反映出一定的亲缘关系。亲缘关系越近,则所含化学成分越相似。这一规律的发现,不仅是进行植物化学分类的依据,也为植物资源开发利用寻找和挖掘具有相似化学成分的新植物资源提供了依据。

8. 价值的潜在性

随着科学技术的发展,越来越多植物的各种用途被发现。以药用植物为例,目前认为有医疗作用的植物种类有 5000 余种,但目前人类利用的仅为小部分。从生态效益和社会效益来考虑,几乎所有的植物种类都具有一定的作用;从科学的角度来看,野生植物为发现新的有用成分和有用功能等方面提供了物种多样性。所以从植物资源利用价值的潜在性上认识植物资源,就必须对每一种植物进行研究和保护。

5.8.2 植物资源的合理利用与保护

我国植物资源丰富,但利用率极低,与发达国家相比存在较大的差距,尤其是深度加工和综合利用方面,水平更低。因此,植物资源具有巨大的开发利用潜力和广阔的前景。但当今世界人口迅速膨胀、粮食短缺、能源消耗、资源枯竭、环境退化和生态平衡失调等问题日益严峻,对植物资源的开发利用更为迫切,严重威胁植物的生存环境和可持续发展,主要表现在栖息地的丧失和片段化、掠夺式的过度利用或开采、环境污染、经营品种的单一化、外来物种的引入。

5.8.2.1 植物资源的合理利用原则

植物资源具有可再生性、整体性、系统性等特点。在植物资源的开发利用和保护过程中,一方面必须保持植物资源的可持续性、物种构成的多样性、最大产量的持续性;另一方面,务必维护植物资源的最佳生存环境,监测其最小种群数量,实现植物资源的有效保护与合理利用相结合。植物资源的合理利用原则包括以下方面。

1. 保护植物资源的可持续利用

植物资源是一种再生性资源(renewable resources),属于可更新的资源,但并不是取之不尽、用之不竭的。因此,植物资源的开发利用务必做到合理利用、有效经营,即掌握该种植物资源的生长发育与繁殖规律,再合理规划利用方式、开发程度[5]。

2. 保护物种的最丰富性

自然界的生态系统都是由不同的生物群落构成的,构成群落的物种之间彼此依赖,互惠互利,但又相互竞争、相互制约,共同维持生态系统的平衡。一个生态系统的物种组成越丰富,彼此之间的关系越协调,越有利于种群的生存和发展。植物资源的开发利用也必须遵循保持生态系统物种最丰富性的原则,务必关注物种间的互利共生关系,保障生态系统群落的稳定。

3. 种群最大持续产量

最大持续产量是植物资源利用和开发中比较合理也是唯一的选择。在自然生态系统中,某一种群密度过高时,不利于种群产生新的个体,也不利于个体的最大生物产量的达成。只有在自然种群密度适当时,种群的生长率最大,才能达到最大持续产量。植物资源最大产量的持续性,可使人类不断地获得生活所必需的某类物质。但在关注植物资源最大持续产量的同时,也应重视植物资源的质量和效用,以期在获得最大持续产量的同时,获得品质上乘的产品[14]。

4. 最小生存物种理论

最小生存物种理论是指一个物质存活所必需的个体数量。某一物种的灭绝或种群个体数量的下降,都会导致生态系统的组成因素变得贫乏或缺失,破坏其稳定性。当种群过度破碎或片段化后,组建该生态系统的居群的个体数量变得极小,使得它们与其他居群孤立开来,造成每个小居群被相互孤立,基因的交流被阻断,居群内的基因多样性发生不可逆的消失或是单一化。因此,在植物资源被利用时,确定最小生存种群大小和最小生存面积十分重要,针对某一物种,务必保护其最小生存种群数量及最小生存面积。

5. 最佳生存环境原则

植物的生长发育都需要一定的生境条件,生境条件的优劣直接影响着植物生长的速度和生物量的积累。生境越优越,该条件下的生物繁殖能力越强,单位时间和单位面积提供的资源越多。相应的,发展迅速的生物也会实现反哺,促进生境向更好的方向发展,从而形成良性循环,实现植物资源的可持续发展。反之,生境的恶化会制约生物的繁殖与生长,造成恶性循环,最终导致物种的灭绝。

5.8.2.2 植物资源的保护原则

植物资源的保护与开发利用并重,良好的保护理念、策略、措施和技术,并付诸于实际行动,是实现植物资源保护的有效和唯一途径,只有这样才能实现植物资源的可持续性开发利用;同样,只有通过有效利用,植物资源才能得到全社会的认知和重视,并得到规模化的人工栽培,实现植物资源的良好保护。植物资源的保护应遵循以下原则。

1. 保护植物资源的存在

植物资源物种繁多,它们都是在长期进化、发展和不断对环境的适应过程中形成的,是大自然赠予人类的资源宝库。建立植物园和自然保护区是保护植物资源的重要措施;同时,建立种子库,保存植物物种资源也是十分重要的有效措施[15]。换而言之,对植物资源的保护,首先务必保证某一植物种质资源的存在,保障其在地球上不灭绝,才可能保证其有效的繁殖和发展。

2. 保护植物资源的再生能力

在植物资源的利用强度上,务必重视其恢复能力和再生能力,给植物休养生息的机会,使其种群得到恢复和发展。不顾植物的承受能力,掠夺式的过度开采和利用,盲目地追求短期的经济效益,必然导致植物资源的枯竭。因此,保护植物资源的最小生存种群和面积是保护植物资源再生能力的有效途径,在此基础上,有效保护植物资源的再生能力,务必做到合理、适度的利用和开采。

3. 保护植物资源的多样性

植物资源在自然界中丰富多样,极少存在单一物种构成群落的类型,通常多种植物聚集在一起,形成多样化的植物群落。因此,某一种类的保护,不仅涉及其自身的生物学、繁殖和正常发育等方面的特征,还需研究其群落结构、物种与群落构成物种之间的关系等特征,有效保护群落物种的多样性,才能保护目标物种本身的可持续发展。

4. 保护植物资源的生态环境

植物在生长发育过程中,时时刻刻都在与环境发生关系,它们之间相互影响、相互制约,形成了特定的生态环境,生态环境影响植物生存、繁殖和生长发育。特定的生态环境是特定植物资源赖以生存、繁殖和生长发育的载体,一旦遭到破坏,植物资源将不复存在。因此,保护植物资源,也必须研究其与环境的关系及其环境特征、环境对物种的影响,为科学有效地保护其生态环境提供理论依据,从而实现植物资源的有效保护。同时,保护植物资源的生态环境可为植物资源的人工培育提供最适宜的生境选择,通过利用人工栽培资源,间接地保护植物资源[16]。

5. 尊重各民族对植物资源保护的传统知识

传统社会高度依赖周边环境中的资源,社会成员必须掌握当地许多植物知识,并致力于利用和保护这些植物;植物资源利用、保护的知识和实践活动持续存在的地方,对现代保护体系的构建是十分珍贵的,对当今世界克服资源利用和保护的挑战具有重要的意义。在中国多民族的社会体系下,各民族都形成了各自对植物资源的认知、利用和保护的可持续发展的传统知识体系,并构建了有效的保护植物资源的区域性基础体系,可为现代保护策略的制定提供借鉴。

6. 以利用和栽培资源为主、野生资源为辅的保护原则

野生植物资源依赖自然条件作为其繁殖和生长发育的基本要素,生长和蕴藏量有限,在规模化或一定量的产品生产时,野生植物资源难以满足可持续的原料需求。因此,该类植物资源必须通过人工培育的途径提供原料,野生植物资源仅作为部分原料的补充[17-19]。通常,人们认为植物资源一旦人工培育后,其质量、品质或有效成分含量远不如野生资源[20]。然而,野生植物资源的驯化栽培,与农业和林业类似,必须进行长期的规划,关注可持续的土地和资源利用,此类问题就可以完全避免[21]。当然,若毫无规划地盲目追求短期的经济效益,这一现象是不可避免的。

5.8.3　植物遗传资源库

植物遗传资源库又称植物种质资源库,是为开发利用种质资源专门设立的种质保存场所。广义地讲,凡是物种集中的场所,或经过收集、引种繁殖作为保存种质的场所都可以称为植物遗传资源库。如植物园是通过引种活植物的种质资源库,自然保护区是就地保存的天然活植物的种质资源库等。设立植物遗传资源库的主要任务是通过收集、保存、鉴定、评价,为利用者撰写资料、分发种质和信息材料,提供长期性服务。植物种质资源库可以收集、保存和管理各种植物遗传资源,通过植物种质资源库的建立,可以保护植物遗传资源,同时也为农业生产和研究提供了丰富的资源。下面简要介绍几个我国国家级植物遗传资源库。

5.8.3.1　国家植物标本资源库

国家植物标本资源库(National Plant Specimen Resource Center,NPSRC)是科学技术部和财政部批准的国家科技资源共享服务平台之一,主要是在全国 16 家馆藏量影响力较大和特色显著的植物(菌物)标本馆与原国家标本资源共享平台(National Specimen Information Infrastructure,NAII)4 个子平台(植物、教学、保护区和极地子)基础上建设的,依托单位为中国科学院植物研究所。国家植物标本资源库在线共享数字化标本数据共计826.7 万份,标本照片 652.9 万份,其中模式标本数据 6.82 万份,模式标本照片 6.56 万份。标本记录来自中国科学院系统等国内 110 家重要植物标本馆,覆盖我国 82.87% 的植物,共计 491 科 3856 属 35927 种。

5.8.3.2　国家作物种质库

国家作物种质库(简称国家种质库)是全国作物种质资源长期保存中心,也是全国作物种质资源保存研究中心,负责全国作物种质资源的长期保存,以及粮食作物种质资源的中期保存与分发。按植物分类学统计,库存资源种类不仅丰富,隶属 35 科 192 属 712种,而且这些种质的 80% 是从国内收集的,不少还属于我国特有的,其中国内地方品种资源占 60%,稀有、珍稀和野生近缘植物约占 10%。这些资源是在不同生态条件下经过上千年的自然演变形成的。随着贮存数量、种类多样性的增加,以及贮存时间的延长,国家库贮存资源正在发挥着重要作用,并受到世界的高度重视。1998 年以来,已有云南农业科学院、山西省农业科学院、江苏盐城市盐都区农业科学研究所、湖南水稻所、湖南原子能农业应用研究所、中国农业科学院烟草所、中国农业科学院作物所等十余个单位从国家长期库取出在原保种单位已绝种的种质材料,作为原种材料应用于育种项目及其国家重大科技项目的研究。此外,每年有上千人次的中外学者及大中小学生到这里参观学习,是植物遗传资源多样性保护的重要宣传和教学基地。

5.8.3.3　国家重要野生植物种质资源库

国家重要野生植物种质资源库(简称国家野生植物库)正式成立于 2017 年,依托中国科学院昆明植物研究所建设和运行,以国家重大科技基础设施——中国西南野生生物种质资源库为主库,联合全国长期从事野生植物种质资源调查、收集保存和研发利用的科研机构及高校共建。国家野生植物库聚焦国家生态文明建设和生物多样性保护的若干目标,开展重要野生植物种质资源的标准化收集、整理、保藏、评价和利用工作,库存种质资源 308 科 2986 属 19800 种。

5.8.3.4　国家林业和草原种质资源库

国家林业和草原种质资源库于 2011 年获得科学技术部、财政部共同认定,2019 年进行优化调整,是国家科技基础条件平台 31 个生物种质和实验材料库之一。该资源库由中国林业科学研究院林业研究所负责管理、运行与维护,联合全国70余家科研、管理、教学和生产单位共同建设,形成覆盖全国范围的国家林业和草原种质资源共享服务网络体系。资源库由一系列活体保存库(原地库、异地库)和离体保存库(设施库)组成,包括14个原地库、140个异地库和3个设施库,涵盖了全国范围内重要的林、草、花卉、竹藤种质资源库(圃)等收集保存的种质资源。资源库通过种质资源信息化、数字化和深度挖掘,建立专业化共享服务平台,为国家社会与经济发展、科学研究等重大需求提供种质资源、信息和技术支撑服务。

未来,随着科学技术的发展,植物遗传资源的保护和利用将面临新的挑战和机遇。随着基因编辑技术和化学合成技术的发展,植物品种的创新和开发可能会得到更多的新途径和新手段。同时,由于人类活动范围的不断扩大,植物遗传资源面临的生存压力也会更加严峻。为了更好地保护和利用植物遗传资源,必须不断探索新的途径和方法。需要通过国际合作和科技创新,加强植物遗传资源的监测和保护,提高植物品种的遗传多样性,并通过科技手段和途径,实现植物遗传资源的可持续利用和管理。

5.9 微生物遗传资源

微生物是一切肉眼看不见或看不清的微小生物的总称[22]。它们是一些个体微小(一般<0.1mm)、构造简单的低等生物,包括:属于原核类的细菌(真细菌和古细菌)、放线菌、蓝细菌、支原体、立克次氏体和衣原体,属于真核类的真菌(酵母菌、霉菌、蕈菌)、原生动物和显微藻类,以及属于非细胞类的病毒和亚病毒(类病毒、拟病毒、朊病毒)。微生物几乎无处不在,它们是大自然馈赠给人类的宝贵资源,人类对微生物资源的利用可溯源到古文明时期,即大约公元前10000年的新石器时代,原始人从采集狩猎转向定居农耕,采集狩猎者发现雨水浸泡的大麦发芽后产生了一种带有气泡的液体,这种液体喝完之后会使人兴奋,这或许是最早的"啤酒";大约公元前6000年,苏美尔人使用大麦酿造出了啤酒;公元前5000—公元前4000年,在中国仰韶时期,古人利用"瓮"保温,酿造出了谷芽酒;大约公元前4000年,古埃及人发酵出了面包。尽管这些古文化都是出自古人的生活经验,却处处体现出古人对微生物的利用。而人类对微生物真正形成认知始于1676年,荷兰人安东尼·范·列文虎克(Antony van Leeuwenhoek)利用自制的显微镜首次观察到了细菌。自此,拉开了微生物研究的序幕,在随后的300多年里,微生物学研究迅速发展。1856—1860年,法国人路易斯·巴斯德(Louis Pasteur)提出以微生物(酵母、细菌)代谢活动为基础的发酵本质新理论,他发现葡萄酒的酿造利用的就是酵母的代谢功能。1882年,德国人罗伯特·科赫(Robert Koch)在微生物纯培养法的创立基础上,分离出了结核杆菌。1905－1922年,法国人阿尔伯特·卡尔米特(Albert Léon Charles

Calmette)和卡米尔·盖林(Guerin Camille)从结核杆菌过滤液中提取出 Bacille Calmette –
Guerin,即卡介苗。1928 年,英国人亚力克山大·弗莱明(Alexander Fleming)发现了青霉
素,于是有了微生物次级代谢产物。如今,疫苗和抗生素让人类获得了战胜感染性疾病
的主动权。

5.9.1 微生物资源的概况和特点

微生物资源是除动物、植物以外的微小生物的总称。微生物菌种资源是指可培养的
有一定科学意义或实用价值的细菌、真菌、病毒、细胞株及其相关信息。它是国家战略性
生物资源之一,是农业、林业、工业、医学、医药和兽医微生物学研究、生物技术研究及微
生物产业持续发展的重要物质基础,是支撑微生物科技进步与创新的重要科技基础条
件,与食品、健康、生存环境及国家安全密切相关。下面主要介绍微生物资源开发利用的
概况和特点[23]。

1.微生物资源开发利用的概况

人类利用微生物的历史悠久,在人类还未曾看到或未曾觉察到微生物存在之前就已
经开始利用微生物了,如早在 4000 多年前,我们的祖先就掌握了酿酒技术,这就已经在
利用微生物资源了。

人类最早大规模利用微生物的工业要算是酿酒业和面包业。1856 年,巴斯德开始研
究乙醇发酵微生物,这是人类自觉研究利用微生物资源的先声,到现在已有一个半世纪
了。1995 年,全世界各国的微生物学工作者都以各种形式纪念伟大的微生物学家、化学
家、近代微生物学的奠基人巴斯德逝世 100 周年,纪念他对近代微生物学的发展和微生
物资源开发利用所做的重大贡献。他的巨著《乙醇发酵》和《乳酸发酵》是微生物资源利
用的具有历史意义的光辉文献。

微生物资源的大规模开发及发酵工业的真正兴起只有大约 80 年的历史,在 20 世纪
五六十年代进入辉煌期。1928 年,弗莱明发现了青霉菌的抗菌作用,但在很长一段时间
内分离青霉素的努力都失败了,直到 1939 年弗洛里(Florey)和钱恩(Chain)才成功分离
了青霉素。1941 年第一次用它来治疗葡萄球菌感染的患者,几经周折,终于获得成功,这
预示了医药史上抗生素时代的来临。但是由于野生菌种的产量太低,导致价格极为昂
贵,难以普及。为此,美国和英国组织了 38 个研究小组加紧研究青霉素大量生产的制造
方法。1942 年,青霉素才开始小范围地用于临床。1945 年,弗莱明、弗洛里和钱恩因发
现青霉素的重大贡献获得诺贝尔生理学或医学奖。1944 年,瓦克斯曼(Waksman)从链霉
菌中发现了链霉素,1952 年获得诺贝尔生理学或医学奖。青霉素、链霉素的发现和应用
是现代微生物资源开发利用的第一批重大成果,它展示了微生物发酵工业的光辉前景和
强大的生命力。

1949 年,日本学者用发酵法生产细菌 α – 淀粉酶,使微生物酶制剂生产进入了工业

化时代。20 世纪 50 年代,日本学者开发出霉菌的酸性蛋白酶。20 世纪 60 年代初,荷兰生产出添加性蛋白酶的洗涤剂。

20 世纪 50 年代,微生物生产的氨基酸开始进入市场。1957 年,木下(Kinoshita)等首次报道用微生物发酵法生产谷氨酸。

20 世纪五六十年代,抗生素的开发进入了"黄金时代"。

当代微生物资源的开发利用涉及食品、医药、环保、化工、矿业、轻纺、农业、牧业等各个生产部门,产生了巨大的社会效益和经济效益。

2. 微生物资源的特点

在各类生物资源中,微生物资源的应用革命性地解决了人类发展面临的重大问题,如健康、工业、农业、生物安全和环境治理等方面。但认识、研究微生物资源的任务还很重,开发利用的前景十分广阔,潜力十分巨大。为此,我们必须了解微生物资源的特点,才能对其更好的开发利用。与动、植物资源相比,微生物资源具有如下特点。

(1)微生物代谢类型多样化、生长繁殖速度快:在最适条件下,有的细菌 20 分钟就能繁殖一代。在动、植物不可能生长的地方都有微生物分布。它既可能提供极为多样化的产品,又适于大规模工业化生产。而且微生物的培养可以不受天气等因素的影响,完全在人工控制的条件下进行。

(2)微生物物种丰富:微生物种类繁多,没有珍稀濒危之说,现在人们还不知道微生物的种类究竟有多少。根据贝尔迪(Berdy)的报道,目前所知道的细菌约 6000 种,实际可能有 150 万种,已知菌不到实有数的 0.4%;已知放线菌有 4000 余种,实际可能有 5 万~8 万种;已知真菌约 7 万种,实际可能有 150 万种,甚至更多。总而言之,各国学者已经用分子生物学手段确切地证明,迄今为止仍然有 90%~99% 的微生物没有被认识。因此,微生物资源是一类种类繁多的可再生资源,是最丰富的遗传基因库。

(3)微生物变异性大:相比高等动、植物而言,微生物的变异性要大得多。这就为人们改造它们提供了更大的可能性。例如,最初从微生物中找到青霉素时,其产率不到万分之一,但经过人们的改造,今天其产率达到 8% 以上,产率提高了上千倍。近些年建立的许多微生物的遗传操作系统可以进行理性设计,通过基因工程技术产生非天然的天然产物,大幅度增加了人类可利用化合物的多样性。

(4)微生物资源的研究与开发比动、植物晚:我国微生物资源的研究历史仅有半个多世纪,仅在个别领域工作基础比较好,但整个微生物资源的开发利用也还处于较低层次,并且分散、不成体系,原始创新少,在国民经济建设中的作用也不明显。

(5)微生物资源开发利用的潜力大、前景广阔:微生物的种类繁多,生存环境又极为多样化,在高等动、植物无法生存的地方,微生物都能生长,这就决定了微生物的代谢类型极端多样化。这种极端多样化的代谢类型本身和极其多样化的代谢产物都完全可以被人类利用。

虽然动物、植物和微生物是生物资源的三个支柱,但微生物是一类与动物、植物资源不同的、开发潜力巨大的生物资源。

5.9.2　植物生长促进微生物

随着全球人口增长和气候变化,农业生产所面临的挑战越来越严峻。为解决人口增长所带来的粮食供给问题,化学肥料、农药等人工合成的农资产品被大量投入使用,以应对在农业生产中遇到的不利的环境影响。而这些化学合成的农资产品的大量应用,从短期角度看既解决了人们当前在农业生产中面临的问题,也满足了劳动者的既得利益。然而,这些农资产品在土壤短时间内无法降解,随着它们在环境中的不断积累,对土壤及整个生态系统都产生了非常严重的影响。人类的健康生活、农业的发展不应仅关注粮食产量,更要关注土壤健康以及生态系统的可持续性,所以,学者和科学家们开始将他们的关注点转移到更安全的农业生产方法上。土壤是有生命的,这个生命就是土壤微生物,土壤中存在很多微生物,是土壤中一切肉眼看不见或看不清楚的微小生物的总称,包括细菌、放线菌、真菌、藻类和原生动物等。尽管生长在土壤中的植物不能像动物一样通过移动来实现"趋利避害",但它们能通过扎根于土壤中的根系以募集微生物的方式来应对不利环境的挑战。为了检测根系周围土壤中微生物数量被根系活动加速的区域,Hiltner 在 1904 年提出了根际细菌(rhizobacteria)的概念[24]。而在 1978 年,Kloepper 和 Schroth 首次提出植物根际促生菌(plant growth promoting rhizobacteria,PGPR)[25],以表明根际环境中天然存在的微生物菌群是有益的,它们在植物的根部定植并表现出促进植物生长的活性。PGPR 是一群定植于植物根际、与植物根系密切相关的根际细菌,它们能减轻害虫及疾病对植物的损害,间接或直接地促进植物生长,降低人们对危险农用化学试剂的依赖,以及以植物运输中土壤营养的方式刺激植物生长[26]。利用一些细菌性状能直接导致促进植物生长的作用机制被定义为直接作用。它们包括产生生长素、1 - 氨基环丙烷 1 - 羧酸(ACC)脱氨酶、细胞分裂素、赤霉素、固氮、磷溶解和细菌铁载体螯合铁。间接机制则是通过抑制一种或多种植物病原生物(真菌和细菌)来促进植物生长。其主要性状包括产生 ACC 脱氨酶、抗生素、细胞壁降解酶、氰化氢等,以及诱导系统抗性或群体感应猝灭。除了上述 PGPR 用于控制植物病原体的方法之外,一些细菌植物病原体的生物控制可以通过选择性使用噬菌体来实现。噬菌体已被用于植物病原体的防治,如梨火疫病菌和青枯雷尔氏菌,丁香假单胞菌和野生油菜黄单胞菌。

许多 PGPR 通常具有一种或多种上述特征,因此除了某些细菌更适合于特定环境(如高温、低温或特定 pH 范围)之外,还有各种各样的 PGPR,每种在不同的环境和土壤条件下活性也不同。事实上,还没有一种生物有能力利用所有可用的机制来促进植物生长。此外,几种通过至少一种机制促进植物生长的 PGPR 接种剂已经商业化。

PGPR 具有丰富的遗传多样性,目前已鉴定出许多不同种属的 PGPR,如农杆菌属、节杆菌属、芽孢杆菌属、假单胞菌属、链霉菌属、沙雷氏菌属、根瘤菌属。真核微生物中的许多真菌又具有植物促生作用,仍用 PGPR 来泛指。PGPR 菌对植物的促生作用体现在许多方面。①促进植物生长:PGPR 与植物的联合固氮作用,PGPR 可提高氮肥利用率,能溶磷解钾,产生植物生长刺激物质,合成生物活性物质。②PGPR 的生物防治作用:分泌抗生素或水解酶,诱导系统抗性的产生等。

5.9.2.1 微生物在植物根际的定植

1904 年,Hiltner 发现根际(rhizosphere),即受根系影响的土层,其细菌丰度远高于周围松散的土壤。这些根际微生物受益于植物根系分泌的可作为营养物质被利用的代谢物。引发这种根际效应的实质是由于植物固定了大量的碳,而其中 5%～21% 的有机碳又以根系分泌物的形式被分泌到了土壤中。尽管植物根际细菌的浓度是根际周围松散土壤的 10～1000 倍,但仍比实验室平均培养条件下的细菌浓度低至少 100 倍。这些现象表明,饥饿是根际细菌生活方式的最显著特征。为了在根际环境发挥有益的作用,细菌必须能胜任根际环境,如能与其他根际微生物竞争根系分泌的营养物质以及可被占据的根系空间。植物根系能释放诸多有机化合物,如氨基酸、脂肪酸、核酸、有机酸、酚类、植物生长调控因子、腐胺、甾醇类、糖类、维生素等,且不同植物根系分泌的有机化合物的种类不同。以番茄根系分泌物为例,其主要可溶性碳源分泌物是有机酸,其次是糖类和氨基酸,而重要的氮源是氨基酸和腐胺。在番茄的根际微生物中,利用有机酸缺陷的突变菌株的竞争力与野生菌株相比更差,而利用糖类缺陷的突变株与野生型相比没有明显的区别。这表明植物根际分泌物是影响其根际微环境的重要因素。然而植物根表面仅有一小部分被细菌覆盖,细菌最容易生长的部位是表皮间的连接处及侧根出现的区域。长期以来,根面定植不良被认为是限制生物防治效果的一个因素。近年来,根系定植已被证明是一些根际微生物发挥生物防治机制所必需的,如抗生和营养竞争及生态位竞争(CNN)。

定植在植物根表面的细菌通常被一层黏胶层覆盖。一种改进的扫描电子显微镜技术的引入,使科学家能够看到位于根面的这一层半透明的细菌。绿色荧光蛋白 GFP 的突变体的引入使单一菌株的所有细胞的可视化成为可能。组合不同颜色的荧光,可以在自发红色荧光的番茄根表面同时看到两种细菌或者一种细菌一种真菌。单轴系统的发展促进了从接种种子开始的根定植机制的研究。荧光假单胞菌 WCS365 是当前已知的最好模式的根际定植微生物,将包被的种子或幼苗与一至两种细菌同时植入包含无菌砂和不含碳源的无菌植物营养液的单轴系统中,在以根渗出物作为唯一碳源的条件下生长 7 天后,荧光假单胞菌 WCS365 在植物根表面的分布有了明显的变化,其中在根基部分每厘米单位的细菌数达到了 106CFUs,而在根尖部分每厘米单位的细菌数达到了 102～

103CFUs。时间进程显示,荧光假单胞菌 WCS365 首先在种皮上倍增。与未被定植的茎相比,根部逐渐被定植,从早期的单个细胞到后期长成微菌落。这些微菌落现在又被称为生物膜,通常由多层细菌组成,并覆盖一层黏液层。

此外,上述单轴系统也被用于鉴定参与根尖竞争性定植的基因及特征。在实验室条件下构建好生长缺陷突变株后,可以通过 Tn5 随机转座突变技术,筛选与亲本竞争能力有差异的突变株。在沙土中定植能力受损的突变株,在盆栽土中呈现一样的表型。对相关突变株进行遗传和生理学分析,影响细菌在番茄根尖定植的主要竞争性状包含:运动性;对根部的黏附;根部渗出物条件下的高生长率;氨基酸、尿嘧啶和维生素 B_1 的合成;脂多糖 O – 抗原侧链的存在;双组份感应系统 ColR/ColS;腐胺摄取系统的微调(突变株的 pot 操纵子受损);位点特异性重组酶 Sss 或 XerC;nuo 操纵子(突变体有一个缺陷 NADH:泛醌氧化还原酶);涉及蛋白质分泌途径的 secB 基因;Ⅲ型分泌系统(TTSS)。其中,运动性后来细化为对根系分泌物的趋化性,是影响根际定植的一个重要特征。在番茄的诸多根系分泌物中,对荧光假单胞菌 WCS365 起主要作用的化学引诱物是氨基酸和二羧酸,而糖类则是无效的。鉴于不同根系分泌物的水平差异,在较小程度上,苹果酸和柠檬酸也可以归类到对荧光假单胞菌 WCS365 起主要作用的化学引诱物。在拟南芥的根系分泌物中,L – 苹果酸是根际生防菌枯草芽孢杆菌 FB17 的主要化学引诱物。在番茄根际分泌物条件下的竞争性定植实验中,当野生型荧光假单胞菌 WCS365 和 ColR/ColS 双组份系统缺失突变株一同接种于番茄种植土壤中时,与野生型相比 ColR/ColS 双组份系统缺失突变株的生长速率明显被削弱,而且它们对能结合脂多糖(LPS)的抗生素多粘菌素 B 超敏感,但它们比野生型更能抵抗其他测试的抗生素。基因 colR/colS 调节位于下游的甲基转移酶/wapQ 操纵子,其中 wapQ 编码一种假定的庚糖磷酸酶。在单个甲基转移酶和磷酸酶基因的突变体中,竞争性定植也被削弱。因此,推测上述两种基因的编码产物都能修饰脂多糖(LPS),而 LPS 又能与外膜孔蛋白相互作用,但缺失了这些化学基团修饰的 LPS 会导致更窄的孔径。这种突变体脂多糖的修饰也从一定程度上解释了其在植物根系分泌物环境下生长速率变慢和竞争性定植能力削弱的原因,以及与多粘菌素 B 相互作用更强烈的原因。当在荧光假单胞菌 SBW25 中同时缺失 TTSS 的 brcD 和 brcR 基因时,突变株在番茄根尖的竞争性定植能力被削弱,当单独缺失其中一个基因时则不受影响。而在同亲本菌株的竞争中,突变株对种子或根的附着能力并没有被削弱,可能的原因是荧光假单胞菌 SBW25 通过 TTSS 将它的针推入植物的上皮细胞的细胞质中并以这些植物的果浆为食。事实上,注入空心针可能是 TTSS 的第一个功能,而这个系统在合并了一个功能性的马达至旋转的鞭毛之后就进化成为一种蛋白质注射系统。另一个关于 TTSS 在根际竞争中发挥作用的例子是,当 hrcC 基因突变时,恶臭假单胞菌对番茄根际的镰刀菌及黄瓜根际的腐霉菌的生物防治抑制作用丧失。然而仍然还有许多与细菌根际竞争性定植相关的基因有待进一步挖掘,这就需要一种依赖基因组的方法进行更全面的探索。

5.9.2.2 直接促进植物生长

1. 植物刺激物

一些细菌在没有植物病原菌的条件下,能产生刺激植物生长的物质。我们最为熟知的例子便是生长激素。此外,其他激素以及某些挥发物和辅因子吡咯喹啉醌(PQQ)也能刺激植物生长。存在于根系分泌物中的促进根生长的激素——生长素,通常合成自植物根系分泌物的色氨酸。而不同植物根系分泌物中的色氨酸浓度差异很大。当给不同的植物种子接种能产生生长素的荧光假单胞菌 WCS365 时,其并没有增加黄瓜、甜椒、番茄的根或茎的重量,但显著增加了萝卜的根重。究其原因,是因为每根萝卜幼苗根系分泌的色氨酸的浓度比黄瓜、甜椒或番茄的色氨酸的浓度至少高九倍。从亚热带草种中分离出来的固定 N_2 的雀稗固氮菌能够改善各种双子叶和单子叶植物的生长。然而研究者通过无机氮的添加实验发现,植物生长促进现象并不是氮固定引起的,而是由于产生了植物生长因子,如 IAA(吲哚-3-乙酸)、赤霉素和细胞分裂素。一些根际细菌,如枯草芽孢杆菌、解淀粉芽孢杆菌、阴沟肠杆菌,通过释放挥发性物质来促进植物生长,其中在施加 2,3-丁二醇和乙偶姻这两种挥发性物质后观察到最高水平的植物生长促进作用;而当这些化合物的生物合成被阻断时,对应的解淀粉芽孢杆菌 IN937a 和枯草芽孢杆菌 GB03 突变体对植物生长促进的作用也被失活。2008 年,张惠明等发现枯草芽孢杆菌 GB03 能通过调节内源信号葡萄糖和脱落酸感应的方式来提高拟南芥的光合效率和叶绿素含量,即这种细菌在植物获取能量的过程中起着调节作用。辅因子吡咯喹啉醌也是一种植物生长促进剂。合成 PQQ 可以促进番茄和黄瓜的生长,PQQ 在植物中可能起着抗氧化剂的作用,然而也不能排除这种作用是间接的,因为 PQQ 是几种酶的辅因子,涉及抗真菌活性和诱导系统抗性在内的生理进程。

2. 生物肥料

在没有病原压力的条件下,一些根际细菌能促进植物的生长。细菌肥料能为植物提供养分。固定 N_2 的细菌如根瘤菌和慢生根瘤菌可以在豆科植物(如大豆、豌豆、花生和苜蓿)的根上形成根瘤,在根瘤中它们可以把 N_2 转化为氨,与 N_2 相反,它可以作为被植物利用的氮源。固氮螺菌是一种自由生活的 N_2 固定剂,它可以通过固氮的方式给小麦、高粱和玉米施肥。尽管固氮螺菌具有固定 N_2 的能力,但由固氮螺菌接种引起的产量增加主要归因于根系发育的增加,从而增加了水和矿物质的吸收速率。

低水平的可溶性磷酸盐也会限制植物的生长。一些植物促生细菌能够从有机或无机结合的磷酸盐中溶解磷酸盐,从而促进植物生长。一些酶,如非特异性磷酸酶、肌醇六磷酸酶、磷酸酯酶和 C-P 裂合酶等,可以帮助微生物从土壤有机化合物中释放可溶性磷。其中 C－P 裂合酶裂解有机磷中的 C－P 键,而磷从无机磷酸盐中被释放的过程又与有机酸(如葡萄糖酸)的产生有关。

3. 铁载体及铁吸收

(1)铁载体:是小肽分子,具有可以结合铁离子的侧链和官能团。它们通常用作铁载体的铁螯合剂,且对某些配体具有高亲和力。相当多的铁载体是从微生物中筛选和应用的,它们具有物种特异性。产生铁载体的微生物可以通过减少病原体可利用的铁的量来防止或减少病原体的增殖。合成铁载体的 PGPR 通过分泌对铁具有极高亲和力的铁载体来防止植物病原体的增殖。这些铁载体与宿主植物根际的大部分 Fe^{3+} 紧密结合,并将结合的铁吸收到 PGPR 或宿主植物中。生物防治 PGPR 结合在宿主植物根际,阻止了宿主植物根际中的任何真菌和细菌病原体获得足够的铁用于它们的生长。因此,由于缺乏铁,病原体无法增殖,导致它们失去作为病原体的能力。这种生物控制方法的有效性是基于这样一个事实,即 PGPR 铁载体对铁的亲和力比真菌铁载体高得多(通常高许多数量级)。铁载体作为铁螯合剂的活性已经在不同的研究中显示,如来自金黄杆菌 C138 的铁载体,当其被递送到番茄根部时,它能有效地为番茄植物供应铁;另一个例子是在补充假单胞菌后,植物的出芽和生长显著增加。

(2)铁吸收:铁在植物光合作用系统中起着重要的作用,因为它是光吸收叶绿素的组成部分,并且还参与多种不同的生物合成机制。然而,可溶性铁的含量通常不足以获得最高的作物产量。尽管铁是地球表面最丰富的元素之一,但是植物和许多土壤微生物不易吸收足够的铁用于它们的生长。因为铁的不溶性,氢氧化铁仅微溶,所以不易被输送到细胞中。为了解决这个问题,一些细菌、真菌和植物分泌专门的低分子量(400～1000Da)铁结合分子,即铁载体,进入土壤搜刮铁。特别是 PGPR 产生的铁载体与 Fe^{3+} 结合的亲和力非常高。一旦铁载体和 Fe^{3+} 结合,当前可溶的铁－铁载体复合物被细菌或植物表面的特定受体吸收、内化,然后还原成亚铁态(Fe^{2+})或铁载体分子裂解,铁就从铁载体中释放出来。典型的由 PGPR 产生的铁载体对铁的亲和力比由植物或真菌产生的铁载体高得多,因此来自 PGPR 的铁载体甚至可以螯合微量的铁。

铁载体是低分子量分子,具有三个由柔性骨架连接的铁结合基团,两个氧原子连接到每个与铁结合的官能团上,有时是氮原子。这些官能团是双齿的,并且三价铁可以成功地占据这些基团中的三个,从而形成六配位络合物。微生物铁载体上的官能团主要是异羟肟酸盐、儿茶酚酸盐,或其他官能团,如羧酸根、柠檬酸根或乙二胺部分。这些官能团可以以组合的形式存在于单个铁载体分子上。异羟肟酸盐型铁载体常见于真菌,而儿茶酚酸盐比异羟肟酸盐更紧密地结合铁,常见于细菌铁载体。线性羟基和氨基取代的亚氨基羧酸,如麦根酸和燕麦酸是植物铁载体,它们倾向于比细菌铁载体更有效地结合铁。其他带负电荷的分子对铁的亲和力低于细菌铁载体。此外,一些其他三价和二价金属离子也结合细菌铁载体,尽管亲和力低得多。

5.9.2.3 间接促进植物生长

每年因植物疾病造成的作物经济损失超过2000亿英镑。抗性植物和化学物质通常用于控制植物疾病。抗性植物并非对所有疾病都有抵抗力,且培育抗病植物需要很多年。消费者和连锁超市对农药的使用持消极意见,并且许多政府不断颁布禁令限制农药的使用。利用微生物的生物控制手段来控制植物疾病,是一种生态友好的方法。这种微生物是植物病原菌的天敌,如果它产生次级代谢物,那么它只会在植物表面或附近等局部地方,即它应该起作用的位置发挥作用。此外,与许多设计用于抵抗微生物降解的农药相比,生物来源的分子是可生物降解的。我们通常所说的生物防治不仅用于控制活体植物中的疾病,还用于控制水果贮藏期间产生的疾病(也称为收获后控制)。一般情况,人们对利用根际细菌防控植物病原体的研究通常集中在病原微生物上,但应该注意的是,一些根际细菌对杂草和昆虫也有活性。因病原体引发疾病症状的土壤被称为导病土。细菌对植物病害的自发控制在世界各地的一些农田中均有发现。一些土壤被称为抑制性土壤,这些土壤含有保护植物免受真菌病害侵害的细菌,尽管土壤中存在致病病原体,但将少量抑制性土壤与大量的导病土壤混合使用能赋予后者土壤抑制性。

植物病害的微生物控制是一个复杂的过程,这一过程不仅涉及生物防治微生物、病原体、植物,还牵涉土著微生物群落及大型生物群(如线虫和原生动物),以及植物生长基质(如土壤、石棉或蛭石)。为了有效地发挥微生物的生物防治作用,微生物控制微生物应该在大范围的条件下保持活性,如不同的pH、温度和不同离子的浓度。想要达到这些要求并不容易,因而几种第一代商业生物防治产品的功效并不总是足够。在不久的将来,随着我们对生物防治机制的理解和有效菌株筛选程序的增加,生物防治产品的功效将进一步提高,因此生物防治具有良好的未来。

1. 拮抗(antagonism)

产生抗生素的细菌通过拮抗作用来杀死病原体,如果它们合成抗生素的结构基因发生缺陷性突变,那么它们将失去生物防治作用。一种适合生物防治的细菌,它不仅要合成和释放抗生素,也必须成功地与其他生物竞争根部的营养和根上的生态位,以便沿着整个根系传递抗生素。同时,这种细菌应该有足够的数量逃离以根际细菌为食的捕食者,即所谓的原生动物食草动物。此外,这类细菌应该在根表面的正确微生态中产生抗生素。从拮抗革兰氏阴性生防菌中发现的抗生素包括经典化合物氰化氢(HCN)、吩嗪(其中主要的是吩嗪-1-羧酸和吩嗪-1-甲酰胺)、2,4-二乙酰间苯三酚(Phl)、藤黄绿脓菌素和硝吡咯菌素。而蜡样芽孢杆菌可产生两性霉素A和卡诺胺。此外,其他抗生素,如D-葡萄糖酸和2-己基-5-丙基间苯二酚也在生防菌被发现。除氰化氢以外的其他挥发物,如2,3-丁二醇或芽孢杆菌属与真菌产生的挥发性混合物也参与植物保护。

最后,由枯草芽孢杆菌和假单胞菌产生的脂肽类生物表面活性剂在生物防治中也有应用。鼠李糖脂和吩嗪可协同作用对抗由腐霉属引起的土传病害。

然而,公认控制病原体从而防止该病原体损害植物的抗生素可能对同一植物上的另一种病原体无效,并且合成抗生素的 PGPR 可能在不同的田间条件下表现出不同的作用差异。此外,生物防治细菌的活性可以通过使用前在实验室中培养和配制生物防治 PGPR 的方法及其施用方式来改变。

一般来说,抗生素对生物防治 PGPR 抑制疾病的作用来自两种类型的实验。一方面,发现不合成抗生素的突变细菌同时丧失了全部或大部分防治由目标植物病原体引起的植物损害的能力。另一方面,对于那些有可能从生物防治 PGPB 中分离和纯化特定抗生素的情况,随后从其分离、纯化抗生素与生物防治 PGPB 菌株本身具有相同植物病原体抑制谱。许多抗生素来源于芽孢杆菌属和假单胞菌属的细菌,它们产生多种代谢物,被用于抗真菌、抗细菌、抗蠕虫、抗病毒、抗微生物、植物毒性、抗氧化剂、细胞毒性和抗肿瘤剂。对于芽孢杆菌来说,它们来源于核糖体或非核糖体肽和/或聚酮化合物合成酶(NRPS)。来源于芽孢杆菌属的抗生素有 Tas A、sublancin、枯草杆菌素等,而来自假单胞菌属的抗生素有 2,4 - 二乙酰间苯三酚(DAPG)、假单胞菌酸、吩嗪 - 1 - 羧酸(PCA)、绿脓菌素、吡咯菌素、卵霉素、头孢酰胺 A、粘菌素酰胺、丁内酯、两性霉素 A、偶氮霉素、鼠李糖脂、头孢菌素等。当前已在枯草芽孢杆菌 168 和解淀粉芽孢杆菌 FZB42 中鉴定了多个抗生素基因簇,它们是 srf、bmy、fen、nrs、dhb、bac、mln、bae、dfn,并通过 nrps 和 PKS 酶协调肽和聚酮化合物的生物合成而发挥作用。

一些生物防治 PGPR 有能力合成 HCN。如果大多数情况下这些细菌产生的 HCN 是唯一使用的生物控制机制,那么低水平的 HCN 不会特别有效地防治大多数真菌植物病原体的增殖。然而,通常情况下,能够产生 HCN 的生物防治 PGPB 也合成一些抗生素或细胞壁降解酶。此外,已经观察到由细菌合成的低水平 HCN 提高了抗真菌病原体的效力,从而确保不会引发关于真菌对特定抗真菌剂产生抗性的问题。因此,在同一 PGPR 中,细菌合成的 HCN 似乎与其他生物防治方法有协同作用。

HCN 的毒性受其抑制细胞色素 C 氧化酶以及其他重要金属酶的能力的影响。许多不同种属的细菌,如根瘤菌、假单胞菌属、产碱杆菌属、芽孢杆菌属和气单胞菌属已被证明能产生 HCN。抑制由爪哇根结线虫引起的番茄根瘤病归因于 HCN 的作用,在印度对作物害虫土白蚁的控制也是同样的机理。

2. 诱导系统抗性

一些细菌与植物根的相互作用可以导致植物对一些病原细菌、真菌和病毒产生抗性,这种现象被称为诱导系统抗性(induced systemic resistance,ISR)。ISR 是通过以下现象发现的,即假单胞菌 WCS417r 能诱导康乃馨对镰刀枯萎病的抗性,选定的根际细菌能诱导黄瓜对炭疽病菌的抗性。ISR 与人类的先天免疫有许多相同的特性,而 ISR 又不同于系统性获得性抵抗(SAR)。植物对病原体感染、昆虫攻击、微生物定居或化学品处理产生抗性,但这种诱导状态通过激活"休眠"防御机制来实现,只有在植物对病原体、昆虫等的外部接触做出响应时表达。ISR 提供了一种高水平的保护,这种保护是由一个协调的信号通路网络控制的,该信号通路是由共享信号成分的植物激素支配和主要调节的。

据报道,几种不同的 PGPR 产生水杨酸(SA),水杨酸可以作为信号分子启动一种类似于植物 ISR 的机制,这种机制被称为系统获得性抗性或 SAR。然而,SAR 通常是由植物病原体本身诱导的,水杨酸通常不被认为在 PGPR 诱导的植物对植物病原体的抗性中起作用。因此,虽然产生 SA 的 PGPR 可以激活植物的植物病原体保护机制,但与 ISR 相比,这种特性在 PGPR 被认为是极其罕见的。此外,SAR 通过编码 PR 蛋白的发病相关基因(PR)的激活来协调。PR-1 基因是最具特征性的 PR 基因之一,它主要用作 SAR 的生物标志物。

主要参与调节 ISR 和 SAR 的蛋白质是氧化还原调节蛋白 PR 基因 1(NPR-1)的非表达子。它在细胞质中通过分子间二硫键作为寡聚体合成,自 1994 年发现以来,它在转录调节中的功能已被充分证明。它的重要性已经在由荧光假单胞菌 WCS417r 以及许多其他 PGPR 激活的茉莉酸/乙烯依赖性 ISR 中显示出来。由 npr-1 基因编码的 NPR-1 蛋白在接收到来自 SA 积累的信号后激活 PRs 基因,从而建立 SAR 的激活。

PGPR 介导的 ISR 和 SA 依赖的 SAR 由不同的信号通路协调,尽管 PGPR 介导的 ISR 和病原体诱导的 SAR 都是有效的控制机制,但它们的有效程度略有不同。ISR 依赖于植物体内的茉莉酸和乙烯信号。许多单独的细菌成分诱导 ISR,如脂多糖、鞭毛、水杨酸和铁载体。其他列入诱导 ISR 清单的细菌成分包括环脂肽、抗真菌因子 2,4-DAPG、信号分子 AHL,以及由枯草芽孢杆菌 GB03 产生的挥发性混合物,在较小程度上,个别挥发性物质乙偶姻和 2,3-丁二醇也被归到上述范畴。与许多生物控制机制相反,ISR 不需要微生物在根系广泛定植,正如荧光假单胞菌 WCS365 根系定植突变体仍然可以诱导 ISR。

贫乏的定植者不太可能通过抗生作用发挥作用,因为定植是沿着根系的抗真菌成分的递送系统。因此,对于蜡状芽孢杆菌属的某些菌株,即便它们是不良的定植体,但仍不妨碍它们是良好的生物防控制剂。此外,一些抗真菌代谢物(AFMs)可以诱导 ISR 现象的发现,也佐证了许多可以作为生物防治剂的芽孢杆菌菌株是通过 ISR 而不是抗生素发挥生物防治作用的。

2008 年,Rudrappa 等用来源于番茄的叶面致病菌丁香假单胞菌 Pst DC3000 感染拟南芥幼苗的叶子,导致拟南芥根对 L-苹果酸的分泌增强,而拟南芥借由 L-苹果酸水平的增强选择性地通信并招募有益的根际细菌枯草芽孢杆菌 FB17,它是一种通过 ISR 保护植物的生物防治细菌[27]。Kamilova 等报道另一种荧光假单胞菌 WCS365 也是通过 ISR

发挥生物防治作用的,且它对番茄的主要根系分泌物柠檬酸表现出很强的趋化性[28]。对 *L* – 苹果酸的趋化性不太可能是有益细菌独有的特性。

3. 细胞壁降解酶

许多植物通过激活植物编码的一系列真菌细胞壁降解酶的合成来响应真菌植物病原体的感染。这些酶包括:①降解几丁质的几丁质酶,几丁质是 β – (1,4) – N – 乙酰氨基葡萄糖聚合物的残基,是许多植物病原真菌细胞壁的组成部分;②细胞壁碳水化合物 β – 1,3 – 葡聚糖酶;③蛋白酶,可以降解细胞壁蛋白;④脂肪酶,可以降解一些细胞壁相关的脂质,所有这些都可以在某种程度上单独溶解真菌细胞。除了植物编码的细胞壁降解酶之外,一些生物防治 PGPB 也可以合成一组类似的细胞壁降解酶。这些酶效力的证据通常来自实验室,其中用编码这些细胞壁降解酶的基因进行遗传转化的 PGPR 菌株显示可以成为更有效的生物控制剂。几丁质酶基因可以过表达,这在不同的研究中可以看到菌株通过共转化插入乙酰胺酶基因,其中丙酮酸组成型启动子成功地提高了修饰菌株中的几丁质酶活性。几丁质酶、过氧化物酶和 β – 1,3 – 葡聚糖酶是 PR 蛋白的一部分,它们的激活可以诱导植物的 ISR,研究者在芽孢杆菌中发现分别编码 β – 1,3 – 葡聚糖酶和几丁质酶的 *PR – 2* 和 *PR – 3* 基因的上调。

4. 对营养和生态位的竞争

除了生物防治 PGPR 本身产生抑制植物病原体物质的机制之外,一些生物防治 PG-PR 可能在营养物或植物根上的结合位点方面胜过植物病原体。这种竞争可以限制植物病原体与植物的结合,从而使其难以增殖。然而,由于并不总是能产生或多或少与植物表面结合具有竞争性的 PGPB 突变体,因此生物防治 PGPR 在战胜植物病原体并由此阻止其发挥作用的能力方面的明确证明相对有限。事实上,一般认为 PGPR 竞争力与其他生物控制机制一起阻止植物病原体的作用。营养物质竞争的例子在腐霉生物防治及巨大芽孢杆菌增强番茄植物生长中都有报道。

几十年来,生物防治细菌与病原菌在根际中竞争养分和生态位被认为是一种可能的生物防治机制,但缺乏实验证据。Kamilova 等人认为,如果这种机制存在,那么就可以筛选出这种生物控制菌株。为此,他们将根际菌株的混合物接种到无菌种子的表面,随后让种子在一个无菌系统中发芽。1 周后,从幼苗上截取含有最佳竞争性根定植细菌的根尖,并使细菌数目短暂倍增,随后施加到新鲜种子上进行新的富集循环。在 3 个这样的循环后,分离的细菌在根尖竞争性定植上与模型定植菌株荧光假单胞菌 WCS365 一样好,甚至更好,它们也能在根部分泌物中有效生长。其中大多数分离的细菌,包括假单胞菌菌株 PCL1751 和 PCL1760,它们能控制番茄根腐病。但 Kamilova 等人观察到,其中一株最好的根际竞争性定植细菌并不能防治 TFRR,即有效的根系定植不足以进行生物防治。Pliego 等也通过实验分离到了两株相似的根际定植增强的细菌,但只有其中一种能防治鳄梨白根腐病。在石棉的 TFRR 生物控制实验中,研究者发现 3 周后,与所有其他组合的可培养细菌相比,在石棉的根部富集了更多的 CNN 菌株——恶臭假单胞菌 PCL1760,而恶臭假单胞菌 PCL1760 是从石棉机制筛选出的生物防治细菌,这说明了这种 CNN 菌株的巨大保护能力。

5. 群体淬灭

在环境中,细菌细胞使用群体感应机制来检测相似(以及不同)类型细菌的存在。随着细菌细胞的生长,一旦它们达到一定的临界细胞密度,细菌就"感知"细胞密度(通过产生化学信号),并开始通过开启不同的基因组合来改变它们的代谢,使得彼此邻近的相似细菌可以开始以协调的方式起作用。

在大多数系统中,细菌合成的低分子量化学物质被称为自动诱导物,这些化学物质通常被分泌到细菌细胞外。当细菌细胞群体增加时,自诱导剂的细胞外水平也增加,直到其超过某个阈值水平,与细菌细胞受体结合并触发信号转导级联,从而在统一细胞群的作用下在群体范围引起细菌基因表达的变化,如在某个细胞密度下,植物细菌病原体可能开始变得更具毒性。破坏这种群体感应(quorum sensing,即病原体之间的信号传递)可以阻止病原体变得越来越毒,并防止其抑制植物生长。有许多生物方法可以淬灭群体感应现象。一种方法是利用 PGPR 产生的称为内酯酶的酶降解病原体产生的自诱导剂,如 N - 乙酰基高丝氨酸内酯(AHL)是合成病原菌胡萝卜软腐欧文氏菌细胞壁降解酶所必需的。信号干扰是一种基于 AHL 降解的生物防治机制,如通过苏云金芽孢杆菌的 AHL 酶可以水解内酯环或通过 AHL 酰化酶破坏酰胺键。此外,AHL 酰基转移酶在生物膜的形成过程中也发挥一定的作用,生物膜形成的减少可能使生物防治更容易。用这种 PGPR 预处理植物幼苗(当它们对许多病原体最敏感时),尤其是在已知特定细菌病原体特别成问题的情况下。虽然这是一个聪明的策略,且在实验室中取得了成功,但它还没有在野外成功测试过。

6. 噬菌体

一些植物细菌病原体可以被特定的噬菌体所裂解。为了使这种方法起作用,必须明确地将目标植物细菌病原体鉴定到菌株水平,随后才有可能分离和彻底鉴定几种不同的噬菌体,这些噬菌体只能裂解靶病原体而不影响任何其他细菌菌株。为了杀死目标植物细菌病原体,将 2 或 3 种不同噬菌体菌株的混合物喷洒到被感染的植物上,且所有噬菌体菌株都针对目标细菌病原体。使用噬菌体菌株的混合物降低了靶病原体产生噬菌体抗性突变体的可能性,这是因为细菌病原体表面噬菌体的结合位点不同。由于大多数噬菌体对紫外光非常敏感,所以它们通常应在黄昏紫外光强度较低时喷洒到植物上。尽管有这种预防措施,但一些噬菌体需要每周甚至每天使用,才会有效。目前,一些基于噬菌体的生物防治制剂已经被许可使用,如针对引起番茄和辣椒细菌性斑点病的细菌病原体黄单胞菌的噬菌体,针对引起猕猴桃溃烂病的丁香假单胞菌的噬菌体,针对引起番茄细菌斑点病的丁香假单胞菌的噬菌体。

关于噬菌体作为生物控制剂的最早报道出现在 Kotila 和 Coons（1925 年）、Moore（1926 年）的研究中。根据它们的生命周期,它们可以是破坏宿主细菌细胞的裂解性噬菌体或将其基因组整合到宿主基因组中并复制而不影响宿主细菌细胞的溶源性噬菌体。用噬菌体治疗细菌感染被称为噬菌体疗法。这是一种很有前途的防治植物枯萎病的方法,因为它已成功地用于治疗植物病原性疾病。

5.9.3　海洋微生物

5.9.3.1　海洋微生物概述

海水中发现的主要细菌种类包括假单胞菌属、弧菌属、无色杆菌属、黄杆菌属和微球菌属。然而,迄今为止,链霉菌属一直是新分子的主要提供者。海洋细菌被认为具有不同于陆生细菌的生理、生化和分子特性,因此它们可以产生不同的化合物。海洋细菌可能是检测新型具有抗菌特性分子的最有前途的微生物,特别是因为大多数天然抗菌药物来自一组陆地细菌,即放线菌。

Dyková 等人报告说,他们在亚得里亚海的海胆体内发现了一种可能的黏菌。由于黏菌相关的研究很少,使得他们无从开展针对海洋环境中黏菌的相关研究,尽管他们从海洋中分离了很多新的黏菌物种,并且可以从这些黏菌中分离出很多新的次生代谢产物。然而,对它们生物学特性的理解仍然相当有限。从 20 世纪 50 年代到 70 年代,对来自黏菌的生物活性分子进行了高度研究,然后直到 21 世纪初才停止研究。总的来说,几乎所有分离自黏菌的生物活性化合物对革兰氏阳性菌（如枯草芽孢杆菌）表现出最高的抑制作用,其次是真菌（如白色念珠菌）,对革兰氏阴性菌的抑制作用很低或没有抑制作用。尽管如此,它们对其他微生物细胞的影响还没有被研究过。

海洋真菌是海洋生境中木质纤维素和芳香物质的主要降解者。根据它们在海洋栖息环境中生长的能力,它们被分类为专性或兼性海洋真菌。前者生长迅速,只能在海洋或河口环境中形成孢子,而后者通常来自陆地环境,适应于海洋环境。海洋真菌与海藻、珊瑚和海洋大型植物的碎屑有关。大约有 1500 种海洋真菌,其中 530 种是专性海洋真菌。有时,很难区分海洋真菌的专性或兼性特征,因此,使用了更广泛的术语“海洋衍生真菌”。大多数海洋真菌属于子囊菌门,而担子菌门却很少。近来开发了一个专门研究海洋真菌的在线数据库。

海洋环境中存在着的严酷的物理和化学条件导致了海洋真菌中特殊代谢途径的发展,而这些代谢途径在它们的陆地对应物中是找不到的。在过去的几十年里,从海洋真菌中获得了大量具有多种药理活性的新型天然代谢产物。然而,目前市场上很少有来自海洋真菌的药物。

海洋微藻是微小的单细胞植物,形成所谓的浮游植物。由于它们的光合过程,它们作为生物量和有机化合物的主要生产者,在海洋中发挥着至关重要的作用。此外,海洋微藻产生大约 50% 的大气氧气。海洋微藻可分为三类:蓝绿藻(蓝藻)、硅藻(硅藻门)和甲藻(甲藻纲)。人们估计海洋中大约有 50000 种微藻,然而其中很少被鉴定。在海洋微藻中发现的相当大的生物化学差异使它们成为生物合成大量生物活性分子的未开发的来源。微藻可用于生物量生产、初级代谢物生产(如类胡萝卜素、蛋白质和脂质)、作为重金属的生物吸附剂和次级代谢物生产(通常是具有药物应用的化合物)。

5.9.3.2 海洋微生物中的生物活性物质

1. 海洋细菌中的生物活性物质

Galaviz – Silva 等人报告了从墨西哥海洋生境中分离出的细菌绿脓杆菌、奥氏芽孢杆菌、安全芽孢杆菌、嗜硼芽孢杆菌、高原芽孢杆菌和塞内加尔弧菌对食源性中毒菌株金黄色葡萄球菌和副溶血弧菌的急性抗菌活性。这些海洋细菌似乎可以用于开发新的抗菌剂,作为对抗其他临床上重要细菌的潜在替代物[29]。

从海洋链霉菌和泥泞湿地岸边获得的芽孢杆菌的共培养物中新发现的代谢产物 dentigerumycin E 显示出对人类癌症的抗增殖和抗转移活性。这表明海洋微生物的共培养可能是寻找新的生物活性微生物代谢产物的一种有前途的方法。Shivale 等人从海洋土壤样品中分离出两种新型抗氧化剂产生菌,经鉴定分别为幽门螺杆菌和施氏假单胞菌[30]。然而,还需要更多的研究来确定产生的抗氧化化合物及其可能的工业应用。

从海洋沉积物样品中鉴定并分离出一株海洋放线菌链霉菌 S2A[31]。这种生物产生的提取物显示出对病原体细菌和真菌的抗微生物活性、对 α-葡糖苷酶和 α-淀粉酶的抑制活性以及对不同细胞系的抗氧化和细胞毒性活性。他们确定提取物的主要成分(80%)为吡咯并(1–a)吡嗪–1,4–二酮,六氢–3–(2–甲基丙基),对应于衍生自二酮哌嗪的肽。

Wang 等人从海洋细菌脲气球菌中分离并纯化了一种胞外多糖,该多糖具有抗氧化活性,根据对小鼠的安全性评估,其外用和口服都是安全的[32]。因此,它可能在医学上有潜在的应用。

Zhang 等人从海洋泥浆样品中分离出一株链霉菌 ZZ745,并从该海洋放线菌中鉴定出 5 种巴格霉素类似物,其中包括 2 种新的类似物。这两种新的巴格霉素对大肠杆菌具有抗菌活性[33]。

Al – Dhabi 等人发现分离自沙特阿拉伯海洋的放线菌链霉菌 Al – Dhabi – 90 的提取物具有显著的抗耐药性病原体活性,如金黄色葡萄球菌、肺炎克雷伯菌、大肠杆菌、绿脓杆菌、奇异变形杆菌和屎肠球菌。此外,他们发现链霉菌提取物的主要成分是 3–甲基哒嗪、正十六烷酸、吲唑 - 4 - 酮、十八烷酸和 3a - 甲基 - 6 - (4 - 甲基苯基)硫[34]。因此，链霉菌 Al - Dhabi - 90 是生产新抗生素以对抗多药耐药临床病原体的有希望的来源。

Kim 等人从海洋放线菌链霉菌 MBTG13 的半固体水稻培养物中分离出 4 种 2 - 烷基 - 4 - 羟基喹啉化合物，其中一种化合物对白色念珠菌的菌丝生长有很强的抑制作用[35]。

Petruk 等人从波佐利海港（意大利那不勒斯）的污染区分离的海洋革兰氏阴性菌新鞘氨醇杆菌 PP1Y，其甲醇提取物具有抗氧化特性[36]。

Sran 等人从 Rasthakaadu 海滩（印度泰米尔纳德邦）分离出一种海洋放线菌，根据多相分类学鉴定为微杆菌 aurantiacum FSW25。这种细菌的培养产生了大量的胞外多糖，其具有有趣的流变和抗氧化特性，可在各种工业中用作黏性抗氧化剂[37]。

Zhang 等人从海洋沉积物中分离出一种海疣孢霉菌 MS100137，并从其培养物提取物中发现了 1 种新的 abyssomicin 和 6 种已知的 abyssomicin 和 proximicin 类似物。新化合物和 2 种已知化合物对甲型流感病毒表现出显著的抗病毒作用[38]。

2. 海洋真菌中的活性化合物

Li 等人从海洋真菌青霉菌 ZZ901 的培养提取物中获得了 6 种新的青霉素类和已经鉴定的代谢物(+) - 硬化素、(+) - 硬化内酯、(+) - 硬化二酮和大黄素甲醚。他们发现，已知的(+) - 硬化内酯化合物抑制神经胶质瘤细胞的生长，并且还表现出对致病菌金黄色葡萄球菌(MIC 7.0mg/mL)和大肠杆菌(MIC 9.0mg/mL)的抗菌活性[39]。

Luo 等人从深海真菌镰孢菌 152 发现了一种新的抗甲氧西林耐药金黄色葡萄球菌(MRSA)化合物。随后，该化合物被鉴定为木贼素，并显示对 MRSA 的 MIC 值为 1mg/mL[40]。

Luo 等人从红树林伴生真菌中分离出 28 种芳香族聚酮化合物，其中 4 种显示出对 3 种甲型流感病毒(IAV)的高抗病毒活性。这些化合物被鉴定为 pestalotiopsone，3,8 - 二羟基 - 6 - 甲基 - 9 - 氧代 - 9H - 氧杂蒽 - 1 - 羧酸酯和 5 - 氯异松脂素[41]。

Pang 等从海绵衍生真菌木霉 SCSIO41004 的水稻栽培提取物中获得了 3 个新分子和 6 个已知分子。从分离的化合物中，只有 1 种(已知的化合物 5 - 乙酰基 - 2 - 甲氧基 - 1,4,6 - 三羟基蒽醌)表现出显著的抗人肠道病毒 71 型(EV71)的抗病毒活性[42]。

Song 等发现从野生蟹中收集的真菌青霉菌 ZZ380 可产生 7 种新的吡咯并吡喃酮类生物碱，其中 1 种表现出高的抗神经胶质瘤活性，另外 3 种表现出抗 MRSA 和大肠杆菌的抗菌活性，MIC 值为 2.0 ~ 5.0mg/mL[43]。

Vala 等人利用海洋来源真菌黑曲霉产生了一种具有抗癌活性的 L - 天冬酰胺酶，并以花生油饼作为廉价底物，实现了实验室生物反应器规模(5L)的成本有效的生产[44]。

许多从沙特阿拉伯红海海岸收集的海绵中分离和培养的各种细菌被用于生产抗癌酶 L - 天门冬酰胺酶。其中一种被鉴定为枯草芽孢杆菌的细菌产生 L - 天门冬酰胺酶，但没有谷氨酰胺酶活性,这从医学角度来看是非常重要的。

Zhao 等人从源自海洋植物的 141 个真菌菌株中鉴定出 2 种具有生物活性的真菌。这两种真菌被鉴定为木贼镰孢菌和链格孢菌。前者产生了两个化合物,鉴定为(11S) - 1,3,6 - 三羟基 - 7 - (1 - 羟乙基) - 蒽 - 9,10 - 二酮和 7 - 乙酰基 - 1,3,6 - 三羟基蒽 - 9,10 - 二酮,它们对肺(A - 549)、宫颈癌(HeLa)和肝癌(HepG2)人类细胞系具有细胞毒性。链格孢菌产生了一种化合物(stemphyperylenol)和另一种化合物(alterperylenol),前者对茶炭疽杆菌和芸苔链格孢菌具有强抗真菌活性,而后者对稻根棒杆菌具有抗菌活性(MIC 1.95mg/mL)[45]。

Wang 等人从深海真菌中鉴定了 4 种新的氯代化合物,分别命名为 chaephilone C 与 chaetoviride A、chaetoviride B 和 chaetoviride C,以及 4 种已知的源自 azaphilone 的化合物,分别命名为 chaetoviridin A、chaetoviridine E、chaetomugilin D 和 cochliodone A。chaetoviride A 和 chateoviride B 表现出对轮虫弧菌和创伤弧菌的抗菌活性,chaetoviride B 和 chaetoviride C 表现出抗 MRSA 活性。此外,chaetoviride A 对 HepG2 细胞具有细胞毒活性,chephilone C 和 chateoviride B 对 HeLa 细胞具有细胞毒活性[46]。

Zhao 等人从海绵伴生真菌 Truncatella angusta 的固体培养物中分离出 8 种新的异戊二烯化环己醇和 14 种已知的类似化合物。在 8 种新分离的异戊二烯化环己醇中,其中一种对人类免疫缺陷病毒 1 型(HIV - 1)和猪源甲型流感病毒(H₁N₁)显示出相当高的抑制水平,另一种只对 HIV - 1 病毒显示出相当高的抑制水平[47]。

Liu 等人从珊瑚衍生真菌核盘青霉菌中分离出 4 种新的和 9 种已知的聚酮化合物,其中 3 种(鉴定为氮杂菲酮衍生物、异嗜铬酮Ⅸ和巩膜酮化合物 C)具有抗炎活性。这指明了海洋真菌聚酮化合物作为抗炎化合物的能力[48]。

Wang 等人从海洋来源的真菌桔青霉 HDN - 152 - 088 中获得了 2 种新的桔霉素二聚体(即二醋精)和 1 种常见的桔霉素单体。有趣的是,其中一种新的桔霉素二聚体显示出抗氧化活性[49]。

Ma 等人从海洋来源的真菌小青霉 ZZ1657 中分离出 3 种新的紫红素化合物、1 种新的异香豆素青霉异香豆素化合物和 15 种已知的代谢产物。其中 2 种紫红苷为 N - 乙酰基 - L - 缬氨酸缀合的二氢吡喃倍半萜类化合物,具有抗 MRSA、大肠杆菌和白色念珠菌的抗菌活性(MIC 值分别为 6 ~ 12mg/mL 和 3 ~ 6mg/mL),而另一种紫红苷被鉴定为新的二氢吡喃倍半萜类化合物,具有抗人神经胶质瘤细胞的高抗增殖活性[50]。

Xu 等人首先从 1 种海洋海绵相关曲霉属真菌中分离出 2 种环桔醇类似物,分别命名为 aspergillsteroid A 和 neocyclocitrinol B。aspergillsteroid A 对水生病原体哈氏弧菌显示出相当大的抗菌活性(MIC 16mg/mL)[51]。

3. 海洋微藻中的生物活性物质

De Vera 等人研究了 33 种海洋微藻提取物的生物活性潜力。他们发现甲藻原甲藻、沙生甲藻、网状甲藻、塔玛亚历山大藻和南极藤黄藻显示出有希望的凋亡活性[52]。

Fimbres - Olivarria 等人从生长在3种波长(即白光、红光和蓝光)环境下的海洋硅藻舟形藻中提取了硫酸化多糖。回收的多糖表现出抗氧化活性,尤其是提取自生长在白光和蓝光下硅藻的多糖。因此,这些硫酸化多糖可以作为抗氧化剂在生物技术中具有潜在的应用[53]。

Lauritano 等人首次报道了硅藻的抗结核活性。他们发现,当在对照(即无应激)和磷酸盐饥饿条件下培养时,硅藻中肋骨条藻和假尾角毛藻的有机提取物表现出抗结核活性[54]。

Martinez 等研究了海洋微藻双甲藻生产生物活性物质的情况。他们发现了一种与 amphidinol 家族相关的新物质,命名为 amphidinol 22,具有强效细胞毒性和中等抗白色念珠菌活性[55]。

海洋的生物多样性是具有潜在工业应用的新的化学多样性化合物的潜在丰富来源。因此,海洋生态系统的生物勘探已导致鉴定出能够产生具有令人感兴趣的药理活性(即抗菌、抗肿瘤和抗病毒)的生物活性化合物的新微生物。此外,海洋微生物是用于药物发现的可再生和环境友好的替代物。迄今为止,报道的结果都非常令人鼓舞。因此,从海洋微生物中获得的化合物可能是对抗抗生素抗性细菌和与许多可怕疾病(如获得性免疫缺陷综合征、癌症)持续斗争的解决方案。

5.9.3.3 微塑料降解

1.塑料与海洋微塑料

塑料因其优异的耐久性、可塑性、耐腐蚀性和低成本而被广泛应用于工业和日常生活中[56]。然而,塑料的耐腐蚀性也使它们难以降解。过去几年,全球塑料垃圾已达约63亿吨。如果不按照目前的塑料废物排放速度进行干预,到2030年,不断增加的塑料污染可能会翻一番。聚乙烯(PE)、聚丙烯(PP)、聚苯乙烯(PS)、聚氯乙烯(PVC)和聚对苯二甲酸乙二醇酯(PET)等碳基聚合物是环境中最常见的塑料,约占全球塑料的80%。除了这些化合物之外,由聚氨酯(PU)和聚酰胺(PA)制成的塑料制品也广泛分布。根据降解程度的不同,塑料分为可生物降解塑料和不可生物降解塑料。可生物降解塑料主要由生物来源制成,如淀粉或纤维素,它们可以是生物基或化石基。已开发出一类可生物降解塑料,如聚乳酸(PLA)、聚己内酯(PCL)、聚羟基丁酸酯(PHB)和聚氨酯(PU)。目前,垃圾填埋是塑料垃圾的主要处理方式,不可避免地会对环境造成二次污染。70%~80%的塑料碎片通过河流转移到海洋[57],并分布在海岸线、地表和海底,甚至分布在远离陆地的公海等偏远地区[58]。目前,海洋中有约51万亿个重达236000吨的塑料颗粒[59]。塑料的较长半衰期和疏水表面促进微生物的定植和有害藻类与持久性有机污染物的运输[60-61]。

Frias 和 Nash 将微塑料(microplastics,MPs)定义为"微塑料是任何合成的固体颗粒或聚合物基质,具有规则或不规则形状,尺寸范围为 $1\mu m \sim 5mm$,不溶于水"[62]。生产到微观尺寸的塑料颗粒称为初级 MPs。据估计,全球每年有 150 万吨初级 MPs 被释放到海洋中,占海洋中所有 MPs 的 15%~31%。一般来说,较小的 MPs 颗粒比相同重量的较大塑料碎片更有害,更难去除。合成纤维在洗涤过程中释放的纤维碎片、农业覆盖物的降解以及海洋环境中塑料废物的风化和分解形成的 MPs 成为次级 MPs,在海洋中比初级 MPs 丰富得多。一旦塑料废物到达海洋环境,浮力将决定塑料的分布。一些密度低于海水的塑料(如 PE 和 PP)会漂浮,它们将通过风和地表水流进行长距离运输。相比之下,密度较大的 MPs,如 PVC,更有可能沉入海水中。由于微生物降解和各种物理化学作用,漂浮在海面上的塑料可能会在数周至数月内失去其表面疏水性并增加密度,最终沉入海底。由于它们的稳定性和耐用性,这些塑料可能会持续数百年至数千年。

地表水样品中最常收集的 MPs 以碎片、纤维、薄膜、泡沫和颗粒的形式存在。在我国的黄海,研究人员发现该地区的主要 MPs 类型是 PE,而最常见的形状似乎是纤维。除了形状多样外,MPs 颗粒的表面由于波浪摩擦等各种物理作用,表面粗糙且多孔。MPs 较大的表面积与体积比使疏水性有机物质更容易附着在海水中。以往的研究发现,MPs 对海洋中有机污物的吸附能力分别比沉积物和周围海水高 2 个数量级和 6 个数量级。塑料的有机化合物与吸附的各种物质相结合,使 MPs 成为海洋中微生物附着的独特基质。假设每立方米海水有一个直径为 1mm 的塑料颗粒,这些 MPs 可以提供 420 万平方公里的表面积,这将为有害物质和微生物的吸附提供很大的空间。然而,这一数量大大低于目前对海洋中 MPs 总量的估计。除了提供充足的有机物质外,MPs 的粗糙表面还提供了一个稳定的栖息地,帮助微生物抵抗环境压力。因此,塑料可能是环境中微生物的理想基质。

海洋中大量的 MPs 对海洋生态和食物链产生了影响。在海洋中,MPs 会影响浮游植物的光合作用和生长,减缓浮游动物的游动,从而降低其繁殖效率,还可能影响海洋碳储量。此外,漂浮的 MPs 可能成为微生物甚至某些病原微生物的运输工具,加速传染病的传播。漂流的 MPs 在被海流和海浪分散时,会将它们携带的微生物群移动到新的栖息地,甚至能够跨越海洋传播。在受人为活动影响较小的北冰洋,研究人员在海面和沉积物中发现了大量的 MPs。微塑料很可能已经丰富了食物链和食物网。它们已在海洋中的鱼类、贝类、南极磷虾和珊瑚中发现,它们对食物网的污染程度比我们所知的要大得多。最常见的 MPs 类型主要是蓝色。这些有色 MPs 在水生环境中特别有害,因为它们可能被误认为是食物而被海洋动物直接摄入。进入生物细胞的 MPs 可能对生物体产生更大的影响,能够导致体重减轻、局部炎症和干扰能量再分配。

除了 MPs 自身化合物的危害外,其表面吸附的有机污染物也会造成大量生态破坏,如菲、二嗪农、壬基苯酚等。MPs 倾向于从周围的水中吸附和积累污染物,如二氯二苯三氯乙烷(DDT)、多氯联苯(PCB)、多溴二苯醚(PBDE)以及烷基酚和双酚 A(BPA)。MPs 的吸附能力与其自身性质有关,不同材料的 MPs 在相同体积和表面积下的吸附能力不同,据报道,PE 比其他类型的 MPs 吸收更多的有机污染物。海水养殖中滥用严重的抗生素极易被 MPs 吸附,这将加速耐药菌的出现和耐药基因的转移。因此,MPs 会对海洋中的生物和非生物环境造成潜在压力。微生物也可以在 MPs 表面定植,形成称为塑料球的生物膜。

2. 塑料球的多样性

塑料球最初由 Zettler 等人命名,描述了一种附着在塑料上且与周围环境不同的新型微生物群落。研究海洋 MPs 的塑料圈有两种主要策略,即环境采样和实验室孵化。由于采样困难和费用的原因,环境采样的报告受到限制,特别是对于底栖海洋。通过使用实验室孵化,已经进行了几项研究,其中塑料碎片在人工创造的实验室条件下在收集的海水或沉积物中孵化,排除了可变自然环境的干扰。由于环境较为稳定,这种研究通常适合观察海洋微生物的塑料降解能力和降解酶的功能。塑料球的早期研究主要依靠显微镜或扫描电子显微镜(SEM)从形态上识别不同的生物体。直到最近,高通量测序才被用于研究塑料球。在对海洋 MPs 表面微生物的大多数研究中,核糖体小亚基 16S 基因(*16S rRNA*)和真核 *18S rRNA* 基因已被用于元条形码与第二代测序技术[63]。内部转录间隔(ITS)技术也用于塑料球中真菌的分类。对于原核生物,元条形码研究中最常用的遗传条形码位于细菌的高变 *16S rRNA* 的 V₄ 与 V₅ 位点,V₃ 位点也已在一些早期研究中使用。由于条形码序列长度较短,限制了条形码的分辨率,第二代测序技术通常可以识别到属水平。应该使用第三代测序等长读长测序技术来实现对同一条码的较长区域的测序,从而实现更准确的物种分类。*18S rRNA* 是鉴定微生物真核生物的典型靶标。然而,*18S rRNA* 基因对某些真菌类群的分类分辨率有限,因此真菌特异性引物,如靶向 rRNA 操纵子内部转录空间区域(ITS)的引物用于真菌检测以确保准确性。专注于海洋塑料圈中真核生物的研究相对较少。然而,作为塑料圈的自然组成部分,未来的研究需要检测真核生物分类群。

微观和分子序列数据表明,塑料圈由初级生产者、异养生物、共生体和捕食者组成。浮游植物和细菌之间的相互作用在调节地球生态循环和海洋食物网结构方面发挥着关键作用。自养生物和其他微生物之间的这种关联也存在于塑料球中。研究表明,硅藻在塑料碎片上几乎无处不在,有时甚至在塑料表面占主导地位。这些自养生物可以为塑料圈提供有机物来源并调节微生物群落。硅藻广泛存在于塑料球中,如胸隔藻、舟形藻、菱形藻。除了它们,蓝藻也在塑料球中被发现。结果发现,与周围海水中的蓝藻相比,在塑料表面定植的蓝细菌使用了完全不同的光捕获机制,前者的藻胆体天线编码基因丰度增加,编码叶绿素 a/b 结合的基因表达更高。这表明海水中的蓝藻光合作用主要发生在叶绿素结合复合物中,而塑料表面的蓝藻通过藻胆体复合物进行光合作用。就结合发色团所需的氨基酸数量而言,叶绿素 a/b 蛋白比藻胆体需要更少的氮,因此合成叶绿素 a/b 蛋白所需的氮更少。藻胆体基因的高表达似乎对蓝藻在氮源已经不足的塑料表面上的生存非常不利。藻胆体蛋白的优点是它们在没有氮的情况下很容易分解,一旦有合适的氮源可以快速重组。除了作为捕光复合物外,藻胆体还可作为氮的储存库,提高蓝藻的生存能力,并在 MPs 表面氮限制环境中提供显著优势。此外,固氮酶(nifH、nifD 和 nifK)也在 MPs 表面的微生物群落中发现除了光合自养菌外,塑料球中还存在光异养细菌,如红杆菌和玫瑰杆菌。

除了通过有机底物的氧化获得异养能量外,这些异养细菌中的一些还具有用于光收集和碳循环的需氧无氧光养(AAP)装置。除光异养细菌外,在塑料碎片上也发现了经典的异养细菌。以前以塑料作为唯一碳源的培养研究表明,在变形菌(如假单胞菌和固氮菌)、厚壁菌门(如芽孢杆菌)和放线菌(如红球菌)中的成员有所积累。原位研究表明,丰度更高 MPs 上的环杆菌科、玫瑰球菌属等比在天然底物上的要高。红杆菌科、黄杆菌科和伯克氏菌目在塑料上也表现出更高的丰度。值得注意的是,在塑料球中也发现了弧菌科和分枝杆菌科。在蓝藻等生产者的帮助下,MPs 群落的营养限制并不像我们想象的那么严重。

3. 塑料的微生物降解

塑料的回收利用是人们关注的主要问题。目前,机械(通常导致再造粒)和化学(通常导致单体构件)回收是塑料回收的常用方法。然而,机械回收通常是一个"降级循环"过程,将废料转化为质量和价值较低的产品。塑料也用作二次燃料。但从塑料废物中回收能量会产生有毒的二噁英。通过化学反应将塑料转化为更小的分子是塑料回收的一种实施方法,但苛刻的反应条件和大的能量需求阻碍了化学回收的大规模应用。此外,在这个过程中会排放大量二氧化碳,并且可能会释放出许多有毒化合物。

生物回收是满足未来几年塑料回收需求的一种快速发展且有前景的方法。与其他聚合物的生物降解类似,微生物介导的 MPs 降解主要是通过生物膜中分泌的各种酶,将塑料大分子分解为较小的对环境无害的代谢物,如 H_2O、CO_2 和 CH_4。利用微生物降解 MPs 在不损害环境的情况下增强了生物降解性,而微生物对几乎任何环境的适应能力也保证了 MPs 的降解。随着近年来塑料垃圾的增加,人们越来越关注高效降解微生物或高效降解酶以减轻塑料污染。小尺寸和大量的塑料颗粒对从海洋中去除 MPs 提出了巨大的挑战。即使是用于科学研究的高精度捕获工作也无法捕获 MPs 的所有小颗粒或沉积在海洋深处的颗粒。

一些研究表明,捕获海岸线或漂浮的大型藻类可以减少 MPs 对大型藻类的富集,但与整个海洋中的 MPs 污染相比,这只是杯水车薪。因此,生物降解特别是微生物降解,已成为解决海洋塑料污染的非常重要的方法。塑料球中的微生物为塑料降解菌的分离和富集提供了极大的便利,但降解菌的存在在不同种类的塑料颗粒表面存在差异。MPs 的疏水性使塑料球中的微生物能够比海洋浮游菌株更有效地降解塑料。奥戈诺夫斯基等人在 PE 和 PP 的塑料球中发现了高度相似的微生物种类,他们假设在不同类型的塑料中存在类似的降解微塑料的微生物。一些研究发现,MPs 生物膜群落具有降解碳氢化合物或不完全分解和破碎塑料聚合物的潜力。除了降解 MPs,与塑料碎片相关的微生物群落也可能降解吸附的有机污染物。然而,并非塑料圈中的所有微生物都能有效降解 MPs。许多只是暂时黏附在塑料颗粒的表面,而另一些则必须依靠塑料球中的自养生物才能生存。已经发现,这些与塑料相关的微生物群落很大程度上依赖于滤食苔藓虫、其他海洋真核生物和自养活动积累的碳与其他营养物质,而不是使用塑料作为唯一的碳源。

MPs 生物降解的研究主要集中在从自然环境中分离出的微生物的实验室培养上。这些微生物通常来源于陆地垃圾、废水、红树林沉积物和污泥,但很少研究直接从海水中获得的微生物。目前,几种细菌(如芽孢杆菌、红球菌、阿斯氏肠杆菌和纳氏弧菌)和真菌(如曲霉、青霉和茯苓)已显示出具有生物降解的潜力。然而,在实验室条件下可以培养的微生物可能连 1% 都不到。塑料降解微生物的鉴定仍需进一步研究。

要被微生物降解,塑料首先需要通过紫外线、水解和磨损进行破碎。菌丝体的生长在这个过程中起着重要的作用。大分子被微生物分泌的各种酶水解和/或氧化裂解,释放出低摩尔质量的分子,如两性离子和单体。进一步的降解需要微生物在细胞内进行氧化,因此聚合物的分子量必须低到足以穿过细胞膜。这些分子最终被更多的微生物吸收和利用,最终将复杂的化合物转化为 CO_2 和 H_2O。真菌具有黏附和降解微塑料的能力,它们产生的菌丝体破坏了塑料的物理结构,更有利于微塑料的生物降解。大多数塑料降解真菌的研究都是在陆地条件下进行的,而不是在海洋中进行的。先前的一项研究发现,丝状真菌尖孢镰刀菌和茄病菌可以降解 PET,但其中许多菌株来自垃圾填埋土壤。MPs 降解是塑料球中多种微生物联合代谢的结果。对单一降解微生物的研究通常难以产生显著降解,在进行此类研究时应结合多种微生物。

通过对 *rRNA* 基因的分析,研究人员确定了海洋塑料圈中的碳氢化合物降解成员,包括席藻属、鼠尾菌、生丝单胞菌科和红细菌科,它们与石油降解有关。人们还认为,可以降解木质素的微生物(如红杆菌科菌株)也可能参与塑料的降解。泽特勒等人在塑料球中鉴定出和席藻和假交替单胞菌,推测这些记录在案的碳氢化合物降解细菌可能在 MPs 的降解中起作用。对海洋真菌的研究发现,专性海洋、木质真菌、海花冠菌和海洋子囊真菌能够使用碳氢化合物作为其生长的唯一碳源,这些真菌可能具有有效降解海洋 MPs 的能力。

真菌或细菌降解 MPs 的本质是各种酶的功能。这些酶统称为塑料降解酶,可分为细胞外酶和细胞内酶。细胞外酶主要参与 MPs 的预降解阶段,它们使长碳链解聚形成更容易被吸收的寡聚体、二聚体或单体。已发现过氧化物酶、脂肪酶、酯酶、酰胺酶、氧化酶和漆酶与塑料的细胞外降解有关。先锋细菌分泌的一些胞外酶可以降解疏水基团,从而降低塑料表面的疏水性,并允许更多的微生物定植。最终,塑料被细胞内降解酶降解为无害物质,这些物质返回到生物地球化学循环中,如 CO_2、H_2O 和 N_2。该过程可能涉及酶,包括酯酶、脂肪酶、角质酶、过氧化物酶和漆酶。真菌能够使用由细胞色素 P450 家族环氧酶(Ⅰ期酶)和转移酶(Ⅱ期酶)介导的细胞内酶降解塑料。很少有关于海洋塑料圈中降解酶的原位研究,大多数塑料降解酶是在实验室条件下使用来自富集培养物的菌株发现的。与生物降解微生物一样,单个酶很难很好地降解塑料。

4. 海洋中的塑料降解微生物

自 20 世纪中叶以来,人类对地球生物群落的干扰一直在加速,并导致微生物群落的结构和功能发生重大变化,环境中微生物群或特定基因(如抗生素抗性基因)的显著变化就是明证。塑料在过去 100 年内开始用于日常生活,1950 年后开始大规模生产。在短短的 100 余年里,细菌已经进化出解塑料的能力,而这在自然界中是不存在的。

不同环境中的微生物群落是动态的,能够快速响应和适应人为压力或气候变化引起的环境变化。这种巨大的物种数量,以及强大的适应性,也为 MPs 降解微生物的出现提供了基础。塑料相关生物膜中的几种常见细菌可能具有代谢和同化石油衍生碳的能力,或者在功能上与这些过程相关,因此能够降解塑料。降解塑料的功能性微生物的百分比低于海洋微生物多样性的 0.1%。能够以塑料为生或代谢石油的微生物群落成员在海水中很少见,但也有一些处于休眠状态的功能性微生物。这些机会主义微生物在海洋环境中似乎不能很好地生存,但在接触塑料后可以迅速生长并成为依赖塑料的"核心物种"。"种子库"理论似乎可以解释这些早期定植微生物。通过进入休眠状态,个体微生物可以耐受不利条件,并允许种群继续存在。然而,休眠是有代价的,因为个体不仅会错过繁殖的机会,还会消耗一定的能量来维持休眠的需求。这些休眠微生物在海洋中的积累形成了"种子库"。当然,微生物可以在休眠和活跃状态之间快速切换,当遇到合适的塑料基质时,它们可以迅速恢复活力并开始定植。除了"种子库"理论,一些结构上与天然化合物相似的塑料也可供一些微生物利用。例如,微生物分泌的降解牛瘤胃中植物表面角质的酶可以降解 PET。这些微生物分泌酶攻击塑料中与天然底物相似的化学键。通常,可生物降解塑料是基于酶底物结构类似物的原理合成的,因此可被微生物降解。

MPs 降解基因的最终来源是基因突变,是遗传多样性的最终来源。海洋中微生物的变异速度已因人类活动而逐渐加快。突变衍生的塑料降解菌可能因暂时找不到合适的底物而进入休眠状态,成为"种子库"的一部分。然而,支持塑料降解微生物起源的数据很少,仍需进一步了解。

越来越多的塑料在环境甚至人类中被发现,这使它们成为不可忽视的风险。在自然界中,塑料会因暴露在紫外线下、波浪和风的机械破坏或岩石和沉积物的研磨而破碎,由此产生的 MPs 具有更大的表面积,这有助于大量微生物的定植,称为塑料际(plastisphere)。为了应对越来越多的海洋 MPs,海洋微生物对微塑料的无害降解至关重要。

传统的回收方法通常在降解塑料方面不是很有效,并且或多或少有副作用。塑料的生物降解是一种很有前途的环保回收方法。对塑料球的研究有助于探索天然塑料降解酶和微生物。传统方法依赖于实验室条件下的基于培养的方法,而超过 99% 的总微生物是不可培养的。过去几十年见证了测序技术和计算工具的巨大进步。高通量宏基因组的发展促进了非培养微生物遗传信息的探索,已经鉴定出一定量的塑料降解酶并对其进行改性以有效降解塑料。然而,已知塑料降解酶的有限数据库导致新酶家族的发现不足,需要新的筛选平台来有效地识别新型塑料降解酶和随后的功能验证来应对这一挑战。另一个挑战是缺乏用于自然降解塑料的微生物的基因工程工具。随着分子生物学技术的发展,这一问题总有一天会得到解决。目前,有价值酶在常规宿主中的异源表达,如大肠杆菌,是该问题的潜在解决方案。

5.9.4　微生物资源库

微生物能够广泛生存于各种生境,如森林、土壤、高原、草原、空气、水域等;极端环境中(包括极端温、湿度,极端酸碱度,高压环境,高盐,高渗,极地,深海等)也检测到了微生物的存在。分布广泛以及生境复杂是微生物最显著的特征之一。微生物所具有的这些特性,为自然界贮藏了非常多样化的宝贵资源。其多样性的研究已经应用于生命起源的探索、环境的保护治理、新型抗生素的筛选等多个领域,为人类解决健康、食品以及能源等问题。

微生物资源是国家重要的生物资源之一,要开发和利用必须先做好资源的有效保护、平衡保护与开发利用的关系,才能做好可持续发展。微生物的保护可以分为就地保护与迁地保护。就地保护,即在原地实施保护,保证自然生态环境均未改变,对于长期开展微生物研究来说并不适合。迁地保护需要建立专门的资源保藏机构,利用特殊的保藏技术与保存方法对微生物进行保藏。这种方法不受地域与环境的限制,更便于对微生物进行系统的管理及进一步的开发与研究,是就地保护的发展与提升,是微生物资源保护的有效途径。保藏是对微生物资源进行保护的一种更科学、更高效的形式和方法,是开展微生物多样性保护及具体研究工作的重要基础和有力保障。

鉴于微生物资源对生命科学、生物医学的重要贡献和对生物技术的重要支撑作用,全球大多数国家均成立了微生物菌种及细胞保藏中心,以保障这类重要生物资源的安全性及共享利用。根据世界培养物保藏联盟（WFCC）的统计,全球 76 个国家或地区的 768 个保藏中心在世界微生物数据中心（WDCM）注册。截至 2016 年,689 个保藏中心共保存各类微生物菌种和细胞资源超过 247 万株。下面简要介绍国内外知名微生物资源保藏库[64]。

5.9.4.1　国外微生物资源保藏库

发达国家微生物菌种资源保藏库建立较早,有的已有近百年的历史。发达国家的菌种保藏中心具有相对的独立性和相当强的研究力量及研发部门,国际菌种保藏联合会由 62 个国家的 464 个菌种保藏管理机构组成,储藏的微生物资源丰富,信息量大。

（1）美国典型菌种保藏中心（American Type Culture Collection,ATCC）:该中心保藏有藻类 111 株,细菌和抗生素 16865 株,细胞和杂合细胞 4300 株,丝状真菌和酵母 46000 株,植物组织 79 株、种子 600 株,原生动物 1800 株,动物病毒、衣原体和病原体 2189 株,植物病毒 1563 株。另外,该中心还提供菌种的分离、鉴定及保藏服务。

（2）英国国家菌种保藏中心（the United Kingdom National Culture Collection, UKNCC）:是英国国家菌种的保藏中心。该中心提供菌种和细胞服务,保藏的菌种包括放线菌、藻类、动物细胞、细菌、丝状真菌、原生动物、支原体和酵母。

（3）全俄罗斯微生物保藏中心（All – Russian Collection of Microorganisms,VKM）:是俄罗斯最大的非医学微生物的保藏中心,主要从事细菌和真菌的分类与生态研究,保藏典型和参考菌株 20000 株,可提供微生物保藏和菌种供应。

（4）日本技术评价研究所生物资源中心（NITE Biological Resource Center,NBRC）:是由日本经济部、商业部、工业部支持的半政府性质菌种保藏中心,主要从事农业、应用微生物、菌种保藏方法、环境保护、工业微生物、普通微生物、分子生物学等的研究。该中心保藏有细菌 1446 株、真菌 568 株、酵母 164 株,这些菌种主要来自日本的其他菌种保藏中心。

（5）德国微生物菌种保藏中心（Deutsche Sammlung von Mikroorganismen und Zellkulturen,DSMZ）:成立于 1969 年,是德国国家菌种保藏中心。该中心一直致力于细菌、真菌、质粒、抗生素、人体和动物细胞、植物病毒等的分类、鉴定和保藏工作。该中心是欧洲规模最大的生物资源中心,保藏有细菌 9400 株、真菌 2400 株、酵母 500 株、质粒 300 株、动物细胞 500 株、植物细胞 500 株、植物病毒 600 株、细菌病毒 90 株等。该中心提供菌种的分离、鉴定和保藏服务。

（6）韩国典型菌种保藏中心（Korean Collection for Type Culture,KCTC）:是由政府科学技术部门支持的半政府性质的菌种保藏中心,主要从事应用微生物、基因工程、工业微生物、菌种保藏、发酵、分子生物学、分类学等的研究。该中心保藏有细菌 5005 株、真菌 178 株、酵母 225 株、质粒 51 株、动物细胞 98 株、动物杂合细胞 21 株、植物细胞 31 株。

5.9.4.2　我国微生物资源保藏库

虽然我国微生物资源库有的建立也较早,但由于资金和管理机制等问题,发展一度缓慢,目前国家积极加大资金投入,很多领域的微生物保藏库开始发展壮大,资源品种、数量和信息量开始加速提高,并开始实现共享。目前我国的微生物资源库见表5.5。

表5.5　我国微生物资源库

保藏单位(简称)	保藏范围
中国典型培养物保藏中心(CCTCC)	各类培养物
中国普通微生物菌种保藏中心(CGMCC)	普通微生物
中国农业微生物菌种保藏管理中心(ACCC)	农业微生物
林业微生物菌种保藏中心	林业微生物
医学微生物菌种保藏管理中心	医学微生物
兽医微生物菌种保藏管理中心	兽医微生物
抗生素菌种保藏管理中心	抗生素菌种
中国工业微生物菌种保藏中心(中国食品发酵工业研究院应用微生物工程中心)(CICC)	工业微生物

我国在1951年建立了第一个微生物菌种保藏管理机构——中国科学院微生物菌种保藏管理委员会。1979年,国家科委(现为科学技术部)成立了中国微生物菌种保藏管理委员会,在相关部委的研究机构中设立了7个专业菌种保藏中心,成为当时我国收集、保藏和共享利用微生物菌种资源的主要技术力量。1985年,随着我国专利制度的实施,为了满足生物材料及其相关技术发明公开的需要,国家专利局指定设立在中国科学院微生物研究所的中国普通微生物菌种保藏管理中心和设立在武汉大学的中国典型培养物保藏中心承担用于专利程序的生物材料的保藏工作。随着我国政府加入《国际承认用于专利程序的微生物保存布达佩斯条约》(简称《布达佩斯条约》),经国家专利局推荐,世界知识产权组织批准,CGMCC和CCTCC于1995年7月1日获得"《布达佩斯条约》国际保藏单位"资格。2019年,科学技术部、财政部进一步优化调整国家科技资源共享服务平台,形成了30个国家生物种质和实验材料资源库,其中包括了微生物资源领域的3个资源库(国家菌种资源库、国家病原微生物资源库、国家病毒资源库),从而为科学研究、技术进步和社会发展提供高质量的科技资源共享服务[65]。

生物遗传资源事关国家核心利益,其保护和利用受到世界各国的高度重视。我国政府高度重视微生物资源的保护和利用工作,在《国家中长期科学和技术发展规划纲要(2006—2020年)》中明确提出要建立完备的微生物种质资源保护与利用体系。在

《2004—2010 年国家科技基础条件平台建设纲要》中提出要加强微生物种质资源搜集、保护和利用。随着学科的发展和需求驱使,在国家层面上加强微生物资源的收集保藏、筛选评价、挖掘利用是长时期内生物资源工作的主题。

(王伟强　李　杰　马金鸣)

参考文献

[1] 娄治平,赖彻,苗海霞. 生物多样性保护与生物资源永续利用[J]. 中国科学院院刊, 2012,27(3):359 – 365.

[2] 方嘉禾. 世界生物资源概况[J]. 植物遗传资源学报,2010,11(2):121 – 126.

[3] 刘勇. 我国动物遗传资源保护法律制度研究[M]. 兰州:兰州大学出版社,2011.

[4] 张卫明. 植物资源开发研究与应用[M]. 南京:东南大学出版社,2005.

[5] 王慷林,李莲芳. 资源植物学[M]. 北京:科学出版社,2014.

[6] 埃里克·达尔基斯特. 作为能源的生物质:资源、系统和应用[M]. 北京:机械工业出版社,2018.

[7] 张杰. 微生物资源开发及利用[M]. 北京:中国纺织出版社,2020.

[8] MORA C,TITTENSOR D P,ADL S,et al. How many species are there on Earth and in the ocean？ [J]. PLoS biology,2011,9 (8),e1001127.

[9] 曾艳,周桔. 加强我国战略生物资源有效保护与可持续利用[J]. 中国科学院院刊, 2019,34 (12):1345 – 1350.

[10] 常洪. 动物遗传资源学[M]. 北京:科学出版社,2009.

[11] 联合国粮农组织,联合国环境规划署. 动物遗传资源保护和管理[M]. 北京:中国农业科学技术出版社,1988.

[12] 吴常信. 动物遗传资源和可持续发展的畜牧业生产[J]. 中国家禽,2013,35 (21):36 – 37.

[13] 高腾云,白跃宇,孙宇,等. 动物遗传资源生态保护的模式及应用[J]. 家畜生态学报,2020,41(5):3.

[14] 黄宝康. 药用植物学[M]. 北京:人民卫生出版社,2016.

[15] 汪振儒. 中国植物学史[M]. 北京:科学出版社,1994.

[16] 曾建飞. 中国植物志[M]. 北京:科学出版社,2004.

[17] 中国科学院植物研究所. 中国高等植物图鉴[M]. 北京:科学出版社,1994.

[18] 周珂. 环境与资源保护法[M]. 北京:中国人民大学出版社,2015.

[19] 王亚沆. 植物资源的多维度应用与保护研究[M]. 北京:原子能出版社,2018.

[20] 余金维. 生物技术在植物保护中的应用探究[J]. 南方农业,2022,16(4):42 – 44.

[21] 杨亚丽. 生态农业中植物保护新技术的应用[J]. 现代农业研究,2021,27(9):

149 – 150.

［22］沈萍. 微生物学［M］. 北京:高等教育出版社,2016.

［23］周德庆. 微生物学教程［M］. 北京:高等教育出版社,2020.

［24］HILTNER L. Über neuere Erfahrungen und Probleme auf dem Gebiete der Bodenbakteri-ologie unter besonderer Berücksichtigung der Gründüngung und Brache［J］. Arb Dtsch Landwirtsch Ges,1904（98）:59 – 78.

［25］KLOEPPER J W,SCHROTH M N. Plant growth – promoting rhizobacteria on radishes. In:Proceedings of the 4th international conference on plant pathogenic bacteria［J］. Gil-bert – Clarey,Tours,1978:879 – 882.

［26］BHATTACHARYYA P N,JHA D K. Plant growth – promoting rhizobacteria（PGPR）:e-mergence in agriculture［J］. World J Microbiol Biotechnol,2012,28（4）:1327 – 1350.

［27］RUDRAPPA T,CZYMMEK K J,PARE P W,et al. Root – secreted malic acid recruits beneficial soil bacteria［J］. Plant Physiol,2008,148（3）:1547 – 1556.

［28］KAMILOVA F,KRAVCHENKO L V,SHAPOSHNIKOV A I,et al. Effects of the tomato pathogen Fusarium oxysporum f. sp. radicis – lycopersici and of the biocontrol bacterium Pseudomonas fluorescens WCS365 on the composition of organic acids and sugars in to-mato root exudate［J］. Mol Plant Microbe Interact,2006,19（10）:1121 – 1126.

［29］GALAVIZ – SILVA L,IRACHETA – VILLARREAL J M,MOLINA – GARZA Z J. Bacil-lus and Virgibacillus strains isolated from three Mexican coasts antagonize Staphylococcus aureus and Vibrio parahaemolyticus［J］. FEMS Microbiol Lett,2018,365（19）.

［30］SHIVALE N,MARAR T,SAMANT M,et al. SCREENING OF ANTIOXIDANT ACTIVI-TY OF MARINE BACTERIA ISOLATED FROM MARINE SOIL OBTAINED FROM NORTH – WEST COASTAL REGION OF INDIA［J］. IJBPAS,2018,7（3）:279 – 288.

［31］SIDDHARTH S,VITTAL R R. Evaluation of Antimicrobial,Enzyme Inhibitory,Antioxi-dant and Cytotoxic Activities of Partially Purified Volatile Metabolites of Marine Strepto-myces sp. S2A［J］. Microorganisms,2018,6（3）:72.

［32］WANG C L,FAN Q P,ZHANG X F,et al. Isolation,Characterization,and Pharmaceuti-cal Applications of an Exopolysaccharide from Aerococcus Uriaeequi［J］. Mar Drugs,2018,16（9）:337.

［33］ZHANG D,SHU C Y,LIAN X Y,et al. New Antibacterial Bagremycins F and G from the Marine – Derived Streptomyces sp. ZZ745［J］. Mar Drugs,2018,16（9）:330.

［34］AL – DHABI N A,MOHAMMED GHILAN A K,ESMAIL G A,et al. Bioactivity assess-ment of the Saudi Arabian Marine Streptomyces sp. Al – Dhabi – 90,metabolic profiling and its in vitro inhibitory property against multidrug resistant and extended – spectrum beta – lactamase clinical bacterial pathogens[J]. J Infect Public Health,2019,12(4): 549 – 556.

[35] KIM H,HWANG J Y,CHUNG B,et al. 2 – Alkyl – 4 – hydroxyquinolines from a Marine – Derived Streptomyces sp. Inhibit Hyphal Growth Induction in Candida albicans[J]. Mar Drugs,2019,17(2):133.

[36] PETRUK G,ROXO M,DE LISE F,et al. The marine Gram – negative bacterium Novosphingobium sp. PP1Y as a potential source of novel metabolites with antioxidant activity[J]. Biotechnol Lett,2019,41(2):273 – 281.

[37] SRAN K S,BISHT B,MAYILRAJ S,et al. Structural characterization and antioxidant potential of a novel anionic exopolysaccharide produced by marine Microbacterium aurantiacum FSW – 25[J]. Int J Biol Macromol,201,131:343 – 352.

[38] ZHANG J Y,LI B X,QIN Y J,et al. A new abyssomicin polyketide with anti – influenza A virus activity from a marine – derived Verrucosispora sp. MS100137[J]. Appl Microbiol Biotechnol,2020,104(4):1533 – 1543.

[39] LI Q,ZHU R Y,YI W W,et al. Peniciphenalenins A – F from the culture of a marine – associated fungus Penicillium sp. ZZ901[J]. Phytochemistry,2018,152:53 – 60.

[40] LUO M H,YUE M,WANG L L,et al. Local delivery of deep marine fungus – derived equisetin from polyvinylpyrrolidone (PVP)nanofibers for anti – MRSA activity[J]. Chemical Engineering Journal,2018,350:157 – 163.

[41] LUO X W,YANG J,CHEN F M,et al. Structurally Diverse Polyketides From the Mangrove – Derived Fungus Diaporthe sp. SCSIO 41011 With Their Anti – influenza A Virus Activities[J]. Front Chem,2018,6:282.

[42] PANG X Y,LIN X P,TIAN Y Q,et al. Three new polyketides from the marine sponge – derived fungus Trichoderma sp. SCSIO41004 [J]. Nat Prod Res, 2018, 32 (1): 105 – 111.

[43] SONG T F,CHEN M X,CHAI W Y,et al. New bioactive pyrrospirones C – I from a marine – derived fungus Penicillium sp. ZZ380[J]. Tetrahedron,2018,74(8):884 – 891.

[44] VALA A K,SACHANIYA B,DUDHAGARA D,et al. Characterization of L – asparaginase from marine – derived Aspergillus niger AKV – MKBU,its antiproliferative activity and bench scale production using industrial waste[J]. Int J Biol Macromol,2018,108: 41 – 46.

[45] ZHAO D L,WANG D,TIAN X Y,et al. Anti – Phytopathogenic and Cytotoxic Activities

of Crude Extracts and Secondary Metabolites of Marine – Derived Fungi[J]. Mar Drugs, 2018,16(1):36.

[46] WANG W Y,LIAO Y Y,CHEN R X,et al. Chlorinated Azaphilone Pigments with Anti-microbial and Cytotoxic Activities Isolated from the Deep Sea Derived Fungus Chaetomium sp. NA – S01 – R1[J]. Mar Drugs,2018,16(2):61.

[47] ZHAO Y,LIU D,PROKSCH P,et al. Truncateols O – V,further isoprenylated cyclohexanols from the sponge – associated fungus Truncatella angustata with antiviral activities [J]. Phytochemistry,2018,155:61 – 68.

[48] LIU Z M,QIU P,LIU H J,et al. Identification of anti – inflammatory polyketides from the coral – derived fungus Penicillium sclerotiorin:In vitro approaches and molecular – modeling[J]. Bioorg Chem,2019,88:102973.

[49] WANG L,LI C L,YU G H,et al. Dicitrinones E and F,citrinin dimers from the marine derived fungus Penicillium citrinum HDN – 152 – 088[J]. Tetrahedron Letters,2019,60 (44):151182.

[50] MA M Z,GE H J,YI W W,et al. Bioactive drimane sesquiterpenoids and isocoumarins from the marine – derived fungus Penicillium minioluteum ZZ1657[J]. Tetrahedron Letters,2020,61:151504.

[51] XU P,DING L J,WEI J X,et al. A new aquatic pathogen inhibitor produced by the marine fungus Aspergillus sp. LS116[J]. Aquaculture,2020,520:734670.

[52] DE VERA C R,DIAZ CRESPIN G,HERNANDEZ DARANAS A,et al. Marine Microalgae:Promising Source for New Bioactive Compounds [J]. Mar Drugs, 2018, 16 (9):317.

[53] FIMBRES – OLIVARRIA D,CARVAJAL – MILLAN E,LOPEZ – ELIAS J A,et al. Chemical characterization and antioxidant activity of sulfated polysaccharides from Navicula sp[J]. Food Hydrocolloids,2018,75:229 – 236.

[54] LAURITANO C,MARTIN J,DE LA CRUZ M,et al. First identification of marine diatoms with anti – tuberculosis activity[J]. Sci Rep,2018,8(1):2284.

[55] MARTINEZ K A,LAURITANO C,DRUKA D,et al. Amphidinol 22,a New Cytotoxic and Antifungal Amphidinol from the Dinoflagellate Amphidinium carterae[J]. Mar Drugs, 2019,17(7):385.

[56] HUANG D F,XU Y B,LEI F D,et al. Degradation of polyethylene plastic in soil and effects on microbial community composition[J]. J Hazard Mater,2021,416:126173.

[57] ZHANG L S,XIE Y S,ZHONG S,et al. Microplastics in freshwater and wild fishes from

Lijiang River in Guangxi, Southwest China[J]. Sci Total Environ, 2021, 755 (Pt 1):142428.

[58] AMARAL – ZETTLER L A, ZETTLER E R, MINCER T J. Ecology of the plastisphere [J]. Nat Rev Microbiol, 2020, 18(3):139 – 151.

[59] HERNANDEZ – GARCIA E, VARGAS M, GONZALEZ – MARTINEZ C, et al. Biodegradable Antimicrobial Films for Food Packaging: Effect of Antimicrobials on Degradation[J]. Foods, 2021, 10(6):1256.

[60] ZHU J K, WANG C. Biodegradable plastics: Green hope or greenwashing? [J]. Mar Pollut Bull, 2020, 161(Pt B):111774.

[61] VAN SEBILLE E, WILCOX C, LEBRETON L, et al. A global inventory of small floating plastic debris[J]. Environmental Research Letters, 2015, 10(12):124006.

[62] FRIAS J P G, NASH R. Microplastics: Finding a consensus on the definition[J]. Mar Pollut Bull, 2019, 138:145 – 147.

[63] SANTOS A, VAN AERLE R, BARRIENTOS L, et al. Computational methods for 16S metabarcoding studies using Nanopore sequencing data[J]. Comput Struct Biotechnol J, 2020, 18:296 – 305.

[64] 孙建宏, 童光志, 王笑梅. 国内外主要微生物资源库简介[J]. 畜牧兽医科技信息, 2005, 21(6):17 – 18.

[65] 杨蕾蕾, 李婷, 邓菲, 等. 微生物与细胞资源的保存与发掘利用[J]. 中国科学院院刊, 2019, 34(12):1379 – 1388.

第 6 章
遗传资源研究与应用的伦理原则

伦理学作为哲学分支是关于道德问题的科学,解决道德和利益的关系问题。伦理原则(ethical principles)是一种开放性的准则,在对话、质疑、争辩中保持其有效性。本章结合当前历史条件下的生命医学领域的伦理原则,对相关具体伦理规则的概念进行诠释,并介绍部分遗传资源研究与应用领域的具体案例,以期帮助读者充分理解相关内容,为实际操作提供参考。

伦理原则是社会普遍用于观察道德现象、处理道德关系、制定道德规范、调整个人和社会之间道德关系的根本准则和基本出发点,是道德的社会本质的集中反映。它是道德规范体系的总纲和贯穿于规范之中的基本方针,也是衡量个人道德行为和道德品质的最高标准。同时伦理原则是道德规范的指导原则和依据,包含着关于道德的观点及理想等内容。给道德规范以指导,又通过道德规范体现出来。不同道德规范体系有不同的伦理原则作为依据和指导。

伦理原则的主要作用是约束人们的行为,规范、调整个人和社会以及人与人相互间的关系。伦理与法律都是社会规范,但伦理原则和法律不同,法律是由国家制定并强制推行的;伦理原则依靠社会舆论的力量,依靠人们形成的内心信念、习惯、传统和教育的力量来维持。二者在社会中的作用又是相辅相成的。伦理原则属于社会上层建筑,其性质由一定的生产关系的性质所决定。马克思主义认为,伦理原则具有历史性,在阶级社会里带有鲜明的阶级性,同时又是不断继承与发展的,永恒不变的伦理原则是不存在的。美国法学家富勒曾经把法律规范定位为社会最基本的行为规范,伦理道德则为更高标准的行为规范。伦理规范与法律规范相互融通和依存,其中伦理规范更为抽象,并具有价值导向;法律规范更为具体,并体现伦理价值导向。我国在法律和伦理层面对遗传资源研究与应用领域进行规范,2019 年 5 月 28 日,国务院颁布的《人类遗传资源管理条例》对采集、保藏、利用、对外提供我国人类遗传资源,明确规定需通过伦理审查。2021 年 4 月 15 日起施行的《生物安全法》明确规定从事生物技术研究、开发与应用活动,应当符合伦理原则。我国伦理学界一直致力于构建符合我国国情的生命伦理原则,以解决中国的医疗卫生、生命科学等方面的问题。西方和中国的诸多生命伦理学原则和理念之间虽然有所差异,但是有差异的理论之间也存在着内在关联,并不能判断哪个伦理原则权威,不同的原则只是对于伦理价值有着不同的表述。我国的伦理学研究者大都承认西方的伦理原则,在当前我国生命医学领域的伦理学原则多以比彻姆四原则的表述方式进行论证、表述。中、西方的伦理原则是相通的、开放的,两者并不冲突,符合当前的道德评判标准,切合当前历史实际。故本章结合当前生命医学等领域的相关问题,按照比彻姆四原则的方式进行分类论述,探析遗传资源研究与应用领域的基本伦理原则。

6.1　尊重自主原则

自主(autonomy),英文 autonomy 一词来源于希腊语 autos(自我)和 nomos(统治、支配或法律),它最初是指自治的独立城邦,以相对于由外人统治的殖民地,后来该词扩展到个人并获得多种含义:一是指自我管理、个人自由选择的权利、自由遵从自己的愿望,成为一个自己主宰自己的人[1];此时自主性的核心意义是个人在政治上的自我管理的延伸,指自己主动,个人行为不受他人支配、不受他人控制性地干涉,做出行为选择不受其他因素妨碍限制,如自我支配、自主行为、自我决定、自控等;心理学中自主是指遇事有主见,能对自己的行为负责。自主须有两个必要条件:一是不受控制性影响、干涉;二是自我支配行为能力。要求人们有思考行为计划,并有能力把计划付诸现实。即采取理性的自主行为之前必须经过三个程序,以理性思考开始,随后配合自己的意志做出自认为正确或最符合自己利益的选择,继而付诸行动。

尊重自主原则(principle of respect for autonomy)是对个人自主和自由的尊重,其核心是对人权的尊重。最低限度是要承认这个人有权持有自己的观点、做出选择以及根据自己的个人价值和信念采取行动。尊重表现为行为,不只是态度。尊重自主意味着承认决定权,使人们能够自主行动,不尊重自主则涉及忽视、损害或贬低自主权的态度和行为。自主原则的根源在于强调个性自由和选择的自由主义道德传统,虽为西方医学伦理学所倡导,但我国古代哲人也提出过相近乃至相同的看法。比彻姆在《医学伦理学原则》中指出"自主性行为是指没有受到别人的控制的行为",这为自主决定的权利提供了辩护。自主决定权是与自主有关的权利,如知情同意与隐私权等。自主原则更具广泛性、抽象性。尊重自主原则在生命医学领域,进一步特定化的结果则可以导出知情同意、保密、尊重隐私等伦理规则[2]。

6.1.1　知情同意

知情同意是尊重自主原则的具体规则,也是该原则的重要组成部分。知情同意的意思是在被告知相关情况的前提下做出的同意的意思表示或者基于说明的同意。它源于20世纪40年代纽伦堡审判,审判揭露德国纳粹集中营强迫受试者接受惨绝人寰的人体试验,知情同意首次在纽伦堡审判后发表的《纽伦堡法典》中提出。《纽伦堡法典》规定:"人类受试者的自愿同意是绝对必要的,受试者能够行使自由选择的权利,而没有任何暴力、欺骗、欺诈、强迫、哄骗以及其他隐蔽形式的强制或者强迫等因素的干预;应该使他对所涉及的问题有充分的认识和理解,以使能够做出明确规定。"经过几十年发展,知情同意在涉及人体的医学研究实践中产生了深远的影响,成为生命伦理中的一项重要规则,尤其在医生与患者、研究人员与受试者之间经常涉及知情同意规则。近年来,知情同意关注的重点由原来的研究者告知义务转移到强调受试者理解和同意的质量,促进该重点转移的源动力正是自主。

6.1.1.1　知情同意的含义

知情同意(informed consent)是由不可分割的两部分组成的,一是知情,二是同意。知情是同意的前提,同意是知情的结果,不知情的同意视为对个人自主权的侵犯;而知情的实现又以告知和说明为前提,没有告知和说明,受试者的知情同意权也无从实现。知情同意具有两层含义,一层含义是知情同意是个人对医疗或参与自身相关科学研究的自主授权,即一个人要做的不只是对研究方案表示同意或者服从,也是通过知情、自愿的同意行为来授权某项行动。另一层含义是根据有关制度中同意的社会规则来分析,即科学研究之前必须获得受试者在法律或制度上的有效同意。根据制度规则,知情同意不仅仅重视是不是自主行为,而是更加注重做出的知情同意在制度或法律上是不是有效,强调其授权在法律或制度上的有效性,如未成年人的知情同意是否具有法律效力的问题。

正常行为者做出自主的选择需满足3个要求,即具有意识、理解力、决定行为权。一个人成为试验对象之前,不能仅仅通过同意或者不同意来表达意见,还要充分地明确知情。受试者是否被提供了足够的做决定的相关背景信息,或者受试者是否能够充分理解所提供的信息,在理解相关信息的基础上,由其本人自己决定是否参加研究或试验,即从事该试验的研究人员必须告知受试者足够的信息,寻求和争取受试者的理解和自愿,在必要的条件下,可以帮助受试者进行充分理解,由其自己做出充分恰当的决定。知情同意是对个人自主的承认,人们有掌握自己生命、身体从而自我决定的权利。受试者具有知情同意的能力是理解信息、自愿采取行动的先决条件。在遗传资源研究与应用领域,需要判定一个人是否有能力处理相关信息并做出合理决定。如在对某种特殊心理缺陷疾病遗传性研究过程中,有些受试者本身心理缺陷等条件限制,不具备知情同意的能力,无法做到真正的知情同意,有些严重心理缺陷的受试者做出了知情同意的决定也不一定具有法律效力,这种情况就需要另作他选。

6.1.1.2 知情同意的要素

参照贝尔蒙报告[3],遗传资源研究与应用在开展相关试验前,一个有行为能力的受试者被告知充分的信息,充分理解后自愿做出同意(或拒绝)的决定,并授权(或拒绝)进行相关试验。在知情同意中应包含以下要素:①受试者具有行为能力,充分地做到自愿;②明确告知研究目的;③详细描述方案、参与程序和持续时间;④充分告知研究过程中可能的风险;⑤强调保密性,包括收集有关个人信息或生物样本信息;⑥告知收集的样本或数据的使用情况,将来如何处理等;⑦告知受试者参与活动存在的潜在好处;⑧注明研究中有重要的发现是否会告知受试者,确保受试者充分理解;⑨该研究的性质,包括立项单位、资金支持、公益或商业活动等;⑩退出研究情形;⑪可能的替代研究方案;⑫研究中造成伤害,可用资源的说明;⑬联系方式,包括研究人员、受试者甚至受试者紧急联系人等联系方法。行为能力和自愿是基本要素也是前提条件,受试者具备理解和决定的行为能力,研究者详细告知相关内容使其自愿做出正确的决定,最终达到确实知情的目的。通过知情相关信息做出决定是同意(或拒绝)并授权(或拒绝),方可进行相关试验。

(1)行为能力:关注的是受试者在心理上或者法律上是否有能力做出合适的决定。具备理解和做决定的行为能力与自主有密切相关,涉及决定和知情同意的有效性。行为能力的核心含义为执行一项特定任务的相应能力。因鉴定标准与特定任务密切相关,故特定行为能力的鉴定标准因情况不同而不同,鉴定一个人是否具有出庭作证、手指能否正常屈伸、给动物做手术等行为能力的标准是截然不同的。因此做决定行为能力要与所做决定的具体事项密切相关。通常只需考虑具备某一种行为能力,对行为能力判定,受试者是否具有与具体决策某一任务相匹配的行为能力。

(2)告知:是知情同意的必要条件或唯一条件,是知情同意的关键要素,没有告知充分的信息,受试者决策就没有充分的基础。在人类遗传资源研究过程中,应向受试者明确告知该研究的目的和预期意义、研究方法或方案、在研究过程中可能的风险、对受试者可能造成的不便或不适,以及受试者可以无条件地退出研究的权利等。由于受试者的知识背景差异,对受试研究或遗传资源相关研究的理解存在困难,研究者可以解释相关内容,协助其理解相关告知内容,协助的限度仅限于帮助其正确理解,研究者的解释要全面、客观、公正,不可歪曲事实地诱导。

(3)理解:意思是顺着脉络条理进行详细的分析,从一定的认知上了解、明白。理解是大脑对事物分析决定的一种对事物本质的认识,即通常所说的知其然又知其所以然。当人们获取一定信息后,对他们相对应的行为性质和可能产生的后果有了合理认识,这样的理解不要求完全彻底,只要抓住关键事实就足够了。尤其是在人类遗传资源研究过程中,由于知识结构、认知水平不同,很难让所有的受试者完全彻底理解某项研究活动。研究者应当让受试者理解他们须告知的内容,一般而言,有研究目的、方法、方案、风险、利益及相关权利等信息。研究者也需要就相关授权条款与受试者进行沟通,帮助其理解,促使受试者做出一个充分自主的决定。

(4)自愿:是指自己愿意而没有受到他人影响、控制地去做某种行为,该行为是根据自己主观意愿而做的。在此强调的是自愿也可能是基于一定的影响,这种影响不能是强迫、控制。如果要进行某种遗传资源研究,需要服刑人员作为受试者,若研究者以某些条件要挟不愿参与研究的服刑人员,强迫他们成为受试者,那么这种影响就是控制;相反,若服刑人员不愿意参与相关研究,研究者通过客观解释等方法说服他们成为受试者,那么研究者的行为就只是一种影响,而非控制。这种影响下做出的决定往往归属于自愿。

6.1.1.3　知情同意的作用

知情同意规则的最初目的是为了使医学试验对患者或受试者的伤害降到最低程度,避免伤害、不公正以及剥削的行为,近 20 年来慢慢发展成为保护患者或受试者的自主性。知情同意是尊重自主原则的首要道德规则。尊重自主之所以要贯彻知情同意原则,是因为人的基本尊严不容侵犯,受试者有权决定自己是否参与研究者的研究活动,同意是以自主为条件、以知情为前提的。尊重自主就要承认决定权,受试者能够自主行动,受试者处于自由选择的地位,能自主地做出决定;任何隐瞒事实真相,采用欺骗、诱惑或强迫的手段而取得的"同意",都是违背知情、自主要求的,也是违背知情同意原则的,进而违背尊重自主原则的。知情同意的作用在于:①促进患者或受试者的自主选择;②保护受试者避免伤害;③鼓励研究者对受试者负责任。

6.1.2　保密

保密的含义主要涉及保守重要信息或秘密的行为,确保这些信息不会被非法获取或利用。具体来说,保密是指对于某些需要保护的信息或秘密采取严格的措施进行管理,以避免其泄露给外部人员或其他实体。这个过程可能包括物理上的保护,如限制访问权限,以及心理上的保密意识培养(如告知相关人员信息的重要性及保密义务)。保密是一个多层次的概念,涉及个人和企业层面的责任与行为规范。在法律层面,违反保密规定可能会受到相应的惩罚。保密是建立研究者与受试者之间信任关系的基础和必要条件,通过研究者和受试者关系所得的研究结果,以及与研究有关的受试者个人信息属于保密范畴。保守受试者的秘密就是尊重他人的自主性,也是尊重自主原则的具体体现,没有这种尊重,研究者与受试者之间的信任等关系就会受到严重的影响。结合医疗领域的保密这一古老伦理要求,人类遗传资源应用实践中应遵守两方面的保密原则:①对受试者

(或遗传资源供体)信息保密,不刻意探听受试者的隐私,不泄露在研究过程中知晓的隐私。②对于某些可能给受试者带来沉重精神打击的研究结果应该保密。

通常受试者的秘密权利会在两种情况下遭到侵犯:①研究者言谈中有意或无意泄露秘密,辜负了当事人对他的信任;②研究者由于外部压力,被迫泄露受试者的秘密。这两种情况都会损害研究者与受试者的关系。保密原则是基于对受试者隐私的尊重,避免或尽量降低给其带来身体或心理的伤害。保密的初衷是因为受试者属于弱势群体或特殊人群,泄密会加剧其脆弱性。但是,不能因为受试者的脆弱性和特殊性就允许他去伤害别人。也就是当保密的义务与其他义务发生冲突时,如果后者更为重要,则保密的义务需让位给其他的义务。当研究者保守秘密会给受试者、他人或社会带来危害时,保密的义务就需要退让,如发现列车信号员有色盲、受试者感染极易传播的病毒,研究者应该进行干预、打破保守秘密的承诺。

研究者的干预应当适当选择,干预措施应与选定的保护级别相对应,所做出的必要干预应适合当时的社会环境、对应所处的历史时期,切合道德标准,减少伤害,即可以被接受[4]。

6.1.3 尊重隐私

6.1.3.1 隐私的含义

隐私,顾名思义,为隐蔽、不公开的私事,是一种与公共利益、群体利益无关,当事人不愿意他人知道或他人不便于知道的信息。隐私是一个不容许他人随意侵入的领域或者他人不便于侵入的个人领域,任何人都有一定的领域不容许别人的侵入。具体来讲,隐私包括个人的私密空间、私密活动和私密信息,具有私密性。从法理意义上讲,隐私是已经发生了符合道德规范和正当的而又不能或不愿示人的事或物、情感活动等,隐私是个人的自然权利。隐私权是指自然人享有的私人生活安宁与私人信息秘密依法受到保护,不被他人非法侵扰、知悉、收集、利用和公开的一种人格权,而且权利主体对他人在何种程度上可以介入自己的私生活、对自己是否向他人公开隐私以及公开的范围和程度等具有决定权。侵害自然人隐私权的行为在法律中受到明确规制,禁止以多种方式侵害他人的隐私权。

隐私又是一种权利界分,即将社会和个人生活世界划分为"私人 – 自主"和"公共 – 公益"两大领域,并分别确定其主导原则。这一界分的目的是为了保护每一个人所具有的"天赋的个人独立"和道德自主权利不被侵犯。这种权利又是现代社会中,作为一个社会公民和一个人所应当享有的、他人必须尊重的基本权利,也就是一种基本人权。在研究人员与受试者的关系中,保护受试者的隐私与保密是一回事。隐私与保密是非常密切的两个概念。隐私是发展自我意识所必不可少的。如果在一个社会中,没有任何隐私,这个社会就没有尊重、信任、友谊、爱情,也就不可能有长久的安定团结。所有文化都不允许侵入隐私领域。人的身体、思想、感情是构成个人隐私的大部分领域。在人类遗传资源研究与应用中,研究者保护受试者的隐私,对培养和建立两者之间的信任关系十分重要。同保密一样,唯一能否定受试者隐私权情况的是:继续保护患者隐私将给患者本人、他人或社会带来的危害大于披露患者隐私给患者带来的损失[2]。

另外,尊重他人的人格、隐私以及自主权是建构正常和谐社会关系的前提条件,如果个人自主权不能得到尊重,那么一种正常和谐的社会结构根本就不可能建立起来。针对法理意义上的隐私,内容上是指已经发生了符合道德规范和正当事或物、情感活动等。此处涉及的隐私必须符合道德规范的正当事物,人作为一种生物有持久地追求最大利益的本性,人的幸福的给予在于最大程度地实现自主性,因此尊重人的自主性首先是不伤害个人利益,并不剥夺个人寻求利益的活动权;其次是个人不被别人干涉,不被触及个人隐私,让个人按照自己的意愿自由地活动和表达观点。只有这样才能最大地发挥出潜在的能力,获得最大的利益。

6.1.3.2　基因隐私

基因隐私是指个体对其基因信息的隐瞒和保护的权利,是一种个人可支配的私有领域。它对于个人权益的保护具有多方面的重要性。

基因隐私的保护是非常重要的,它具有尊严、自主、公正、自由的伦理价值。一旦基因信息被肆意获取,基因主体可能成为实现他人目的的手段。在当前科技背景下,基因信息能够快速传播并被商业化利用,个体的基因信息一旦泄露可能会对其就业、保险、婚姻等方面的正常生活造成严重影响,个体尊严将会受到严重损害。保护基因隐私以确保个人尊严。同样,基因隐私保护可以保障个人自由,确保基因主体在基因信息问题上是自主决定的。个人有权控制自己的基因信息不被他人知悉,从而保护自己免受基因隐私侵权和基因隐私歧视。这种自主控制能够最大限度地保障个人在生活和社会交往过程中的自主和自由。同样,遗传信息能否被收集和利用应当完全取决于遗传资源主体是否自愿,任何涉及基因信息的采集、处理、利用和分享的实践都必须首先获得受试者的明确同意,尊重个人选择和自由意志。任何机构或个人不得强制获取或利用他人的基因数据,必须尊重受试者的权利和尊严。没有遗传资源的保护,可能使得个人的遗传信息任意地被他人利用,丧失个体在基因问题上的自主自决,违背尊重自主原则。此外,基因隐私的保护可确保公正的价值。基因信息为他人所肆意利用会造成一定的社会不平等,因此《生物安全法》的出台,从法律层面有效保障了基因信息安全,维护了社会的公平正义。

基因隐私不仅是个人的,更是整个群体的,是群体权益的重要组成部分。个体的基因信息往往能够揭示群体的遗传特征和进化历史,基因隐私不仅包括了个人隐私也包含了群体隐私,而群体隐私包括家庭隐私和族群隐私。也就是说,基因信息不仅属于个人所有,也是属于家人、族群所有的。基因信息能够提供关于种族、民族、地域等群体的遗传特征和进化历史的重要信息。这些信息对于群体的文化传承、历史研究和身份认同具有重要意义。群体基因隐私的保护对于维护群体的文化、历史和身份认同至关重要。由于基因的特异、专一等特殊属性,构成了基因隐私的特殊性,也造成了基因隐私保护所面临的一些风险和挑战。首先,个人基因隐私的保护范围难以确定,基因信息可以展示一家人甚至族群基因信息,包括遗传疾病等基因信息,当研究者掌握受试者个人基因信息的时候,可能也掌握了这个家族的基因信息,甚至整个族群的基因信息。因此,即使在尊重自主原则下获得受试者个人的知情同意,也无法保证就获得了整个家庭关于基因信息告知的自主同意。在此基础上,侵犯基因隐私行为的界定就难以进行。其次,当前基因信息管理难以落实。由于互联网高速发展,信息化程度迅速提升,个人信息在互联网时代所面临的管理问题难以落实。同时也会面临一些信息管理所需要的技术支持缺乏问题。最后,基因隐私政策的制定存在困难。基因隐私涉及个人隐私与群体隐私,相关政策的制定也存在一定困难。由于基因信息的特殊性,个体基因信息与群体基因信息是交叉重合的,个体成员的隐私也许是群体共同隐私,因此,个体隐私与群体隐私是密不可分的,个体与群体之间是相互依存的,需要把握好个人权利和群体权利两者的关系。

个体在行使自主权时不得侵犯群体共同隐私。因而,对于基因隐私保护,我们应当做到实际操作中需要结合个人知情同意和群体知情同意,同时确保基因主体拥有可以随时撤回其同意的权利。在采集、使用相关隐私信息时,要保障个人知情同意的同时兼顾群体的自主知情同意。对相关隐私尤其是群体隐私严格落实保密原则[5]。

6.1.3.3 遗传资源研究的隐私权

人类遗传资源源于人体,是可用于识别人体遗传特征的材料或信息,遗传资源研究在医学、生物学和其他领域具有非常重要的科研价值,然而,在研究过程中,涉及个人遗传信息的采集、保藏、利用和对外提供等环节很容易引发隐私权保护的问题。遗传资源研究的隐私问题涉及多个方面,包括个人信息保护、家族隐私保护、社区隐私保护、健康隐私保护和数据隐私保护等。在人类遗传资源研究中,受试者的个人信息和遗传信息被视为高度敏感的个人隐私,其可能包括个体的基因组数据、生物样本、临床信息等。未经受试者同意,这些信息不得被泄露或用于其他目的。因此,获取和使用这些信息时应充分尊重受试者自主权,确保受试者的知情同意权,并采取适当的措施保护其隐私权,确保其个人信息和遗传信息的保密性。另外,遗传资源研究不仅涉及受试者本人,还可能涉及受试者的家族成员。在某些情况下,研究结果可能揭示其家族成员的遗传信息,这可能会对家族成员的隐私造成影响。因此,在遗传资源研究中,应尊重家族成员的隐私权,研究中产生的数据可能包含个体的敏感信息,如基因组数据等。这些数据应得到严格的保护和管理,避免被不当使用或泄露。研究人员应采取措施确保数据的保密性、完整性和可用性,同时遵守相关的法律法规和伦理准则,并采取措施确保这些信息不被泄露或滥用。遗传资源研究还可能涉及整个社区的成员,如某个部落或特定地区的居民。在这种情况下,社区成员的隐私保护成为一个重要问题。研究人员应与社区领导和成员进行充分沟通,确保研究符合社区的意愿和文化习惯,同时采取措施保护社区成员的隐私权。

为了平衡个人隐私权和科研利益之间的矛盾,需要采取一系列措施。首先,研究过程中应当在采集、保藏、利用和对外提供人类遗传资源之前,确保取得受试者的知情同意,充分体现尊重自主原则。受试者有权知道自己的遗传信息将会被如何使用,并有权决定是否提供自己的遗传信息。此外,研究者还应当遵守严格的伦理规范和法律法规,确保受试者的隐私权得到充分保护。最后,研究机构应当加强对人类遗传资源研究的监管和管理,制定严格的规章制度和技术规范,确保个人隐私权得到充分尊重和保护。同时,应当加强宣传教育,提高公众对人类遗传资源保护和隐私权保护的认识和意识。

总之,在人类遗传资源研究中,保护受试者的隐私权是非常重要的。通过尊重受试者的知情同意、加强监管和管理、制定严格的规章制度和技术规范等措施,可以平衡个人隐私权和科研利益之间的矛盾,确保个人、家庭、社区隐私权得到充分尊重和保护。

6.1.4　遗传资源信息的尊重自主原则

遗传资源信息是人类基因组研究领域不可或缺的一部分,其涉及的伦理原则对于保证公平、合法、尊重个人和社区权益有着至关重要的作用。尊重自主原则作为遗传资源信息利用的基本准则,包括以下几个方面。①知情同意:在获取和使用遗传资源信息之前,必须获得相关人员和社区的知情同意。这意味着提供者应被告知其遗传资源信息的用途、可能的利益和风险,以便他们能够做出自主决策。②惠益分享:遗传资源信息的利用应带来惠益,而这些惠益应当公平地分享给提供者或社区。这包括但不限于经济利益、医疗利益、科学研究的利益等。惠益分享是确保遗传资源信息利用可持续性的重要手段。③透明度:遗传资源信息的获取和使用应当公开透明。所有涉及遗传资源信息的研究和应用都应公开其目的、方法、结果和影响,以便于利益相关者进行监督和评估。④保密性:保护遗传信息的隐私和安全,确保个人或群体的隐私不被侵犯,采取合理的物理和数字安全措施来保护遗传数据,以防丢失、误用或未经授权的访问。⑤文化尊重:在处理遗传资源信息时,应尊重提供者的文化背景和价值观,不应将遗传资源信息用于违反提供者文化信仰和习俗的用途。⑥可持续利用:遗传资源信息的利用应当基于可持续性的原则,避免过度开发或滥用。同时,应采取适当的措施保护遗传资源信息的长期保存和可获取性。

随着当前信息技术的飞速发展,遗传资源研究与应用中不可避免地收集、存储遗传资源及信息,这类资源、信息的存储平台称为生物样本库,又称为生物银行。生物银行作为海量生物样本与信息的存储库,是开展大数据、大科学研究的基础平台,为科学研究者所知、所用,这就需要进行数据共享。数据共享势必会给生物银行样本、数据提供者的个人隐私权保护带来挑战,个人样本、数据承载着生命的密码和独一无二的信息,基于这种特殊性,一旦造成信息不当公布甚至泄密,特别是基因隐私相关的信息,则会导致严重的社会不良后果,如歧视、区别对待等。国际上,英国生物银行、加拿大生物银行以及爱沙尼亚生物银行对遗传资源提供者均采取概括同意。英国生物银行的捐献者只要同意将其人体组织样本和信息用于符合生物银行既定目的的研究即可,并不要求针对某一具体的研究。爱沙尼亚生物银行捐献者同意将其样本用于遗传研究、公共健康研究、统计目的和其他符合法律规定的目的,并签署知情同意书;同时有权利在其数据被编码前撤回同意、在数据加密后要求销毁本人的数据信息或用于解码其个人数据信息的密码。而在欧洲基因组学和遗传流行病学网络队列研究项目中,概括同意与具体同意各占一半。2011 年美国修订了《受试者保护通用法则》,不再对样本是否有身份标识区别对待,同时提出了"泛知情同意"和"排除审查"的概念,并详细阐述了豁免知情同意的条件。泛知情同意的概念与概括同意有相似之处,《受试者保护通用法则》规定,泛知情同意的告知内容包括:①哪类研究机构将使用样本、开展何种研究及可能获知的信息;②如暂时无法获知会使用到哪些样本研究的具体信息及研究目的也应告知受试者;③样本及产生的数据可能被多家研究机构共享。此次修订对于人们做好涉及人的研究的伦理审查提供了启示和开拓思路的空间。总之,涉及人类遗传资源的研究能否使用概括同意,需要综合考虑实操的技术难度与伦理原则及内涵,在使用概括同意的情形下,如在做出同意时还不能明确具体研究计划,应当考虑对收集单位的监管,以及考虑对研究计划的跟踪审查,尽可能保护受试者[6]。

综上所述,尊重自主原则对于确保遗传资源信息的公平、合法和可持续利用至关重要。只有充分遵守这些原则,才能有效地平衡各方利益,推动科学研究的进步,并维护人类社会的长远发展。

6.1.5 基因编辑动植物的尊重自主原则

遗传资源研究与应用的一项重要内容就是动植物遗传资源的研究应用,利用现代分子生物学技术,将某些生物的基因移植到其他动植物中去或者对动植物的某些基因进行修饰,改造其遗传物质,使其在性状、品质、属性等方面向人们所需要的目标转变,这种技术手段称为基因编辑或基因修饰。为了确保基因编辑动植物的利用既合法又公平,必须遵守尊重自主的伦理原则,尤其是自主权,任何对基因编辑动植物的研究、开发和应用都应基于提供者的知情同意。这意味着研究者或开发者在利用这些资源之前,必须向相关方提供充分的信息,确保他们能够自主选择是否参与或提供这些资源。基因编辑动植物的培育和使用不应侵犯任何生物的尊严。这包括尊重其生命权、健康权和生态位,以及避免对其造成不必要的痛苦或伤害。尊重生命自主就是要求基因编辑动植物研究及应用做到尊重一切生命的自然生长规律。基因编辑技术应用于动植物时,应采取适当的措施保护生态环境。这包括避免引入具有破坏性的基因变种,确保基因编辑动植物对生态系统的长期影响可预测和控制。当基因编辑动植物是否安全在科学上还没有定论时,不应该任意地打破生命的自然生长规律。因为自然界的原生物种是经过亿万年的自然演化而逐步形成的。在自然系统中,每一个物种都占据着与其生态属性相对应的位置,每一物种的作用和地位均是不可取代、不可消灭的,它们相互制约共同构成稳定的生态系统,对于基因编辑动植物的后果和影响,研究者、开发者、使用者等各方都应承担相应的责任。这包括对可能产生的负面影响进行监测、评估和干预,以及采取措施确保利益相关者的权益得到保障。基因编辑动植物的研究、开发和利用都应公开透明。这包括公布研究目的、方法、结果和影响,接受同行评议和社会监督,以确保决策的公正性和科学性。

6.2　不伤害原则

不伤害原则(no damage principle)作为生命伦理学的四个基本原则之一,被人们广泛接受并且被视作道德的主导理念,被认为是应用伦理学中最核心的价值原则。不伤害原则是指使身体组织或思想情感等免于受到损害的原则。换句话说,任何人在任何时候都不得以任何理由、利用任何技术对任何人或群体可能限制自主行为的情况,包括造成身体、精神上或其他方面的伤害以及引起不适、羞辱、恼怒和烦恼。在医学伦理学中,不伤害是最重要的伦理原则。起初不伤害原则是指在临床诊治过程中不使患者受到不应有的伤害的伦理原则。医疗伤害作为职业性伤害,是医学实践的伴生物,并带有一定的必然性。医护人员的不伤害原则包括:培养为患者的健康和福利服务的动机和意向;提供病情需要的医疗护理;做出风险、伤害或受益评估。

6.2.1　不伤害原则的道德规范

不伤害原则在伦理道德上要求我们不要伤害别人。当我们说 A 伤害 B,一般指的是 A 伤害 B 的利益,包括健康、隐私、名声、财产、自由等利益。伦理中的不伤害原则以其否定性的表达方式与法律的规约相比,作为道德主体的一种自律,不伤害原则需要人本身具有较高的觉悟,能从主观上自觉遵守这一原则;作为伦理学领域的底线伦理,又是对人们的最低的道德要求。

不伤害原则强调人们对思想层面的要求。在伦理视域中,作为基本的道德原则的不伤害关注的是人们的内心思想和精神价值,更多的是对人们的内心思想进行规约和引导,寻求人的生存意义和生命的价值,实质上是对人们的一种较高的要求。不伤害原则和其他伦理道德原则一样是对人们追求善的引导,要求人们在做出某一行为时,动机要是向善的,要考虑到自己的行为可能给他人带来的伤害并尽可能地避免这些后果,从而做到不伤害。同时要求人们尊重他人的权利和尊严,避免对他人造成伤害。这包括尊重他人的思想、信仰、价值观和生活方式,以及避免对他人进行歧视、侮辱、攻击和伤害。这种思想层面的要求是建立在人类共同的人性和尊严的基础上的,是构建和谐社会的重要基石。不伤害原则的真正意义不在于消除任何伤害。在生命医学领域,不伤害原则在于强调培养为患者和受试者高度负责、保护患者和受试者健康与生命的生命医学伦理理念及作风,正确对待医疗伤害现象,在实践中努力使患者、受试者免受不应有的伤害。从不伤害原则的定义上可以看出,强调动机是作为伦理原则不伤害的一个重要特点,也是伦理视域不伤害和法律视域不伤害的最大区别。

不伤害原则的应用不仅仅局限在生命伦理学领域,它还应作为人类社会道德的底线,在全社会得以提倡和弘扬。提倡和弘扬不伤害原则对实现人与人、人与社会、人与自然的和谐发展有着不可或缺的意义。要实现社会的持续、健康、和谐发展,必须在全社会坚持不伤害原则。形成以不伤害原则为核心的社会氛围,才能使社会以人为本的精神信仰更加明确,社会的精神秩序得以建立,人与人之间的关系更加协调。科学技术的宗旨和根本目的是造福人类。因此,不伤害原则是科技活动最起码的伦理底线,是科技伦理对技术行为主体的最低要求、技术准入的最低门槛,也是应用伦理学规范体系中最核心的价值原则。科学技术尤其是包含遗传资源研究与应用的生命科学领域及医学科学领域的生物技术,在给人类带来巨大经济效益和社会效益的同时,也给人类和社会带来了许多始料未及的后果和潜在的风险。每一项新的生物技术的发明和使用在给我们带来福利的同时,也可能对人类构成巨大安全隐患的威胁。社会的进步和科学的发展需要限制这种技术的负面作用,防止这种技术被不恰当地使用,从而减少可能对人类产生的危害。不伤害原则作为生命医学伦理学领域中伦理原则的基础,作为伦理原则的底线,在生物技术给人类带来了不可忽视的负面影响的环境下,不伤害原则在遗传资源研究与应用中具有不可代替的作用。由于当今社会矛盾冲突的复杂性、危机的多样性、价值的多元化,以及危害严重性的增强,使不伤害原则在当代社会成为一个可以共同遵守的伦理原则,充当着底线伦理的角色。不伤害原则以其禁止性语言适用于最大的应用范围,能够在当代社会发挥最大的作用。在全球社会道德标准多元化的今天,不伤害原则在当代社会中发挥着全球伦理或普世伦理的作用,在全世界得到广泛认可和普遍应用[7]。

6.2.2　不伤害原则与双重效应

不伤害原则与双重效应原则有紧密联系。不伤害原则在实际的运用过程中需要按照"两害相权取其轻"的原则做好利弊的权衡,最终做出伤害最小的选择。例如,挽救一个患者需要切除他的肿瘤,但是这势必对他身体某个部位产生伤害,医疗行为具有双重效应,切除肿瘤挽救生命是手术目的、想要获得的结果,手术伤害其他组织器官是不想要的结果,然而第二种结果作为行为附带效应必然会产生。两个行为结果中,如果欲求的结果是远远好于附带效应的结果,那么他的行为可以得到伦理道德上的辩护,也被普通大众所接受。如果行为的好的结果是有益的、直接的,而坏的结果是无意的、间接的和不可避免的,且结果是利大于弊,那么行动应该可以得到伦理辩护[5]。再如,在取指尖血进行检验,采血针刺破手指表皮,给受试者造成疼痛,这种伤害较小,会被普遍接受,在伦理学上不会引起任何争议。但是,如果一个行为产生的好、坏两种结果没有明显差异,甚至坏的结果大于好的结果,这就很难区分了。有学者认为,行为的目的一定要是向善的,行动应当只是欲求那个好的结果,附带的坏的结果是可以被预测、被理解的,但是这个附带的结果一定不是行为者所欲求的、意图的结果。

比彻姆提出认定正当双重结果的四要素:①行为的性质,即行为必须是向善的,至少是道德中立的。②行为主体的意图,目的意图是好的结果,不能有坏的意图结果,不是想让坏的意图结果出现,但是坏结果不可避免或是可以预见的,预见的坏结果是能够容忍或容许的,但它必须不是意图的。③手段与结果的区别,坏结果一定不是好结果的手段。如果好结果是坏结果的直接因果性结果,那么,行为主体为了获得好结果而容忍坏结果。④好结果与坏结果的相称,好结果大于坏结果。也就是说,有且仅有一个相称理由可以论证允许可预见的坏结果,坏结果才是容许的。下面两个典型的案例可以帮助更好地理解这4个要素。案例一:一名宫外孕孕妇,胚胎着床在输卵管上,为防止大出血危及孕妇生命,需要切除输卵管,切除输卵管后将造成胎儿死亡。案例二:一名孕妇生产过程中出现难产,如果医生不实施胎儿颅骨切开术,孕妇将死亡。根据双重效应规则,案例一中医生切除输卵管的目的是为了挽救孕妇生命,但是胎儿死亡是可以预见的,但不是切除输卵管的目的和手段。把胎儿死亡看作非意图的副结果,这种结果不可避免。与挽救孕妇生命这个重大理由相比,胎儿的死亡是正当的。案例二中切开胎儿颅骨杀死胎儿的行为是挽救孕妇生命的一种手段,但这个行为意图是胎儿死亡。虽然杀死胎儿也是为挽救孕妇生命,但是这个行为违背了正当双重结果的要素②和要素③,导致胎儿死亡的行为就不能得到伦理辩护[1]。

6.2.3　医学检验领域的不伤害原则

跟所有的伦理原则一样,不伤害原则是初始的并不是绝对的,因为对于某种利益的增进不可避免地会伤害到另一种利益。因此,追求合理的风险与受益比就非常重要。实践中,人们并不是意图去伤害他人或将其置于风险之中,这种无意导致的风险可能并不需要负法律的责任,但是应当负有因果责任。在施加风险的案例中,适当照护是法律和道德上都认可的标准,是不伤害义务的细化,是为避免造成伤害采取的必要行动。也就是一个理性、谨慎的人根据现实情况做出判断,为避免造成的风险而采取充分、恰当的措施。这一标准要求所追求的目标能够论证风险的合理性,若实现一个目标需要冒着巨大的风险的时候,那么只有当这种巨大风险有与之相称的重大目标的时候才能得到道德辩护。例如,在医疗检验取样过程中坚持不伤害原则。患者在治疗过程中使用的药物,有些会直接干扰临床检测的准确性,如静脉补充氯化钾、葡萄糖、清蛋白等,则可引起血钾、血糖、血浆蛋白检测值偏高。如果片面地采用停药方式以保证检验样本质量,可能给患者造成潜在的治疗风险。因此,样本采集前应结合患者临床诊疗需要和病情变化,在保证患者治疗效果的前提下,本着尽可能降低伤害的原则,制订个性化的检验方案和相应的治疗调整策略。在样本采集过程中,很多样本都是通过穿刺方式来获取的,如血液、骨髓、胸腔积液、腹水等,医务人员应该充分考虑患者体质差异,不仅要保证样本的质量和获取的方便性,还要慎重选择穿刺部位和穿刺器材,最大程度地减少患者的物理创伤,避免不必要的肌体痛苦和精神负担。同时采集穿刺样本时还应注意安全,要严格执行消毒措施,防止发生血液交叉感染;骨髓样本收集时还要防范发生麻醉意外,并为此采取一定措施,尽可能地避免该结果的出现[8]。

6.2.4　基因编辑领域的不伤害原则

6.2.4.1　基因编辑技术的伦理归属

基因编辑又称基因组编辑或基因组工程,是一种对生物体基因组特定目标进行修饰的基因工程技术或过程。早期的基因工程技术只是将外源或内源遗传物质随机插入宿主基因组,基因编辑则可以定点编辑目的基因。基因编辑是在核酸酶的作用使特定基因组位置产生特异性双链断裂,诱导生物体通过非同源末端连接或同源重组来修复特异性双链断裂,在修复过程中出现靶向基因突变,通过这种靶向突变实现基因编辑。

随着生物技术的发展,尤其在遗传资源应用研究领域,基因编辑技术的方法越发丰富多样,基因编辑的时间越来越提前,当前可以通过基因编辑的技术手段应用于动植物繁殖,通过改善基因达到增加后代物种的某些特性的目的,形成了所谓的基因增强技术。基因增强技术概括起来是指运用基因修饰的技术方法改变物种基因,使物种的性状或能力达到增强的一种基因编辑技术。基因增强技术运用于人类自身,在给人类带来巨大福利的同时,也引起了广泛而激烈的伦理争议。基因编辑技术按照研发和应用的目的不同,分为医学目的和非医学目的两种。对于以预防和治疗疾病为目的的基因治疗技术可以得到伦理辩护,应当给予支持;而对于以增强正常人的某种“性状”或“能力”,如增加身高、提高奔跑和跳跃的速度与认知能力,甚至以改变人的肤色和发色等体貌特征为目标的非医学目的基因增强技术不应予以支持。

6.2.4.2　基因增强技术的不伤害伦理批驳

基因编辑技术应用于人类自身的宗旨和根本目的是造福人类,然而非医学目的的基因增强技术可能违背了不伤害原则,有可能给人的身心健康造成不应有的伤害。体细胞基因增强技术是增强身体已分化细胞DNA的技术方法,如将生长激素基因插入到被干预者个人已分化的细胞 DNA 中使其长得更高,但是被插入的基因如果没有获得正确的识别或调控,就有可能伤害人体。体细胞基因增强技术只是对受试者本人造成伤害,然而生殖细胞基因增强技术则有可能伤害受试者的后代乃至整个群体。因为以精子、卵子和早期胚胎细胞作为基因增强实验对象,增强的是生殖细胞,就可能会影响后代。如果对生殖细胞进行基因增强的过程中,导入的外源基因引发一个重要基因的失活或者激活一个原癌基因,并通过受体生殖细胞发生随机重组,垂直传播给后代,那就有可能危及后代的健康,该基因进入受试者所处群体基因池,将会严重威胁该群体的安全。

另外,改变基因的某一性状可能对另一性状造成不利影响。尽管从理论上讲,用更好的基因可以增强某一性状。但是人体是一个高度复杂的系统,各种细胞因子之间存在着复杂的调控,某个基因功能的改变有可能引发其他基因功能的变异或丧失,影响正常细胞因子的表达,进而影响整个基因系统调控,产生难以预料的后果。

此外,基因编辑技术的大规模应用将减少基因的多样性,可能削弱整个人类抵御环境危机的能力。人类基因历经数亿年的进化,以其奥妙无穷的生命编码和复杂缜密的遗传信息造就了千差万别、复杂多样的遗传基因。具有多样性基因的人类异质性强、互补性强,彼此之间进行物质、能量和信息的传递与交换的渠道多,更能缓冲环境变化、自然灾害的冲击。即使遭受灾害也是某个群体或某个范围、某种程度上的伤害,而不是全人类的毁灭。如果任凭全人类都根据自身的喜好修饰或插入某些所谓的有利基因,那就势必会减少人类基因池的多样性,使基因组合日趋单一化,从而削弱人类适应外界变化、抵御环境危机的能力。一旦发生灾难性的环境危机或受到基因武器的攻击,人类很可能会全体灭绝,而不能依靠基因多样性使部分人种得以存活。

基因增强技术导致的个体差异的消失,还可能伤害人的心理健康。借助基因增强技术来塑造"完美"的人,试图用人工选择代替自然选择,一旦成为常规、常态,将导致个体差异的消失,从而给人的心理造成伤害。从审美的角度讲,美感的本质就在于对立统一。没有矮无所谓高,没有丑无所谓美,没有愚笨无所谓聪明,事物是相比较而存在的。如果所有人的身高、智力、外貌、奔跑、跳跃的速度和能力都是一个样子,世界将会变得单调、乏味,生活的神秘感和新奇感将荡然无存,自然也将无美感可言。

非医学目的的基因增强技术虽然承载着人类对自身幸福和完美的理想追求,但若是运用不当,有可能对人类的身心健康造成伤害。恩格斯早就警告人们:"我们不要过分陶醉于我们人类对自然界的胜利。对于每一次这样的胜利,自然界都报复了我们。每一次胜利,起初确实取得了我们预期的结果,但是往后和再往后却发生完全不同的、出乎预料的影响,常常把最初的结果又消除了[9]。"

6.2.5　基因编辑动植物的不伤害原则

不伤害原则作为现代社会的伦理底线,已经成为人类遗传资源研究与应用的指导原则。但是在非人类遗传资源研究与应用的重视相对不足,作为遗传资源研究与应用者有义务将这一原则深入贯彻于动植物的遗传资源研究与应用领域。动植物遗传资源的研究及应用中的不伤害对象有两个:一是人类健康;二是自然环境,自然环境的破坏同样威胁人类健康。从不伤害原则来看,动植物遗传资源优化尤其是基因编辑动植物的饲养和种植不应该减少生物多样性、不能破坏生态环境、不应该危害人类健康。

基因编辑动植物的研究活动应遵循以下不伤害原则:①基因编辑技术应当尊重所有生命形式,避免对它们造成不必要的伤害。这意味着在编辑动植物的基因时,应尽可能减少对个体和种群的伤害,同时避免引入不必要的痛苦。尊重生命原则也要求我们认识到动植物的权利和价值,以更为人道的方式对待它们。②基因编辑技术不应破坏生态平衡。任何基因编辑的实施都应在充分考虑其对生态系统影响的前提下进行。我们应避免引入可能对生态系统产生不利影响的基因变异,以保持生态的稳定和可持续性。③任何基因编辑研究都应进行充分的安全评估。这包括对基因编辑结果的安全性、稳定性以及对环境和人类健康的潜在影响的评估。只有在经过严格的安全评估并确认无害后,才应开展基因编辑研究。基因编辑技术必须符合伦理标准,这包括尊重人类的尊严、保护隐私权、确保公正和公平等。在基因编辑过程中,应避免对人类进行不必要的干预,尊重他们的自主权,确保他们免受歧视和伤害。此外,我们还应该尊重生物的尊严,避免将其仅仅视为满足人类需求的工具。人类在动植物遗传资源研究及应用中,应该在不伤害原则的指导下,学会如何增加利用自然资源能力的同时,能够保证保存各种物种和生态系统,做到既可以造福今世,又可以造福后代。

6.3 有利原则

6.3.1 有利原则的道德规范

道德不仅要求尊重自主待人,避免伤害他人,也要求增进他人福祉,即行善原则、有利原则。在比彻姆伦理四原则中,有利原则与不伤害原则是连续谱系,没有明显界限。有利原则比不伤害原则的要求更高,有利原则不仅仅避免伤害,还要求行为主体必须采取积极的行动帮助他人,给他人带来福利。遗传资源研究与应用活动中必不可少地要遵循有利原则,通过有利原则的约束促使遗传资源研究与应用向着有益于人类的方向发展,为此有利原则也是我们遗传资源研究与应用伦理原则的重要内容。

比彻姆伦理四原则解释中,有利一词是指仁慈、善意和慈善的行动,或指为他人利益而采取的行动。仁慈是愿意为增进他人利益而行动的品格特征或美德,有利的形式主要包括利他、仁爱和人道。广义的有利行为是指帮助他人增进重要的和合法的利益的行为,包含了一切对他人有利的行为。

有利原则明确了为帮助他人增进利益而行动的道德义务,同时,该原则暗含了利他主义、人性、无条件的爱和非强制性的道德理想。在生命医学伦理原则中,专门强调了有利原则的义务性。在医学伦理学中常见的是,要求医务人员尽其所能提供积极的益处,如身体健康、预防和消除患者的有害疾病。医务人员有义务帮助患者避免其在心理、身体或道德上以任何方式伤害,并通过相关行动增进其重要和合法的利益。遗传资源研究与应用属于生命医学范畴,同样需要秉承医学伦理学的有利原则。

有利原则包含两个规则:第一个规则称为积极有利规则。该规则要求提供利益,包括预防和消除他人(受试者)的伤害,以及行为主体积极增进他人的福利。第二个规则是效用原则。与第一个规则不同,这一规则要求行为主体在道德生活中权衡利弊,以产生最好的总体效果。这就是说,作为生命医学伦理中的一项有利原则的效用使得医务人员及科研工作者必须仔细分析、评估,以促进为患者、受试者或公众带来更多利益的行动。

6.3.2　有利原则与其他伦理原则的关系

6.3.2.1　有利原则与不伤害原则的关系

在讨论有利原则时不能孤立地谈,有利原则要与不伤害原则共同讨论。有利原则与不伤害原则是连续谱系,没有明显界限,二者相互联系、互相递进过渡。公共道德作为最基本的道德规范,并不要求在任何时候都要增进他人利益,在公共道德领域并未包括有利原则,往往只涉及不伤害原则。有利原则要求在道德生活中做出牺牲和利他行为,这种道德规范层次更高。但是这种牺牲和利他行为要达到什么程度? 有学者提出这种牺牲要跟我们准备防止的伤害行为具有同等道德价值,或者为防止恶性、伤害的行为所做出的牺牲没有扰乱个人的基本生活方式,这个程度应该是开放的,根据具体的环境条件来探讨更为科学。

有利原则的基本思想是要支持行为主体维护和增进他人利益的义务。个人有自主性,且有平等于他人的道德地位,因此,一方面我们不应该去伤害他人,另一方面也需要在一定程度上促进他人的幸福。具体操作层面,有利原则分为消极与积极两方面,消极方面是行为人不应该损害他人的固有利益;积极方面是行为人要积极增进和维护自己与他人的利益,即要求行为主体主动提供福利。前者是消极义务,即消极地不去伤害的义务;后者是积极义务,即积极地提供帮助、促进他人的利益与幸福的义务。不伤害是完全的义务,任何时候都需要遵守;但是有利是不完全的义务,具有非强制性,不需要绝对的服从,对他人幸福的促进依赖于行为主体的能力、环境和意图。

有利原则并非是要绝对的服从,是指公共道德并不要求任何时候都必须促进他人的利益,有些向善行为是理想性质的。帮助所有的人、对所有人有益是不可能做到的。因此道德并不要求帮助所有人,只是要求在一定可接受范围内帮助有特殊利害关系的人。

道德要求行为做到有利于特殊利害关系的人,对所有人有益是不可能做到的,但是对所有人不伤害是可能的。在这里,作为完全义务的不伤害原则并不是就优先于有利原则考虑。有利原则包含的各种义务有时候会超越不伤害义务,如果行为可以通过造成微小的伤害而产生巨大的利益,或者给少数人造成伤害但给大多数人带来巨大利益,那么有利原则就可凌驾于不伤害原则之上。

6.3.2.2 有利原则与尊重自主原则的关系

任何原则的地位都是平等的,没有优先顺序,只有在具体情境下才有所区分,在具体实施时有所侧重。在具体案例的应用中,伦理原则之间有时候会发生冲突,如基因医疗领域的有利原则与尊重自主原则冲突。尊重自主原则要求医疗人员尊重患者的自主性,但有利原则要求医疗人员的首要职责是保障患者的最佳利益,即对患者有利。大多患者缺乏相关医疗背景知识,其自身并不一定能看到医学上的不利于其健康的因素,无法做到充分的知情同意,其自主选择时可能有所偏驳,完全尊重患者自主决定就可能伤害患者利益,可能违背有利原则甚至不伤害原则。因此,尊重自主原则与有利原则的这种冲突很难协调一致,至今也没有公认的认识。

生命医学领域的有利原则是复杂的。有利原则被赋予增进患者利益并积极预防和消除患者伤害的义务。其义务性在生命医学伦理学中很重要。有利原则是一种道德义务。在未与同等或更强的原则相冲突的情况下,该原则理应被执行。然而,生命医学的有利行为不仅限于应用于医患关系或者研究者与受试者之间。如果特殊利害关系相关第三方可能受到影响,它还延伸至该第三方。例如,在特定的基因检测中发现,某受试者HIV 阳性,其妻子是阴性并且已经怀孕。该受试者要求研究者隐瞒其 HIV 阳性结果。如果研究者通过向其妻子隐瞒信息来落实对受试者的有利原则,那么作为第三方的妻子及腹中胎儿将受到损害。考虑伦理中的尊重自主原则及受试者的保密权力,研究者处于非常困难的境地。但是,此时应优先考虑有利原则,而不是尊重自主及其保密原则,做出对第三方有利的行为将是更为可取的。按照有利原则的效用规则,将信息告知第三方——受试者妻子,以便她和胎儿不被感染、不会受到伤害。这样做,研究者将消除对第三方的伤害,尽管对受试者有违背其尊重自主的原则,侵犯了其隐私权,但拯救更多生命的有利原则比受试者的保密权更重要。

应该注意并强调的是,有利原则总是与其他伦理原则相关联的,尤其是当其用于复杂的生命医学问题时。鉴于此,虽然有利原则在保护生命、最大限度地提高患者福祉、避免成本和降低风险方面具有根本性的重要性,但与其他伦理原则一样,在应用层面要与实际相结合,综合运用相关伦理原则。有利原则除非在特定场合与平等或更强的原则相冲突,否则应始终履行其义务。这意味着有利原则不应始终普遍适用于所有生命医学案例。生命医学案例应该由不同的各方进行审议,不限于研究者、医生、患者等直接相关方与其他成员(如学者、独立组织的代表等),应积极参与生命医学中出现的有争议的问题或案例的审议。每个案例的情况都是独特的,因此应根据具体情况应用有利原则。有利原则与其他伦理原则一样,自主和有利都是需要的,但它们具体的相互依存关系取决于特定情况以及社会和政治背景。故无论是哪个原则都不具有绝对性,具体原则以及其产生的具体道德规则的应用都需要放在具体环境条件下进行[5]。

6.3.3 遗传资源研究与应用领域的有利原则

6.3.3.1 有利原则的具体内容

遗传资源研究应用领域的有利原则(benefits principle)具体包括三方面的内容[10]。

(1)消除他人原有伤害:这里的伤害内容类似于不伤害原则中的伤害,但这种伤害不是由于我们进行遗传资源研究与应用行为造成的伤害。遗传资源研究与应用的初衷即为造福人类,尤其是其在医学领域的应用,通过我们的行动消除他人原有伤害,就是增进他人最实际的利益。有利原则表现在消除原有的伤害,这是有利原则最基本的体现。

(2)防止伤害他人的情况发生:消除已有的伤害让人们暂时缓解原有的痛苦,如果要让人类永久远离疾病等带来的痛苦,预防对人的伤害的发生是遗传资源研究与应用的最终极目标。这就要求遗传资源研究与应用活动不仅能够解决人类疾病、基因缺陷造成的困扰,而且能够预防疾病等的侵袭,使人类永久性地远离伤害。预防伤害是有利原则较高水平的体现。

(3)对整个人类发展确有助益:是指通过遗传资源研究与应用,不仅能够解决人类疾病和基因缺陷所带来的伤害,而且能够改善人类的生命和健康质量,使人们感觉生活更加幸福。这种生命和健康质量的提高应是全方位的,不仅要通过修补人类的基因来增强人类的体质和幸福感,而且还要通过动植物遗传资源研究与应用以解决人类温饱问题,为人类发展创造一个更加安全的环境。这是有利原则最高水平的体现。

遗传资源研究与应用的基本目的是有利于人们的健康和幸福。不伤害是最基本的、最底线的道德要求。满足了不伤害要求的生命科学技术并不等于就是可以开发的技术,仅从不伤害的安全性上考虑并不能充分推论出技术的必要性。也就是说,不伤害的安全性无助于人的健康和幸福指数,只考虑安全而不考虑必要性是没有意义的。因此在不伤害前提下,遗传资源研究与应用的研究者、开发者、应用者和决策者还必须追求有利原则。

6.3.3.2 基因编辑领域的有利原则

基因编辑的目的是有利于生命医学、生态环境和社会的发展,这是相关科研活动必须遵循的一条重要原则。基因编辑用于基因医疗主要是为了探索疾病的原因和发病机制,改进疾病的诊疗、预防和护理等,以利于医学科学水平的提高和人类健康水平的提高,从而促进整个社会发展。

基因编辑有利于医学和社会的发展原则不可以凌驾在不伤害原则和知情同意原则之上。如果破坏了不伤害原则和知情同意原则,有利于医学和社会的发展这一原则也难以真正意义上的遵循和实现。正如前面所述,伦理原则的每一个原则均具有相对性。实际操作要结合具体情况,综合运用多个原则进行比较分析,以期得到最佳伦理判断。

6.4 公正原则

6.4.1 公正原则的道德规范

当代社会发展所面对的人口、资源与环境,经济与文化,效率与公平等重大关系,需要协调各种社会力量和社会因素,以实现人的自由全面发展,这就需要更为完备的公正理念和公正原则(justice principle)作为社会发展战略的先导,形成公正原则为本位的坚实伦理道德基础,使公正原则成为人类生存实践的普遍伦理指导。

公正即公平或正直、不偏私,是为一定的道德体系所认可地对社会成员的权利和义务的恰当分配。具体说来,公正强调在分配权利和义务时的均衡状态,不多不少,公而不偏,各方均得其所应得和承担其所应承担;举凡评判是非功过或赏罚予取,遵循公众认可或代表公众意志的准则而不偏私;按照同一的道德标准,同样地对待相同的人和事,不同地对待不同的人和事;公正内涵公平正直,不偏私。不偏私是指依据一定的标准而言没有偏私,因而,公正又是一种价值判断,含有一定的价值标准。只要人们因为特定技能或特定环境而获得利益或承担责任,就需要这种公正价值标准。同时,公正反映人与人之间的合理的社会关系。公正问题的本质是人的利益问题,而所谓利益,就是指对各种有限社会资源的占有,涉及社会资源公正分配。

6.4.2 分配公正

分配公正是公正原则的基础。分配公正是指由公众认可或代表公众意志的准则决定的公平的、平等的、适当的分配资源、权利及其他可分配的东西。其范围包括分配各种福利和负担的政策,如财产、资源、特权、机会、责任等。分配公正的基本含义就是用相似的方式处理相似的情况,使每个人得到其应得的东西。分配公正广义上囊括了社会中的一切权力和责任的分配,包括各种社会价值在不同个体之间的各种形式的分配。分配公正问题一般是在资源稀缺、获得利益、逃避责任或存在竞争的情况下出现。在生命医学伦理领域,分配公正的焦点便是稀缺医疗卫生资源、稀缺遗传资源、技术的分配。

公正原则一个是形式的,一个是实质性的。形式的公正原则是指所有的公正原则都有一个最低的形式要求,如平等应当平等对待,不平等应当不平等对待。形式的公正原则没有指明平等对待的具体方面,没有提供平等对待的判断标准。实质性的公正原则对平等对待的相关特征进行了细化,指明了分配的实质性特征。由于细化特征不同,形成了按需求、付出、贡献、优势分配、平等分配以及按市场自由交换分配等具体实质原则,每个原则都基于具体情况和使用范围设定一个初始义务。下面简述 3 种实质性分配公正原则。

(1)按照平等分配的原则,所有的利益和负担都应该平等分配:每个人应当获得相同大小的蛋糕,同时承担同样份额的负担。这是一种平等主义分配原则,每个主体在任何方面、任何时候都被相同地对待。这个原则适用于一个基本需求刚好得到满足的社会,所分配的社会资源是被每个主体所需要的。医疗卫生资源分配显然不适合,因为人类对健康需要的欲求本质上是无限的,各种医疗体制都面临某种形式的资源稀缺,每个人对于医疗卫生资源尤其是稀缺资源的需求不一样。如特种基因检测,有的人需要,大部分人则不需要,给不需要的人也予以分配显然不合理。

(2)按需分配的公正原则认为根据需要分配社会资源是公正的:一个人需要某种资源,没有这种资源这个人就会受到伤害或者不利影响。这种按需分配原则是平等主义分配原则的一种扩展。按需分配原则,即按照每个人的需求量来进行分配,需求多的获得的份额多,需求少的获得的份额少,这种情形似乎也构成了平等,但这种分配仅限于满足基本需求。基本需求包括衣、食、住、行等生理需求,未能包括心理、智力等更高层次的需求。在稀缺的医疗卫生资源等严重匮乏的情况下,据此原则进行分配难以实现公正。

(3)按照努力和贡献分配原则,每个人根据个人的努力程度和做出的贡献大小相应地获得自己利益份额:在古代生产力低下的农业社会,每个农民固定大小的土地,谁工作努力,生产的粮食多,做出的贡献大,谁就能获得更多的粮食收益。此时的分配原则似乎满足了我们对公正的知觉。这个原则是在每个人都有平等的机会、平等的条件、同样大小的土地、同样的生产工具下,农民竭尽所能地努力,获得相应的收益份额。但是随着生产力水平的提高,社会的分工越发精细,个人获得平等机会的界定难度越来越大,每个人的贡献对于整体来说都是微不足道的,做出贡献程度的区分越来越模糊,获得平等机会的条件已经难于实现。

6.4.3　公正原则的形式

公正原则的主要内容是分配公正,与之相应还存在回报公正以及程序公正,回报公正和程序公正的最终目标是实现分配公正。具体到遗传资源研究与应用领域的公正原则有公正合理挑选受试者、受试者如何公正分担研究利益、选择资助哪个具体项目、国家投资研究比例等。在分配公正问题上,按照上述实质性公正原则均存在相互冲突,但各种实质性公正原则均有其支持者。

回报公正指的是个体的付出要与其回报相匹配,科研活动参与主体得到应当得到的公正的回报,如研究试验中对其造成的伤害进行免费治疗、相关损失应得到相应补偿等。国家对某一科研项目提供资助,科研人员需要对纳税人负责,贡献新的科学知识,追求科学知识的普遍性,坚持行业自律,尽最大努力为科研项目开展贡献力量。研究人员这种按照正当程序尽职尽责工作,为此付出的努力和贡献也应当得到相应的回报。

程序公正指的是要求建立公正的程序,使之公开适用科研人员、受试者甚至第三方等人员。程序公正是实现分配公正的前提和保证,完善、正当的程序才能确保受试者和研究者的权利得到最大限度的保护。科研活动中程序公正相较于其他公正原则更便于外部监督,程序公正最大限度保障受试者的知情同意权真正得以实现,同时程序公正是伦理委员会的责任和意义得以最大限度实现的保障,由此科研活动伦理审查委员会审查内容与方式需要程序透明、公开。

6.4.4　基因编辑的公正原则

在分配社会医疗资源时首先考虑的公正原则是机会平等原则,那么基因编辑的伦理道德同样需要遵循公正原则。基因治疗与基因增强是基因编辑的两种目的。基因治疗是为了恢复基因功能,从而达到治疗的目的。虽然基因治疗会使得人的自然本性的局部发生改变,但是其没有偏离生命本质的轨道,没有抛弃生命自然本质,因此是在认可生命本质前提下的促进身体健康、维持身体和谐的状态。基因治疗遵循了生命进化规律,保持了身体与精神的完整性。基因增强是为了增强正常人性状、能力,一方面可能增加原本生命体没有的功能,另一方面可能给人的器官等超越常人的能力。基因增强实质上是对于人的自然本质的超越,并非人类自然进化。这种非人的成分破坏了基因完整性与人种完整性,让个体丧失了主体性,变成非自我的异类。同时也对人的价值以及自我认同感是很大的挑战与危机。相对于自然分娩的婴儿,基因编辑婴儿成为人造个体,前者是自然实体,后者是人造实体。这会导致人类产生人之为人的困惑以及对人自身的恐惧。

6.4.4.1　基因医疗领域的公正原则

在遗传资源研究与应用中,跟普通大众密切相关的领域即为基因医疗研究领域。在基因医疗研究领域,从微观看,分配公正是指公正选择受试者,在受试者之间公正分担基因医疗的利益与风险;从宏观看,分配公正指国家对于基因治疗研究的资助,以及哪些疾病优先进入临床试验、投入资金比例等。

(1)基因医疗的微观公正:基因缺陷引起遗传疾病,当人们有能力纠正基因缺陷的时候,按照平等分配原则,人人都有平等的机会获得。为确保机会均等,采用"抽签"选择受试者,做到了人人机会平等,获得机会的受试者并不一定能够让治疗发挥应有作用,致使收益最大化。例如,基因治疗可以医治男性不育问题,按照平等分配原则,抽签确定某名患者,然而该患者为一名丁克主义者,对其进行治疗是一种医疗资源的浪费,也同时体现了资源分配的不公正。

（2）基因医疗的宏观公正：在分配公正理论体系中，效用分配原则颇具影响力。效用分配强调综合性的判断标准，目的在于实现最大化的公共效用，即采用效用公正的标准看是否实现总体利益的最大化。当前癌症发病率较高，急需治疗癌症的患者较多，而单基因遗传病患者非常少，因此单基因遗传病获得的医疗研究资助相对较少。这里遵循了效用分配原则，为实现利益最大化，把多数人利益放在少数人利益之上，大比例的研究资金被投放在癌症研究上，避免平等分配原则的弊端，保障了大多数人的利益，但是根据平等分配原则，它侵犯了少数人利益。然而如果将平等分配原则绝对化，将大量的资源、资金投入罕见遗传病研究，那么多数人的利益则没有得到保障，造成了多数人的不公正，甚至受到伤害，同时违背了有利原则。这种医疗资金效用分配的公正原则关注了总体利益，反映出基因医疗领域的宏观公正。

当然，如果把效用分配原则作为唯一充分的公正原则，那么就会出现各种问题，如果将患者接受医疗的权利建立在社会总体效用最大化的基础上，这种基础是不牢固的，因为社会的总体效用可能随着时间的变化而发生变化。如果一个社会通过不给病情危重的患者和最脆弱的人去提供医疗服务来实现总体效用的最大化，那么显然这种分配是不公正的。效用分配原则若只关注总体利益如何，不考虑分配利益和负担公正的话，这种效用分配原则存在严重问题。

6.4.4.2　基因增强技术的公正原则批驳

根据有利伦理学的整体效用原则，社会资源的分配必须满足大多数人的社会总体利益。而非医学目的的基因增强技术不仅投资大、风险高，且满足的只是并无性命之忧的小部分人需求。在当前医疗资源紧张的情况下，将有限的医疗资源用于研发非医学目的的基因增强技术，不仅有违公平原则，而且不利于社会的稳定与和谐发展。一方面，基因增强技术目前属于技术奢侈品，其高昂的费用并不是人人都能享用得起的，只有少数人才有条件享用。这将会加剧社会不平等，使弱势群体处于更加不利的地位。人类基因密码是作为种属的人共同拥有的天赋，具有天然的类属性。它不是属于少数有钱或有权人的专利，而是属于人类全体的，不能只是为了满足少数人的欲望而违背公平性原则。另一方面，基因研究和体育的关系越来越密切。发达国家正在解析优秀体育选手的基因，比较其碱基对和普通人的差异。有关研究人员宣称，对想提高成绩的运动员来说，运用基因增强技术可以使其跳得更高、跑得更快。运动员只要有针对性地注入相关的优势基因，就会大大提高耐受力、跳跃的高度以及奔跑的速度，而无须再进行艰苦的训练，不用担心药物检查，因为在他们的血液或尿液中不会留下丝毫的痕迹。这样一来，就会践踏体育精神，导致体育竞技的不公平。这种不公平主要表现在两个方面：就国家层面而言，科技发达国家的运动员有能力、也有条件享受，而发展中国家的运动员则由于技术或财力的问题只能望洋兴叹;就运动员个人而言,这个"潘多拉盒子"一旦打开,比赛将成为强化的基因与正常基因之间的较量,这不仅泯灭了体育精神,而且从根本上违背了公开、公平、公正的体育竞赛原则。公平竞争是体育精神的精髓,是竞技体育的核心伦理原则[10]。

如果基因增强的确有助于基因不幸者享有同等的社会基本利益,那么按照分配公正原则对基因增强技术是否应当被鼓励?

(1)基因不幸者应当如何界定:这里就涉及到基因的价值判断。从医疗角度看,即使基因与疾病以及性状之间的确存在着联系,但基因的好坏是难以区分的。仅仅就健康而言,有些所谓的致病基因也许在其他的方面具有有益的作用,如镰状红细胞贫血致病基因的携带者不容易感染疟疾。并且在人体这个相互联系的大系统中,基因之间相互联系,与各种性状有着千丝万缕的关系,以目前的医疗水平还无法探索出基因的全部密码。因此,我们很难对基因进行价值判断。从非医疗角度看,社会上存在着各种各样的价值观。比如有人认为过目不忘的本领是令人羡慕的,但有人认为过好的记忆力会给人带来更多的痛苦。可见在价值多元化的今天,某种超能力并不是人人羡慕的。即使现代人对于增进益处达成一致意见,也没有办法确保后代也会有同样的选择偏好。既然无法界定出基因的好与坏,那么就不存在所谓的基因不幸者,也不存在上述的"是否应当鼓励基因增强、让不幸者享有同等社会基本权益"的问题。

(2)导致基因歧视:如果对原来的基因不幸者存在歧视,通过基因增强技术而不是通过基因医疗技术填补基因缺陷,可能导致受试者这一基因增强,那么原来对基因缺陷的歧视将会转变成对原来基因正常的歧视。比如运用基因增强技术,把原本的身高1.73m增强到1.85m,把原本的智商100增强到150,那么没有接受基因增强的人就有可能受到歧视,从而造成全人类的基因歧视。

(3)关键点是每个人的各种基因都是传承于父母:没有人可以事先选择自己的基因,遗传基因的差异造成了人与人之间性状的不平等。但是一个天生矮小的人与晚期癌症患者之间我们很难判断谁更加不幸、更加需要医疗支持帮助。可是值得注意的是,先天性状的不平等,如身材矮小等,并非必然会导致后天生活中的不公平以及人生不幸。因此,与基因增强相比,需求更加迫切的基因治疗更值得考虑,基因治疗与基因增强两者被放在同等的地位来加以考虑和对待将有违公正原则。两者的优先鼓励与否反映了公正原则的宏观公正,基因治疗可以归属于医疗资源,针对基因治疗的微观公正参照医疗资源的公正分配原则。

遗传资源研究涉及诸多伦理、法律和社会问题,遗传资源研究过程的分配公正,使各方应公平地分享研究成果和利益,确保资源提供者和研究者在研究活动中得到合理的权益和利益,平衡各方利益,提高研究效率和质量,促进科研合作和交流。利益分享应遵循公平、透明和可持续的原则,以提高人民群众的生活水平和健康水平,促进社会公平和发展。遗传资源研究成果的惠益应普及到所有相关方,各方遵循公平原则,获得合理的份额,避免某些群体或地区被排除在外。惠益均享有助于促进社会公平和发展,增强人民群众的获得感和幸福感。遗传资源研究的分配公正涉及多个方面的问题,为实现分配公正的目标,需要建立健全机制和政策体系,加强监管和评估力度,促进科学研究和社会发展的良性循环。同时,还需要加强国际合作和交流,共同推动全球遗传资源研究的可持续发展。

（张　建　王友政）

参考文献

[1] 汤姆·比彻姆,詹姆士·邱卓思. 生命医学伦理原则[M]. 李伦,译. 北京:北京大学出版社,2014.

[2] 吴宁,黄发林. 论医学伦理学的自主性原则[J]. 中国医学伦理,2006,19(1):82-84.

[3] MIRACLE V A. 贝尔蒙报告:研究伦理学的三重冠[J]. 危重病护理维度,2016,35(4):223-228.

[4] 刘俊香. 临床保密中的防范原则[J]. 基础医学与临床,2007,27(6):692-695.

[5] 刘玉婷. 生命伦理学视域下基因编辑技术伦理问题研究——以 2018 年"基因编辑婴儿事件"为中心[D]. 上海:上海师范大学,2021.

[6] 朱玲,徐新杰,王焕玲,等. 涉及人类遗传资源研究的医学伦理审查挑战与困境[J]. 中国医学伦理学,2019,32(5):586-590.

[7] 张萍萍. 不伤害原则及其对生命医学伤害事件的规约研究[D]. 郑州:河南师范大学,2011.

[8] 罗冰. 医学检验中的伦理原则探讨[J]. 医学研究生学报,2014,27(2):179-180.

[9] 李锐锋,冯长娜. 关于非医学目的基因增强技术的伦理思考[J]. 医学与哲学,2012,33(3):21-22.

[10] 赵宏韬. 浅析基因工程伦理中的有利原则[J]. 东方企业文化,2010(12):202.

第 7 章
遗传资源开发应用的法规及国际公约

早期遗传资源在不同国际条约、国家法规以及学界中的定义有所不同,存在一定的争议,但随着《生物多样性公约》于 1992 年 6 月签署,国际上关于遗传资源的定义达成初步共识,一般认为遗传资源涵盖两大类:人类遗传资源和生物遗传资源。许多国家法律法规和国际法律文件在制定的过程中,都依照此分类标准分别推进人类遗传资源和生物遗传资源立法工作,我们国家亦是如此。本章依据这一分类方法,分别介绍遗传资源开发应用的法规和国际公约。

7.1 遗传资源开发应用的国内法规

7.1.1 人类遗传资源法规

我国幅员辽阔,民族众多,不同民族大杂居、小聚居,这些特点造就了我国拥有多种多样且互相交融的人类遗传资源。我国人类遗传资源的开发利用起步较早,且随着经济发展和科技进步,开发应用的范围越来越大,进程也越来越快。相应的,为了解决与人类遗传资源相关的社会问题,我国通过立法对人类遗传资源开发和应用进行监管的进程逐步推进。

7.1.1.1 专门性法规

1.《人类遗传资源管理暂行办法》

《人类遗传资源管理暂行办法》是由科学技术部和卫生部[1]于 1998 年 6 月 10 日联合发布的规范性文件,自发布之日生效。从背景看,《人类遗传资源管理暂行办法》的出台是以解决问题为导向的,其目的是针对从20世纪90年代开始的国外对我国人类遗传资源的生物海盗行为(生物海盗行为是指跨国公司掠夺社区尤其是土著社区,对其自有的遗传和自然资源以及文化遗产进行控制的行为,大多是由发达国家先是在发展中国家探查到有利用价值的遗传资源,再将开发获得的遗传资源通过知识产权制度进行保护,以此达到掠夺发展中国家丰富遗传资源的行为)。20世纪90年代后期,我国人类遗传资源被掠夺的情势非常严峻,出台人类遗传资源管理的法规迫在眉睫。

《人类遗传资源管理暂行办法》的总则首先明确了人类遗传资源的定义,指含有人体基因组、基因及其产物的器官、组织、细胞、血液、制备物、重组脱氧核糖核酸构建体等遗传材料及相关的信息资料。其次,确定了人类遗传资源申报登记制度和人类遗传资源开发应用的批准许可制度。最后,规定属于国家科学技术秘密的人类遗传资源要遵守《科学技术保密规定》,这表明人类遗传资源在国家安全层面受到重视。分则的第二章着重明确人类遗传资源的管理机构,实行层级管理,分别由中央和地方两个行政级别的行政主管部门负责;设立中国人类遗传资源管理办公室,主要负责遗传资源申报、登记、出口、出境手续等日常工作。办公室可以聘请专家组来进行技术咨询和评估。第三章规定了人类遗传资源申报和审批的具体程序,明确国际项目中中方合作单位的审批手续是必备条件,其中的双重审批制度是突出特点,即需要先经过有关主管部门审查同意,再经过中国人类遗传资源管理办公室的审核批准。采集地的地方主管部门有权在审查人类遗传资源活动时提出相应的意见,这也是基于一般情况下地方政府比较了解当地民族和人群的遗传资源情况的考虑。其次,还规定人类遗传资源管理办公室每季度对人类遗传资源出口、出境以及国际合作项目审理一次,之后再发放出口凭证,规定较为严格。第四章规定人类遗传资源及其应用开发成果的知识产权基本原则,即平等互利、诚实信用、共同参与、共享成果,参考了当时国际通用的遗传资源获取和惠益分享原则。

《人类遗传资源管理暂行办法》作为我国第一部专门规定遗传资源保护、开发和应用的法规,具有里程碑的意义,它结束了我国20世纪90年代无法可依的局面,并为之后20余年的人类遗传资源应用开发活动提供了法规依据,也走出了人类遗传资源开发和应用法治化的第一步。虽然随着《人类遗传资源管理条例》的颁布,结束了《人类遗传资源管理暂行办法》指导和规范我国人类遗传资源应用和开发的使命,但其划时代的意义不应被忽视。

2.《人类遗传资源管理条例》

(1)立法背景:进入21世纪后,随着经济、社会形势的变化和科技的发展,生物技术呈现暴发式增长态势,在全球科技创新前沿的主导地位愈发突出,与之相应的,涉及人类遗传资源的生物技术研究活动快速增长,出现了一系列新情况、新问题,对我国人类遗传资源的管理提出了更高的要求。我国虽然具有独特的人类遗传资源优势,但是人类遗传资源的采集、保藏、利用不够规范、缺乏统筹,此外,由于人类遗传资源领域国际合作不断增多,我国人类遗传资源非法外流情况时有发生,而《人类遗传资源管理暂行办法》的法律层级不够高、法律责任不健全、处罚条款不明确,难以满足生物技术快速发展的现实需求[2]。为解决这些突出问题,司法部、科学技术部根据党中央、国务院的总体部署,在充分调研和听取社会各界意见建议的基础上,形成了《人类遗传资源管理条例(草案)》,并于2019年3月经国务院审议通过。

《人类遗传资源管理条例》[3](*Regulations on the Administration of Human Genetic Resources*)是我国第一部关于人类遗传资源保护、应用和开发的行政法规,是现阶段我国人类遗传资源保护的主要法律依据和行动指南。和《人类遗传资源管理暂行办法》相比,《人类遗传资源管理条例》进行了较大的改动,一方面体现在效力等级从规范性文件跃升为行政法规,另一方面在人类遗传资源从获取到开发多个环节都有更为详细和深入的规定,以达到适应我国现阶段生物技术发展状况的目的,这既是对《人类遗传资源管理暂行办法》立法原则和精神的继承,也跟随了时代变化和我国现实国情的发展。

(2)主要内容:首先,《人类遗传资源管理条例》全方位强化了对人类遗传资源的监管。①明确涉及人类遗传资源相关的活动要以公众健康、国家安全和社会公共利益为根本宗旨。具体体现在人类遗传资源开发利用要符合伦理原则,禁止买卖人类遗传资源,外方单位不得在我国境内采集、保藏、对外提供我国人类遗传资源。②界定我国人类遗传资源监管的边界和范围。将监管范围限定在人类遗传资源的采集、保藏、利用、对外提供4个环节,对这4个环节进行规范化管理,系统完善人类遗传资源管理体系。③明确人类遗传资源管理工作的主管部门。采取中央和省级地方两级管理制度,中央由科学技术部管理,地方由科技厅和其他有关地方部门管理,撤销了《人类遗传资源管理暂行办法》中的中国人类遗传资源管理办公室这一内设机构。④加大处罚效能和力度,细化责任形式。加强对各环节的监督检查,进一步强化事中、事后的监管。细化的处罚形式包括警告,停止违法违规行为,把违法违规行为记入社会信用记录并向社会公示,没收所采集的遗传资源和违法所得,处以最高能到违法所得5倍以上10倍以下的罚款,禁止相关单位或者个人在1~5年内甚至是终身从事与人类遗传资源相关的活动,以及追究相应的刑事责任。

其次,强化对公民个人合法权益的保护。对采集主体而言,采集我国重要遗传家系、特定地区或者相关法规规定种类、数量的人类遗传资源,应当满足具有法人资格、通过伦理审查、采集目的方案合理等条件,同时要经过科学技术部批准。对采集对象(人类遗传资源提供者)而言,采集主体要事先全面、完整、真实告知人类遗传资源提供者的采集目的、采集用途、保护个人隐私的措施、提供者享有的自愿参与和随时无条件退出的权利,同时征得人类遗传资源提供者书面同意。对保藏主体来说,保藏主体要满足具有法人资格、通过伦理审查、保藏来源合法、具有保藏基础设施和管理制度等条件,要妥善保存人类遗传资源的来源信息和使用信息,并每年向科学技术部提交报告。

接着,《人类遗传资源管理条例》鼓励合理开发利用人类遗传资源。①国家支持合理利用人类遗传资源开展科学研究、发展生物医药产业、提高诊疗技术,支持人类遗传资源研究开发活动以及成果的产业化。各级地方政府也要对人类遗传资源科学研究、产业发展进行合理布局、统筹规划。②国家要积极开展人类遗传资源调查,摸清我国人类遗传资源的家底。为加强人类遗传资源保藏工作,要加快标准化、规范化的人类遗传资源保藏基础平台和人类遗传资源大数据建设,鼓励科研机构、高等学校、医疗机构、企业根据自身条件和相关研究开发活动需要开展人类遗传资源保藏工作,并为其他单位开展相关研究开发活动提供便利。③鼓励科研机构、高等学校、医疗机构、企业根据自身条件和开发活动需要,利用我国人类遗传资源开展国际合作科学研究,在遵守平等互利、诚实信用、共同参与、共享成果的原则基础上,保证中方单位能够在合作期间全过程、实质性参与研究。

最后,《人类遗传资源管理条例》明确要提高政府服务人类遗传资源开发应用活动的能力。①简化审批程序。相较于《人类遗传资源管理暂行办法》"一刀切"的严格审批,《人类遗传资源管理条例》规定为获得相关药品和医疗器械在我国上市许可,利用我国人类遗传资源开展国际合作临床试验、不涉及人类遗传资源材料出境的,不需要审批,只需备份即可;主管部门审批人类遗传资源开发项目的时间限定在 20 个工作日内,特殊可以延长 10 个工作日,缩短审批时限。②加强电子政务建设。要通过电子政务系统方便申请人利用互联网办理审批、备案等事项。③及时制定并发布相关审批指南和示范文本,加强对申请人办理有关审批、备案等事项的指导,使得申请者按照有关要求来规范办理,以提升审批效率。④提升人类遗传资源项目审批的专业性。人类遗传资源科研活动评估时所要聘请专家组成的范围较《人类遗传资源管理暂行办法》扩大,主管部门应当聘请生物技术、医药、卫生、伦理、法律等多方面的专家组成专家评审委员会。此外,专家对涉及人类遗传资源项目的评审意见应当作为审批的参考依据,确保人类遗传资源项目审批的专业性能够充分体现。

(3)立法述评:人类遗传资源既是一种医学资源,也是一种战略资源,和民众生命健康、国家安全和发展息息相关。《人类遗传资源管理条例》一方面强化对人类遗传资源的监管,另一方面也大力支持人类遗传资源开发和应用,立法的核心在于平衡人类遗传资源发展和监管,如何既保护好我国人类遗传资源、防止人类遗传资源被滥用而危害公共安全,又要促进人类遗传资源合理开发,培育并引导相关产业发展,增进公众的健康福祉,在发展和监管之间找到一个平衡点正是《人类遗传资源管理条例》的核心要义。就监管而言,《人类遗传资源管理条例》规定了"禁止买卖人类遗传资源""外国单位不得采集、保藏我国人类遗传资源"等强制性规定,重点防范我国人类遗传资源流失,同时通过更加周密的监管体系和更加严厉的处罚措施,强化我国政府保护人类遗传资源的能力。就发展而言,尽管近年来出现的人类遗传资源开发违反伦理和人类遗传资源流失到境外的事件,引起社会公众对人类遗传资源开发应用安全性的担忧,但是生物技术发展和变革的趋势已不可逆转,《人类遗传资源管理条例》积极鼓励支持高校、企业、科研机构等社会主体参与到人类遗传开发利用中,在遵循开发应用基本原则和保证中方单位能实质参与到开发活动的前提下,支持各社会主体积极与国际合作开发人类遗传资源,这些规定既是为了加快生物科技创新、提升全民健康水平、推动健康中国建设,也是为了维护我国生物安全、民族长远发展的利益。与发展这一理念相配套的是,《人类遗传资源管理条例》专章规定政府机构服务人类遗传资源开发应用所应当采取的具体措施,在授予政府机构监管人类遗传资源活动行政权力的同时,也给政府机构设定了应当承担的服务义务,进一步简政放权,适应生物医药产业高速发展。

但应当看到的是,《人类遗传资源管理条例》仍然存在一定的局限。从现今和未来的人类遗传资源开发应用的法律需求来看,《人类遗传资源管理条例》立法的出发点是行政机关对人类遗传资源活动的审批、监管和引导,主要强调行政机关的服务和监督,而行政机关对市场变化和技术迭代的反应有一定的滞后性,这就导致行政机关所制定的法规无法快速适应新技术发展,需要引入其他主体参与规范制定。此外,我国政府审批人类遗传资源开发活动的工作效率也有待进一步提升。

《人类遗传资源管理条例》从提案到国务院审议通过再到出台,前后历时6年的时间,相较于《人类遗传资源管理暂行办法》,耗时非常长,但更为具体、细致和全面规定了人类遗传资源的开发应用所应当遵循的原则和规则,对我国接下来的若干年间人类遗传资源保护、科学研究和产业发展、国际合作交流都有着重要影响。与此同时,生物技术发展日新月异,一些新问题也层出不穷,期待立法机关尽快出台与《人类遗传资源管理条例》配套的实施细则,完善《人类遗传资源管理条例》内容,媒体要加强《人类遗传资源管理条例》基本内容和理念宣传普及,政府也应当进一步简化工作流程,为社会各主体参与人类遗传资源开发活动畅通道路。

7.1.1.2 一般性法规

一般性法规是指并非专门针对人类遗传资源所制定的法规,涉及人类遗传资源开发和应用的条款通常分散于这些一般性法规中,虽然这些条款在所属法规中占比不多,但是鉴于有的法规层级较高,有的规定较为特殊,因此进行简要梳理和评析。

1.《中华人民共和国民法典》和《中华人民共和国个人信息保护法》

《中华人民共和国民法典》(简称《民法典》)[4]是我国第一部以法典命名的法律,是一部固根本、稳预期、利长远的基础性法律,包括总则、物权、合同、人格权、婚姻家庭、继承、侵权责任七编，条文共 1260 条。《民法典》(Civil Code)中没有条款直接规定人类遗传资源保护、开发，但是"人格权"的 1034 条规定了"个人信息……包括自然人的姓名、出生日期、身份证件号码、生物识别信息、住址、电话号码、电子邮箱、健康信息、行踪信息等"，其中的"生物识别信息"包括人类遗传资源信息，因而个人信息包括人类遗传资源信息。出于最大程度保护个人权益的考虑，早期有部分学者认为人类遗传资源信息应当归属到隐私范畴而非个人信息范畴。隐私权属于人格权，是在人格尊严的范畴内，而人格尊严绝对不受侵犯，对人类遗传资源信息享有隐私权意味着每个人都享有对人类遗传资源信息绝对的控制权利，但是后来随着生物技术的进步和产业发展，科研机构和企业在开发应用过程中对人类遗传资源信息的需求越来越大，越来越多的反对者认为人类遗传资源信息一旦属于隐私，那么遗传资源提供者能够凭借隐私权阻止自己的遗传资源信息被采集，这就导致科研人员收集人类遗传资源信息较为困难，也就不利于人类遗传资源的开发应用。对此，为满足生物技术和产业发展对人类遗传资源的需求，人类遗传资源信息目前普遍被认为属于个人信息，相较于隐私来说，法律对个人信息的保护并非绝对保护个人的一切权利。例如，在有相关法律规定的基础上或者为了公共利益，相关主体可以未经提供者同意采集其个人信息。借助个人信息保护人类遗传资源信息既能够起到保护人类遗传资源信息提供者合法权益的作用，又能够方便科研人员采集人类遗传资源信息，促进人类遗传资源信息开发应用活动。从这一点出发，《民法典》的第 1034 条对人类遗传资源信息开发应用活动具有规制作用。

《中华人民共和国个人信息保护法》(简称《个人信息保护法》，*Personal Information Protection Law*)[5]于 2021 年 11 月 1 日起正式施行，是一部旨在确立和保护自然人对于个人信息的尊严、安全和公平使用的合理要求的法律。从该法个人信息的定义来看，"个人信息是以电子或者其他方式记录的与已识别或者可识别的自然人有关的各种信息"，人类遗传资源信息在不同个体之间千差万别，通过识别人类遗传资源信息即可识别出个体，因而人类遗传资源信息能够和个体建立关联性很强的联系，人类遗传资源信息可以被看作"唯一的身份信息"，刑事技术侦查中 DNA 技术正是运用了人类遗传资源信息这一特性追踪到唯一凶手。因此，基于可识别性这一基本特性，人类遗传资源信息符合个人信息的定义，属于个人信息的范畴，与人类遗传资源信息开发和应用相关的活动，应当受到《个人信息保护法》有关规定的约束。

从过往科学技术进步的态势来看，生物技术的高速发展很可能会造成对人类遗传资源的过度使用甚至是滥用，进而侵害到社会民众的合法权益，而法律法规的制定总是滞后于问题的发生，因此在能够针对性解决新问题的法律法规出台之前，《民法典》和《个人信息保护法》既是解决人类遗传资源信息相关问题的一般性规定，也是保护人类遗传资源信息提供者合法权益的基本法律依据。

2.《生物安全法》

《生物安全法》(*Biosafety Law*)[6]作为一部依托国家安全战略而制定的法律,于2021年4月15日起施行,是我国生物安全领域第一部基础性、综合性、系统性、统领性的法律[7],标志着我国生物安全进入依法治理的新阶段,对生物安全领域其他法律文件具有指导性作用。该法的实施,将有助于从法律层面解决我国生物安全管理领域存在的问题,对于确保生物技术健康发展、保护国民身体健康、维护国家生态安全等具有十分重要的意义。

《生物安全法》分为10章,共有88条,除总则和生物安全风险防控体制外,主要针对重大新发突发传染病、动植物疫情,生物技术研究、开发与应用,病原微生物实验室生物安全,人类遗传资源和生物资源安全,生物恐怖袭击和生物武器威胁等生物安全风险分设了专章,做出了针对性强、又具有可操作性的明确规定。

生物安全是指国家有效防范和应对危险生物因子及相关因素威胁,生物技术能够稳定健康发展,人民生命健康和生态系统相对处于没有危险和不受威胁的状态,生物领域具备维护国家安全和持续发展的能力。生物安全是国家安全的重要组成部分,各级人民政府及其有关部门应当加强生物安全法律法规和生物安全知识宣传普及工作,相关科研院校、医疗机构以及其他企业、事业单位应当将生物安全法律法规和生物安全知识纳入教育培训内容,加强学生、从业人员生物安全意识和伦理意识的培养。任何单位和个人不得危害生物安全。

《生物安全法》的第六章是关于人类遗传资源与生物资源安全的。人类遗传资源内容一脉相承于《人类遗传资源管理条例》。首先,国家对我国人类遗传资源和生物资源享有主权,明确由国务院科学技术主管部门组织开展我国人类遗传资源调查,制定重要遗传家系和特定地区人类遗传资源申报登记办法。采集、保藏、利用、对外提供我国人类遗传资源,应当符合伦理原则,不得危害公众健康、国家安全和社会公共利益。从事以下这些与我国人类遗传资源活动时,应当经国务院科学技术主管部门批准:①采集我国重要遗传家系、特定地区人类遗传资源或者采集国务院科学技术主管部门规定的种类、数量的人类遗传资源;②保藏我国人类遗传资源;③利用我国人类遗传资源开展国际科学研究合作;④将我国人类遗传资源材料运送、邮寄、携带出境。境外组织、个人及其设立或者实际控制的机构不得在我国境内采集、保藏我国人类遗传资源,不得向境外提供我国人类遗传资源。将我国人类遗传资源信息向境外组织、个人及其设立或者实际控制的机构提供或者开放使用的,应当向国务院科学技术主管部门事先报告并提交信息备份。

第六章在生物资源安全方面的具体内容:对于组织开展生物资源的调查、制定重要生物资源申报登记办法,由国务院科学技术、自然资源、生态环境、卫生健康、农业农村、林业草原、中医药主管部门根据职责分工进行。采集、保藏、利用、运输出境我国珍贵、濒危、特有物种及其可用于再生或者繁殖传代的个体、器官、组织、细胞、基因等遗传资源，应当遵守有关法律法规。境外组织、个人及其设立或者实际控制的机构获取和利用我国生物资源，以及利用我国生物资源开展国际科学研究合作，应当依法取得批准，并且应当保证中方单位及其研究人员全过程、实质性地参与研究，依法分享相关权益。在外来物种安全方面，国家加强对外来物种入侵的防范和应对，保护生物多样性。由国务院农业农村主管部门会同国务院其他有关部门制定外来入侵物种名录和管理办法。国务院有关部门根据职责分工，加强对外来入侵物种的调查、监测、预警、控制、评估、清除以及生态修复等工作。任何单位和个人未经批准，不得擅自引进、释放或者丢弃外来物种。

值得注意的是，《生物安全法》第五十三条规定"国家对我国人类遗传资源和生物资源享有主权"。这是首次在法律（这里的法律是指狭义的法律，即全国人大及其常委会制定的法律）中明确人类遗传资源的国家主权原则。人类遗传资源国家主权原则是一项国家指导和监督人类遗传资源开发利用的重要法理依据，阐明了禁止买卖人类遗传资源的法理依据：出于公共利益的考虑，国家有权决定对其领域内的人类遗传资源保护、开发和应用等活动进行管理和监督，所以国家有权禁止对社会公共利益有害的人类遗传资源买卖行为。

总的来说，《生物安全法》将《人类遗传资源管理条例》中的部分规定从行政法规层级上升到基本法律层级，体现国家对人类遗传资源保护、开发和应用的立法规制力度进一步加强。此外，《生物安全法》对人类遗传资源的规定几乎都属于原则性和纲领性规定，给未来的法律文件的制定预留了细化的空间，可以预见，我国未来有关人类遗传资源立法必将也必须在《生物安全法》的框架内细化和完善。

3.《专利法》

鉴于遗传资源和生物技术的发展是相辅相成的，以遗传资源为研究对象的生物技术活动必然会涉及其科研成果的知识产权问题，而和人类遗传资源开发与应用相关的高技术含量的生物医药科研成果也必然涉及专利问题。对此，我国在2020年修订的《专利法》[8]第五条规定："对违反法律、行政法规的规定获取或者利用遗传资源，并依赖该遗传资源完成的发明创造，不授予专利权"。该条通过阻断人类遗传资源来源不合法的生物技术科研成果的专利权授予，以此倒逼人类遗传资源开发应用活动从业人员遵守法律法规要求。

《专利法》第二十六条第五款规定："依赖遗传资源完成的发明创造，申请人应当在专利申请文件中说明该遗传资源的直接来源和原始来源；申请人无法说明原始来源的，应当陈述理由。"此条实则是"精简版"的国际通行的披露制度，即在专利申请时发明专利获得前，审查员会通过一定的"证据"对遗传资源的来源进行判断，此制度的目的是提升国家之间人类遗传资源的获取透明度，也是帮助更快速、更准确判断所申请专利是否具有新颖性和创造性。但值得一提的是,国际上的披露条款规定较为详细,其专利审查要求的证据更加细化和具体,以避免原则性规定造成实际专利审查中的操作困难。与此相对的是,我国的《专利法》规定则过于原则化,不利于实际专利审查操作,有待于以后法律修订的细化和完善。

4. 其他法规

《人胚胎干细胞研究伦理指导原则》[9] (*Ethical Guidelines for Human Embryonic Stem Cell Research*)虽然颁布于 2003 年,时间较早,但是至今仍然具有法律效力,其立法目的是规范人体胚胎干细胞的获取和利用,如禁止买卖人类配子、受精卵、胚胎或胎儿组织,确立知情同意原则等。人体胚胎干细胞既包含基因等遗传物质,具有全能性(细胞全能性是指干细胞具有的分化成机体所有类型细胞和形成完全胚胎的能力),历来被认为属于重要的人类遗传资源,又具有巨大的生物医药价值,与其有关的科研也一直为许多科学家所关注。然而,这也触及许多基本的伦理问题,因此立法者很早就对人体胚胎干细胞的开发和应用进行法律规制[10]。

《涉及人的生物医学研究伦理审查办法》[11] (*Measures for Ethical Review of Biomedical Research Involving Human Beings*)是由国家卫生和计划生育委员会(现已撤销)于 2016 年颁布,适用于各级各类医疗卫生机构开展涉及人的生物医学研究伦理审查工作,规范内容包括伦理委员会、伦理审查、知情同意、监督管理和法律责任等,该办法能够很好地规范从事涉及人的生物医学研究的伦理工作。该办法重点落在遗传资源的采集过程,其中知情同意原则规定较为翔实,包含知情同意书书写内容、给予被采集者一定补偿、再次签署知情同意书的情形和无须签署知情同意书的情形等,值得被借鉴到整个人类遗传资源采集过程。

《涉及人的生命科学和医学研究伦理审查办法》(*Measures for Ethical Review of Life Sciences and Medical Research Involving Human Beings*)是由国家卫生健康委、教育部、科学技术部和国家中医药管理局四部门于 2023 年 2 月联合发布,该办法扩大了规制领域,不再局限于医疗卫生机构,而是将高等院校、科研院所等非医疗卫生机构的科研纳入管理,并明确了各管理部门对各自行政隶属关系的机构实施伦理审查的总体监管。此外,该办法将关注点从"生物医学"扩展到"生命科学和医学",将生命科学和生物技术纳入规制的范围内。该办法将研究对象从"受试者"更改为"研究参与者",将"伦理委员会"明确为"伦理审查委员会",对于不具备设立科技伦理审查委员会条件的单位,给出了"委托审查"的建议。

2023 年 10 月,科学技术部、教育部、工业和信息化部、农业农村部、国家卫生健康委、中国科学院、中国社科院、中国工程院、中国科协和中央军委科技委发布了《科技伦理审查办法(试行)》[*Measures for Ethical Review of Science and Technology (Trial)*],依照该审查办法,开展以下科技活动应进行科技伦理审查:涉及以人为研究参与者的科技活动,包括以人为测试、调查、观察等研究活动的对象,以及利用人类生物样本、个人信息数据等的科技活动;涉及实验动物的科技活动;不直接涉及人或实验动物,但可能在生命健康、生态环境、公共秩序、可持续发展等方面带来伦理风险挑战的科技活动;依据法律、行政法规和国家有关规定需进行科技伦理审查的其他科技活动。高等学校、科研机构、医疗卫生机构、企业等是本单位科技伦理审查管理的责任主体。从事生命科学、医学、人工智能等科技活动的单位,研究内容涉及科技伦理敏感领域的,应设立科技伦理(审查)委员会。其他有科技伦理审查需求的单位可根据实际情况设立科技伦理(审查)委员会,可探索建立专业性、区域性科技伦理审查中心。此办法对审查主题、审查程序(包括专家复核程序)、监督管理等方面进行了规定。

以上3个审查办法均现行有效,后两个是2023年新出台的办法。《科技伦理审查办法(试行)》第五十四条规定:"相关行业主管部门对本领域科技伦理(审查)委员会设立或科技伦理审查有特殊规定且符合本办法精神的,从其规定。本办法未作规定的,按照其他现有相关规定执行。"因此,在审查涉及人类核酸的研究时,3个审查办法均要兼顾,但可侧重按照《涉及人的生命科学和医学研究伦理审查办法》执行。这些审查办法在推动我国医学、生命科学伦理审查制度体系的完善中具有重大意义。

《人类辅助生殖技术管理办法》[12]（*Measures on Administration of Assistant Human Reproduction Technology*）是一部颁布于2001年的法规,主要规制辅助生殖技术,由于近年来"代孕"成为社会热点问题,该法规也成为学界激烈讨论对象,最令人关注的是,有关人、人体组织器官是否能够作为交易标的物的讨论。人体器官作为基因表达的产物,属于与人联系紧密且重要的人类遗传资源,被法律禁止买卖。

人类遗传资源的开发和应用是生物技术革命的产物,与之相关的生物医药产业是国家新兴高新技术产业,代表一个国家经济实力和潜力,与经济发展息息相关。同时,人类遗传资源自身的人身属性和社会伦理密切相关,甚至从长远角度来说,和未来人类的生存休戚与共,而鉴于我国现在有关人类遗传资源的法律体系不完整,有关规制空白,统一性缺乏,效力层级不够。因此,从人类命运和国家发展高度重视立法和司法工作、构建统一完备的法律体系、加强执法司法监督工作对人类遗传资源开发和应用进行全方位、全链条的引导和管理,既是我国迫在眉睫的工作和任务,也是保证我国发展和安全的题中应有之义。

7.1.2　生物资源法规

生物资源的内涵目前在国际上已经达成共识,是指生物多样性所带来的有价值资源,具体来说,是指生物多样性中对人类具有现实和潜在价值的基因、物种和生态系统的总称。本章中的生物资源特指生物遗传资源,即来自于动物、植物、微生物或者其他来源的具有现实和潜在价值的任何含有遗传功能单位的材料。[13] 我国作为世界上 12 个生物多样性最丰富的国家之一,不仅人类遗传资源丰富,地大物博的特性也决定着我国生物资源同样富足,由于经济全球化导致原材料和产品加速跨境流通,我国的生物资源流失已经不容小觑,我国相关的生物资源权属、如何高效率开发应用等问题日益突出。与此同时,生物资源开发利用所带来的附加值和商业利润与日俱增,生物资源国家战略地位越来越重要。正因如此,我国从 20 世纪 90 年代以后就陆续出台了一系列法律法规,不同程度地规范我国生物资源保护、开发和利用。

7.1.2.1　界定生物资源权属相关的法规

人类遗传资源由于其人身属性和伦理属性较强,现今立法尚未明确人类遗传资源的明确权属,学界和实践中还存在一定争议。与之不同的是,生物资源一直以来被认为是自然资源,具有特异性、附属性和无形性等特点[14]。其中的特异性是指生物资源可以满足科研活动、商品化开发应用和人类发展需要等不同的价值需求,这既表明生物资源能够被商品化开发应用,也意味着生物资源具有鲜明的"物"的属性,因而理应有明确的权属特征,更重要的是,确认生物资源权属意味着社会经济关系中的"产权保护",对利用市场手段来有力推动生物资源开发应用是不可或缺的。对此,《中华人民共和国宪法》[15]规定:"矿藏、水流、森林、山岭、草原、荒地、滩涂等自然资源,都属于国家所有,即全民所有;由法律规定属于集体所有的森林和山岭、草原、荒地、滩涂除外。国家保障自然资源的合理利用,保护珍贵的动物和植物"。虽然此条没有明确列举生物资源,但是依据法律解释中的体系解释,第二款的"保护珍贵动物和植物"既然规定在这一条,表明国家对珍贵生物资源是要进行保护的,既然保护珍贵的生物资源,又保护矿藏、森林等自然资源,那么珍贵的生物资源与矿藏、森林等资源都是并列关系,同属于自然资源,也就同样被国家所保护,同样属于国家。

《中华人民共和国野生动物保护法》[16]（简称《野生动物保护法》,*Wildlife Protection Law*）规定"野生动物资源属于国家所有",其后面"野生动物管理"章节中的"禁渔期""禁猎期""禁止买卖珍贵野生动物"都是对社会个人和单位在开发利用野生动物资源的权属限制,这是对宪法条款的进一步明确,此条也为《中华人民共和国宪法》中规定"生物资源属于国家所有"预留了立法路径和空间。《中华人民共和国森林法》[17]（简称《森林法》,*Forest Law*）和《中华人民共和国草原法》[18]（简称《草原法》,*Grassland Law*）分别规定了森林和草原资源属于国家所有,确认集体所有权不受非法侵犯。

除上述几部法律规定外,其他法规并没有明确生物资源的权属问题,如《中华人民共和国野生植物保护条例》（简称《野生植物保护条例》,*Regulations on the Protection of Wild Plants*）仅仅规定依法开发利用和经营管理野生植物资源的单位和个人享有合法权益;《中华人民共和国种子法》[19]（简称《种子法》）也只规定国家对种质资源享有主权。这些模糊的法律规定导致实践中存在着生物资源权属争议。例如,有的地方部分两栖动物资源管理原则是"在河里时归水利局管,到岸上即属林业局管"[20],这种分管分治的情形也正是源于法律上的生物资源权属不明确。此外,一般认为自然保护区、国家公园、国家动物园和国家植物园的生物资源属于国家,但是一些少数民族地区或者地方社区的生物资源却按照当地习惯属于私主体所有[21],这种多层级所有权制度一定程度上阻碍了生物资源在全国的流通,不利于生物资源商品化、市场化。鉴于此,有必要厘清生物资源的所有权界限,这既是为了在管理体制层面方便有关机构对生物资源开发应用的指导和监督,也是为了促进生物资源顺畅安全进入市场,通过盘活市场经济中的人才、技术和资金等要素来促进生物资源高效开发应用。

7.1.2.2　预防生物资源流失相关的法规

生物资源具有很强的地域性和国家性,即生物资源一般不会自动流转到一个主权国家区域之外的,大多数都是本国对外提供或者外国采集使得本国的资源流通到外国。以我国为例,我国生物多样性丰富,是世界生物资源大国,从 20 世纪开始的生物海盗行为,不仅仅是针对人类遗传资源,更针对我国的生物资源进行非法盗取,因此,阻止生物资源的不合理流失到境外以确保本国生物资源存量能够满足本国发展需求,是一个国家开发应用生物资源的基本前提。

1. 预防动物资源流失立法

早在 1988 年的《野生动物保护法》[22]第二十四条就规定,出口国家重点保护野生动物或者其产品的,需要经过国务院行政主管部门批准,并取得出口证明书。第二十六条甚至规定"外国人在中国境内对国家重点保护野生动物进行野外考察或者在野外拍摄电影、录像,必须经国务院批准。建立对外国人开放的猎捕场所,应当报国务院野生动物行政主管部门备案。"可见当时的立法保护野生动物资源流失意识已经很强,近些年来,随着保护力度加大,在 2004 年修订版[23]中,将第二十六条修改为"建立对外国人开放的猎捕场所,必须经国务院野生动物行政主管部门批准"。由备案制改为批准制,体现我国进一步加强野生动物资源流失风险防控。2016 年修订版[24]是一次大规模全面的修订,以可以随时调整的野生动物保护名录为依据,达到实现对野生动物进行即时保护的目的。

此外,2006 年 9 月 1 日施行的《中华人民共和国濒危野生动植物进出口管理条例》[25]对濒危野生动物出口有专门详细规定,包括出口条件、出口批准机关及其批准时间、核发出口证明书所需材料、海关检疫局等部门工作如何衔接等,这些规定沿用至今。《中华人民共和国水生野生动物保护实施条例》[26]规定将重点保护的水生野生动物带出县一级行政区域的,需要持有特许捕捉证或者驯养繁殖许可证,相关物流企业对缺少运输证明的水生野生动物不得承运和收寄,管理十分严格。畜禽业是我国重要的第一产业,关于畜牧业及其产品的遗传资源流失的立法也有若干,最为基本的是《中华人民共和国畜牧法》[27]的有关规定,其第二章专章规定畜禽遗传资源保护,第十六条明确规定,向境外输出或者在境内与境外机构、个人合作研究利用列入保护名录的畜禽遗传资源的需要经过主管部门批准,同时规定新发现的畜禽遗传资源在专门机构鉴定之前,不得向境外输出甚至是进行科研活动,此外,该法通过设立对外合作的前置程序,来进一步防止我国珍贵生物资源流失。针对畜禽遗传资源对外输出和国际合作研究,《中华人民共和国畜禽遗传资源进出境和对外合作研究利用审批办法》[28]做了更为细致的规定和完善,是一份可操作性很强的进出口指南。

2. 预防植物资源流失立法

在预防植物流失的立法方面,与《中华人民共和国野生动物保护法》类似,《野生植物保护条例》[29]第二十条规定,出口国家重点保护的野生植物需要经过国务院或者省级主管部门批准,凭借出口证明书才能通过海关核验,同时禁止出口未定名的或者新发现的并有重要价值的野生植物,禁止外国人在中国境内采集和收购重点保护野生植物,外国人在中国境内野外考察也需要经过中国有关机关的批准。《中华人民共和国濒危野生动植物进出口管理条例》对濒危植物出口做了适用性更强的规定,包括濒危植物出口条件、出口批准机关及其批准时间、核发出口证明书所需材料、海关检疫局等部门工作如何衔接等。

此外,我国中医药文化源远流长,中药材在中医体系中的地位举足轻重,而植物资源占中药材资源的87%左右[30],也因此被称为中草药,与进出口中药材相关的法规有《野生药材资源保护管理条例》[31]等。该条例对野生药材物种进行划分等级保护,不同等级的野生药材物种实行相应的禁止出口、限量出口或出口许可证制度,如一级保护的药材禁止出口,二、三级限量出口或者实行许可证制度。另外,由于我国中药材资源在各省分布并不均衡,不同省份的法规也不尽相同,如黑龙江因其优越的自然环境而具有丰富的植物品种,黑龙江省政府为防止外国人偷采我国的药材资源,规定外国人在黑龙江省进行旅游考察等活动时,需要报黑龙江省政府批准[32]。而同样富有中药材资源的广西,却并没有这个规定,甚至鼓励单位和个人利用境外资金,通过各种形式,参加中医药、壮医药产业开发,并给予相应的优惠政策[33]。可见,关于中药材资源的开发利用,是由中央统一立法规定还是由各地方因地制宜、互相协调,这个问题仍然有待调查研究。

3. 预防种质资源流失立法

除了动、植物之外,最具经济效益的生物资源是种质资源。种质资源概念范围较大,包含动物、植物甚至是微生物的种质资源,其本质是那些能决定生物某些性状的 DNA 序列,外在表现为可以持久传代的不同类型的细胞,正是这种长久的存续性决定了其巨大的价值[34]。其中经济价值最高的就是作物种质资源,具体指农业作物种质资源,这也是保障我国粮食安全、推动绿色发展的重要战略资源[35]。因此,《种子法》第十一条规定:

"国家对种质资源享有主权,任何单位和个人向境外提供种质资源,或者与境外机构、个人开展合作研究利用种质资源的,应当报国务院农业农村、林业草原主管部门批准,并同时提交国家共享惠益的方案"[19]。种质资源同样以主权原则为基础,确立了开发种质资源中央主管部门审批制度和惠益分享制度,从总体国家战略安全角度来确保种质资源的开发利用能给我国带来可见、可靠的收益,确保在相关作物种质资源的国际竞争和合作中占得先机。而在 2022 年最新修订的《农作物种质资源管理办法》[36]中,第十条规定境外人员未经批准不得在中国境内采集农作物种质资源,包括中、外科学家联合考察我国作物种质资源也要经过批准,若将农作物带出境外则更须批准,这里是从与我国人员相对的境外人员的主体角度规范批准制度的,使得立法更加完善。

7.1.2.3　涉及生物资源开发应用的一般性法规

虽然我国对生物资源开发和应用没有专门、系统的立法,但是其他各部门法的规定纷繁复杂,或多或少都会涉及生物资源保护、开发和应用,有些是原则性规定,有些则是具体规则和制度的确立,鉴于生物资源门类较多、分散较广,下面将按照从一般到具体的顺序介绍,同时对动物、植物和微生物进行分门别类地梳理和评析。

1.《中华人民共和国环境保护法》和《生物安全法》

《中华人民共和国环境保护法》[37]（简称《环境保护法》,*Environmental Protection Law*）是我国有关环境和生物安全的较早的基本法律,对生物资源开发也有原则性规定。其第三十条规定,开发和利用自然资源要合理,以保护生物多样性,同时强调要在研究、开发和利用生物技术方面采取必要的措施,以避免对生物多样性的破坏。这一条对生物资源的开发和可持续利用做了"合理""避免破坏"等限定,目的是在保存现有生物资源的基础上,促进利用生物资源发展生物技术。在此规定之后,生物多样性保护和利用的观念也逐渐深入到司法实践中,在中国生物多样性保护与绿色发展基金会诉宁夏瑞泰科技股份有限公司环境污染公益诉讼案中[38],原告作为一个保护和发展生物多样性的社会组织,是否具有民事公益诉讼原告资格存在争议,但最终法院判决其具有环境民事公益诉讼资格,而此判决所依据的法律规定正是本条,这说明保护和发展生物多样性是环境司法案件中需要认定和参考的重要事实。与之对应的是,《生物安全法》[6]中将生物资源和人类遗传资源合并规定,体现出将生物资源摆在和人类遗传资源同等重要的位置,确立生物资源国家主权原则和生物资源惠益分享原则,规定国家要加强对生物资源的调查和申报登记工作,这些规定对推动我国生物资源保护、开发和应用有着重要指导作用。

2. 水生资源保护和开发相关的法规

《中华人民共和国海洋环境保护法》[39]（简称《海洋环境保护法》,*Marine Environmental Protection Law*）是继《环境保护法》后修订的,是专门针对海洋环境保护和海洋资源开发所制定的法律,不仅划定自然保护区和确立生态补偿制度来保护海洋生态环境、平衡生态环境保护和经济发展利益,也鼓励筑造沿海防护林、发展多种生态渔业等方式综合治理生态环境,促进海洋生物资源的保护和开发。与之配套的是,《中华人民共和国渔业法》[40]也规定要"保护水产种质资源及其生存环境",建立经济效益较高水产种质资源保护区,设立禁渔期和禁渔区,重点保护濒危水生野生动物,采用精神或者物质奖励的方式鼓励增殖和保护渔业资源,发展渔业生产,利用渔业资源进行科学技术研究等。另外,《中华人民共和国水生野生动物保护实施条例》[26]则是对上述规定的进一步细化,确立水生野生动物误捕放生、发现报告等制度,规定在保护水生野生动物、水生野生动物科学研究有卓越贡献可以给予奖励。

3. 陆生动物资源保护和开发相关的法规

除水生野生动物之外,对陆生野生动物的立法也必不可少。《野生动物保护法》[24]的立法对象实质上是陆生野生动物,总则部分规定的基本原则"保护优先,规范利用,严格监管,鼓励开展科学研究",明确保护野生动物是开发利用的基础条件,对开发利用既要鼓励促进,也要审慎监管,在保障动物物种多样性基础上,引导野生动物资源开发应用的可持续发展,以实现人与自然的和谐共存。《中华人民共和国陆生野生动物保护实施条例》[41]延续这一规定,并规定县级以上政府部门要发挥主观能动性,鼓励支持有关野生动物科研和教学活动。但司法实践中,司法判决引用此条的目的多是为了监管和打击非法捕猎,这反映出过度开发应用仍然是目前的社会问题。

4. 植物资源保护和开发相关的法规

《森林法》[17]和《草原法》[18]是我国保护和开发植物资源的基本法律之一,两者有着相似的规定,如都保护优先、合理利用和可持续发展的规定,都强调支持科学研究、奖励突出贡献的个人和单位等。但是对植物资源保护和开发进行专项规定的是《野生植物保护条例》[29],该条例要求建立国家重点保护野生植物类型自然保护区,一般情况下禁止采集一级野生植物,特殊情况实行采集许可证制度,对买卖二级野生植物实行批准制,由政府部门实时动态监测野生植物的情况;2022年最新修订的《农业野生植物保护办法》[42]也对其进行了进一步细化。

正如前文所述,在植物资源中,农作物资源的开发和应用是我国粮食安全和经济发展的重要保障,这其中重中之重的是种子选育。我国农业科学家袁隆平的"杂交水稻"不仅解决了我国饥饿和温饱的问题,也为全人类粮食安全做出了巨大贡献,正是种子重要性最强有力的证明。2021年修订的《种子法》[19]以保护和合理利用种质资源为原则,以规范种子选育和生产经营为基础,以鼓励和加强育种技术创新为支撑,以保护经营者、使用者合法权益和新品种产权为法律保障,构建现代种子产业的运行体系。作为《种子法》的细化配套法规,2022年修订的《农作物种质资源管理办法》[36]《主要农作物品种审定办法》[43]则是对研发、经营作了类别化、专门化规定。而与野生动、植物保护法规不同的是,我国对农作物种业的发展着重偏向于鼓励、支持和引导,既明确政府部门的监管责任,也督促政府部门积极参与到种子选育科研活动、成果转化、种业基础设施和种子企业扶持、新品种产权保护等市场活动中,其中着重强调对植物新品种的知识产权保护制度,力求最大限度调动科研人员、高校科研院所和企业等主体的积极性,释放市场和社会主体的创新活力,这也是对2014年《中华人民共和国植物新品种保护条例》[44]中植物新品种产权制度所产生的良好社会效果的认可和发展。近年来,最高人民法院和农业农村部每年都会发布种业知识产权保护的十大典型案例[45-46],在司法和执法层面进一步落实种业知识产权保护,让种子科研人员和经营者能够看得见、摸得着、感受到知识产权法律保护的社会效果。

随着中医药产业的发展,关于中药材的原则性法规也逐步产生。1987年颁布的《野生药材资源保护管理条例》[31]是第一部对中药资源进行专门保护的法规,至今仍然有效,其规定的保护和采猎并重原则,制定国家重点保护药材名录,建立野生药材资源保护区,是三十余年来中药材保护的重要法律依据;2016年修订的《中华人民共和国中医药法》[47]明确鼓励中药材科学研究和技术开发,鼓励技术成果推广应用,支持中药材人工种植专业化,加强构建中药材种质基因库,做好中药材质量动态监测,保护中药材相关研发活动的知识产权;2018年修订的《中药品种保护条例》[48]对中药材等级进行划分,不同级别有不同长度的保护期间,以及不同类型的保护证书,相关单位还要遵守保密制度,这种分级保护制度一定程度上排除了中药材的知识产权保护制度,类似于将其作为"特殊的专利"进行保护,可以说是独立于《专利法》之外的特别规定。

5. 微生物资源保护和开发相关的法规

近些年来兴起的基因技术和细胞工程等技术,给合成生物学、代谢工程和药学带来了发展的契机。如利用微生物改善食品风味和品质,甚至人工合成食品等;又如许多药企生产的药物是通过提取微生物发酵产物或者收集微生物自身分泌的物质获得的;许多病毒疫苗的研发也和病毒类微生物息息相关。但实际上,我国有关微生物资源开发和应用的法规并不多,大部分有关微生物的法规集中在微生物的保藏和实验室安全这两个领域,如《动物病原微生物菌(毒)种保藏管理办法》[49]和《病原微生物实验室生物安全管理条例》[50]。《生物安全法》中虽然有生物资源安全的章节,但是除了有关抗微生物药物和病原微生物实验室安全的限制性规定外,并未将微生物资源保护、开发和应用明确纳入到生物资源安全这一章节。值得注意的是,在《中华人民共和国森林法实施条例》[51]中,林地生存的微生物却被纳入到森林资源中,这与"微生物资源属于生物资源"存在一定的矛盾,因为根据《宪法》的规定,生物资源和森林资源是并列关系,微生物资源同时属于生物资源和森林资源,这种概念模糊性必然给部门监管和相关市场争议解决带来不小的困扰。不仅是微生物的概念问题,有关微生物资源政府发展策略、微生物资源进出口流通等问题尚属立法空白,有待于进一步研究[52]。

从上文可以看出,我国有关生物资源的立法较为分散,缺乏专门统一的生物资源立法,现有的法规都是基于本部门或者本行业,甚至是本地方的立场出发,各司其职,缺乏跨部门、跨区域互相协调的机制,造成实际操作起来效率低下。同时,我国法规的国际适用性不够,如生物资源惠益分享制度在我国法规出现的并不多,这将不利于我国通过国际法武器来防止生物资源流失,也不利于引进和利用国外人才、技术和遗传资源来促进我国生物资源开发和应用。因此,我国一方面要加快完善立法工作,推动以生物资源为专门对象的法律制定,注重多方协调和多元共治;另一方面也要加强"引进来"和"走出去",完善自身基础,吸收先进国际制度,创新自己的规则体系,以我为主,博采众长,力求在国际公约的舞台上为生物资源开发和应用提供中国智慧。

7.2 遗传资源开发应用的国际公约

这里的"遗传资源"一般指的是生物遗传资源,不包含人类遗传资源,人类遗传资源和一个国家整体公民密切相关,较之于生物遗传资源,其地域性和国家主权性更为显著,所以至今为止,国际上尚未达成关于人类遗传资源的国际公约,因此本章节所涉及公约的遗传资源指的是生物遗传资源。在发达国家和发展中国家分布并不均衡,大多遗传资源分布于发展中国家,如印度、巴西和中国等,除了澳大利亚以外,发达国家遗传资源存量并不丰富。但是发达国家凭借其先进的技术优势和经济优势,剥削甚至是掠夺发展中国家的遗传资源,由此形成发达国家和发展中国家两大阵营相互对立。因此,从20世纪70年代以来,有关缔结遗传资源国际性法律文件的呼声和活动此起彼伏。1983—2010年,国际社会通过协商和谈判最终达成了3个国际性条约,即《生物多样性公约》《名古屋议定书》和《粮食和农业植物遗传资源国际条约》,搭建起了一个初步的世界遗传资源综合治理框架[53],而前两个条约我国已经加入其中,第三个条约对我国的影响也非常重大,因此本节将着重从缔结背景、主要内容和对我国的影响及意义的角度对这3个条约进行梳理。

7.2.1 《生物多样性公约》

7.2.1.1 缔结背景

1.公约初步推动阶段:20世纪初期至20世纪70年代

《生物多样性公约》最早可以追溯到20世纪,当时由于经济发展和技术进步过快,"人定胜天"的思想不断膨胀,人类对物种的灭绝程度急剧提高,对自然也是涸泽而渔,因而兴起了许多的自然保护学会和非政府组织,这些团体不断提出倡议,间接推动一些国家开始缔结保护生物物种的公约,如1940年《西半球自然保护和野生生物保护公约》等[54]。1948年,联合国教科文组织成立了国际自然保护联盟(International Union for Conservation of Nature,IUCN),其章程确立了一个对后来影响深远的目标——推动各国缔结一份世界性公约,该组织在后来推动各国缔结公约的进程中发挥了重要作用。1972年,联合国教科文组织召开了联合国环境大会,这一次全球性会议决议成立了联合国环境规划署(United Nations Environment Programme,UNEP),其也在后面公约缔结中贡献了许多努力;1973年,各国在华盛顿签署了《濒危野生动植物物种国际贸易公约》;1979年《保护野生动物迁徙公约》也被通过,此后缔约进程不断加快。

2. 公约正式订立阶段:20世纪80年代至1992年

从1980年开始,IUCN制定了《世界自然保护战略》,倡导保护生物物种遗传多样性,同时加快推动统一条约的制定;1985年,IUCN通过了一项关于野生遗传资源保护和栖息地保护的决议,此决议为建立世界性条约吹响了冲锋号。从1991年开始,为签署公约,各国之间谈判正式启动,谈判中发展中国家和发达国家之间利益矛盾尖锐,发展中国家认为自己长期以来在生物物种资源开发应用所产生的收益上,尤其是作物资源的收益,受到了不公正的分配,却要承担保护生物多样性所带来的高额成本,这与发达国家一心想要独占收益的立场相冲突,同时在其他诸如技术转让和许可等问题上也存在不同程度的对立。然而,尽管谈判艰难,但是随着日程迫近、联合国的推动,最终还是在1992年6月5日于巴西签署并通过了《生物多样性公约》[55]。至此,《生物多样性公约》正式成立。

7.2.1.2 主要内容

1. 遗传资源保护和利用的原则性规定

《生物多样性公约》的第6~10条明确了各缔约国应当遵守的与保护和持续利用相关的规定,鉴于各缔约国的经济实力和生物资源丰富程度大相径庭,利益诉求也不尽相同,因而这些规定本质上是谈判妥协的结果,因此这些规定也是能够适用于大部分国家遗传资源保护和利用的原则性规定,下面就此予以简要梳理。

(1)查明和监测:各国在对遗传资源进行保护、开发和利用之前,了解和掌握本国的遗传资源是前提条件,如果没有对遗传资源全面而彻底的了解,是无法对特定遗传资源有的放矢采取针对性的保护措施的,也无法对有价值的遗传资源进行有效开发和利用。《生物多样性公约》要求查明的内容是"对保护和利用生物多样性而言非常重要的生物多样性组成部分",这里的"生物多样性组成部分"是指生物多样性的组成结构、组成元素等,如生态系统、生态环境、物种、群落以及蕴含着多样性的遗传物质,这些都规定在"组成部分"所附上的清单目录中。各国在查明的基础上,还要进行监测,并将监测的对象和监测过程中所收集的数据进行收集、整理和存档。

（2）就地保护和易地保护：就地保护在《生物多样性公约》中定义为对生物物种及其生存环境的保护和恢复。《生物多样性公约》强调要优先适用就地保护来保护生物多样性，具体包括建立国家公园、自然保护区等，也要维持保护区周边的环境以辅助促进保护区建设。易地保护（有的也翻译为"移地保护"，汉语中"易"有迁移的意思，故两个词等同）是指在物种原生地之外的区域或者空间对物种进行保护，如人工建设的动物园、植物园和海洋水族馆等。《生物多样性公约》规定易地保护是补充措施，尽量在本国区域内易地保护，减少跨国易地，在威胁或者破坏生物物种的因素消除后，应当恢复就地保护，让物种回归"家园"。

（3）可持续利用：《生物多样性公约》要求各缔约国应在国家政策和发展规划制定中考虑生物资源的保护和可持续利用，既要采取实际措施避免或者减少经济发展对生物多样性的损害，也要尊重各国自身保护和利用本国生物资源的历史传统和风俗习惯。对已经被破坏或者损害的地区，各国应当主动采取相应的治理举措。《生物多样性公约》同时也提倡政府和企业、社会团体等组织合作实施行动，以实现共同治理，共享利益。

2. 遗传资源获取和惠益分享原则

遗传资源获取和惠益分享原则可以说是《生物多样性公约》贡献最大、为各国使用最广的原则，也是发达国家和发展中国家谈判妥协的产物。技术先进的发达国家渴望如20世纪80年代以前，可以在世界范围内无成本地收集和采集有价值的遗传资源，回国研发出科技成果，再利用与知识产权相关的国际公约申请世界范围内专利保护，以此攫取巨额利益。而发展中国家的遗传资源被当作是"公共物品"而无法享受到相应的利益分配，发达国家曾尝试维持以往遗传资源是"公共物品"的做法，但是由于几乎所有的发展中国家积极抗争并争取自身的利益，发达国家最终做出了一定妥协，由此确立了遗传资源获取和惠益分享原则。该原则的内容分为两大部分：遗传资源的获取和遗传资源的惠益分享。

（1）遗传资源的获取：《生物多样性公约》首先确认遗传资源主权归国家所有，国家有权通过立法等措施来允许、限制甚至禁止国家内单位或者个人获取遗传资源。其次，缔约国在其他国家利用遗传资源的目的是在不损害他方利益的基础上，需要尽量为缔约国提供获取条件，以便于各国都能够便捷地获取遗传资源。接着，在进行遗传资源跨国转移或者合作使用时，遗传资源的获取方和提供方需要达成"双边同意条款"，即达成一个转让或者许可使用的协议。最后，遗传资源获取国在正式获取遗传资源之前，要取得提供国的知情和同意，这实质上是国家主权原则的具体体现。

（2）遗传资源的惠益分享：首先，遗传资源提供国在提供遗传资源给使用国以供科学研究时，使用国需要争取使提供国切实参与到科研活动中，并尽量将科研活动的地点放在提供国境内。其次，如果提供国是发展中国家，使用国应当采取立法等措施，确保提供国参与到这些活动中。再者,遗传资源使用国要采取立法、行政等措施,将开发和应用某种遗传资源所产生的收益和成果分享给遗传资源提供国,这里的成果包括专利等知识产权成果。《生物多样性公约》对属于发展中国家的提供国进行倾向性保护,要求在公平合理范围内,发展中国家优先获得收益和成果,对发展中国家的优待保护是本原则的最大目的,同时也否认了发达国家无成本获取遗传资源的合法性依据。

3.《波恩准则》

《生物多样性公约》制定的时间是从 1991 年 2 月到 1992 年 6 月,时间的仓促决定了《生物多样性公约》所制定的问题解决方案较为原则、抽象,只是构建了一个大致的框架,一些操作性强的具体内容往往具有一定的争议,各国不能谈妥,就暂且搁置此草案条款或者直接删去此条款,留给后来人解决。此外,遗传资源获取和惠益分享原则没有考虑到遗传资源提供国不具有监督使用国遵守条约的能力,使得原则并没有很好地在使用国中落实。由此,从 1999 年 10 月开始的会议一直持续到 2002 年 4 月才最终通过了《波恩准则》。

《波恩准则》实质上是一份不具有国际法约束力的全球性文件,但是其被全世界近180 个国家和地区认可,公信力可见一斑。《波恩准则》是对《生物多样性公约》的补充,其适用对象的范围覆盖《生物多样性公约》所包含的所有生物遗传资源以及相关的知识、技术和方案,甚至包括生物资源被开发应用后产生的收益,但是依然不包括人类遗传资源。为了让获取和惠益原则能够有效实施,《波恩准则》规定各缔约国应当建立自己的协调遗传资源跨国输送的机构。不仅如此,《波恩准则》既规定遗传资源获得国需要确保获取遗传资源之前取得知情同意,尽最大努力保证提供国参与到开发遗传资源的活动中,也规定要支持提高遗传资源提供国中土著和地方社区的信息获取能力与代表其利益的谈判能力。与此同时,《波恩准则》也鼓励获得国利用遗传资源所产生的成果在申请知识产权过程中,积极披露遗传资源的原产地和对遗传资源进行的保护措施,也就是遗传资源披露制度。《波恩准则》还有一个重大的贡献是将惠益分为货币惠益和非货币惠益,或者分为短期、中期和长期利益,是对获取和惠益分享理论体系中基本概念的新发展[53]。

7.2.1.3 对我国的影响及意义

《生物多样性公约》为实现生物资源获取和收益公正分配的目的,构建起了一套相对完整的生物资源保护、开发和应用的新国际框架,使得保护生物多样性的观念在世界范围内广泛传播并深入人心,在一定程度上保护了发展中国家生物遗传资源的权益[56]。但是自 2011 年以来,世界范围内履约情况不容乐观,虽然《2011—2020 年生物多样性战略计划》和《联合国生物多样性 2020 目标》也充分体现了《生物多样性公约》精神[57],但是全世界范围内的生物多样性被破坏的趋势并没有被有效缓解,上述的各个目标并未在2020 年实现。而中国作为生物多样性第 15 次缔约大会的主办国,在生物多样性保护、开发和利用上也亟待突破和发展,可以说是挑战与机遇并存。此会议于 2021 年 10 月 11 日—15 日和 2022 年 12 月 7 日—19 日分两阶段在中国昆明和加拿大蒙特利尔举行,推动了我国生物多样性保护、开发和应用与国际接轨,彰显了我国在生物多样性保护和开发中规则制定的话语权。

7.2.2 《名古屋议定书》

7.2.2.1 缔结背景

《名古屋议定书》(*Nagoya Protocol*)是一部专门解决《生物多样性公约》中遗传资源获取和惠益分享问题的国际法律文件。《生物多样性公约》第 15 条规定遗传资源获得国给提供国以资源收益和成果,提供国为获得国创造获得的便利条件。但是在实际的履约过程中,代表获得国的发达国家并不采取实际行动来积极分享遗传资源收益和成果,变相违背公约承诺,而代表提供国的发展中国家采取的立法行政措施较为模糊,这一部分也是因为公约规定的本身较抽象,导致发展中国家实际操作起来较为困难[53],这使得第 15 条难以真正落地生根。因此从 2002 年 9 月开始,发展中国家共同在国际会议上推动了第 15 条的完善,经过 8 年的谈判,最终于 2010 年 10 月 30 日在日本名古屋通过了新国际公约,即《名古屋议定书》。我国也于 2016 年 9 月 6 日正式加入《名古屋议定书》,这标志着我国遗传资源产业迈入法治化、国际化的发展道路。由于完善遗传资源惠益分享原则是《名古屋议定书》的最重要的目标之一,本节着重对与这一原则最相关的内容进行介绍。

7.2.2.2 主要内容

《名古屋议定书》第 5.1 条规定:"应当与作为遗传资源的原产国的提供此种资源的缔约方或根据《生物多样性公约》已取得遗传资源的缔约方以公正和公平方式分享利用遗传资源以及嗣后的应用和商业化所产生的惠益,这种分享应当按照共同商定的条件。"[53]这一段的表述用了"应当"一词,既表明这是义务性规定,也说明制定者的督促意味更浓。第 5.1 条将要分享的利益分为:利用遗传资源本身的活动与嗣后的应用和商业化所产生的利益,和《生物多样性公约》相比,利益的来源表述的更为明确具体,也适应当时世界跨国企业全球投资布局的商业形势,遗传资源的开发和应用正是由这些跨国生物医药、农业公司投入资金和人才来推动的,所产生的收益自然带有资本和商业利润属性。应当指出的是,第 5.1 条中"以公平和公正的方式"表述并不是首次提出,《生物多样性公约》也有提到"公平公正"的概念,事实上,《波恩准则》也有提到这一概念。但是都没有具体对"公平公正"这一古今中外任何学科中都十分宽泛的概念进行限定,原因是一方面此概念过于宽泛,实践中无法进行全面和准确的界定;另一方面许多立法者都把其作为一个原则来使用,使其更加灵活地适应复杂的问题,据此而言,还不如不规定"公平公正"

的具体范围,以保证原则在适用时的灵活性。但尽管如此,《生物多样性公约》和《波恩准则》中规定应当优先提供给发展中国家惠益,这是否能看作实质公平的做法呢?这是一个值得深入思考的问题。第5.1条中分享的对方主体也有所变化,这里的"缔约方"限定了两类"合法主体",一类是自身天然有遗传资源的原产国,另一类是依据《生物多样性公约》取得遗传资源的国家,除此之外都是不合法主体,可以看出《名古屋议定书》对分享的对方主体作了严格限制。除此之外,第5.1条并没有其他与《生物多样性公约》不同的规定。

第5.2条规定则是新增了"确保根据关于土著和地方社区对遗传资源拥有的既定权利的国内立法",实质上是督促各国在国家法律层面上承认遗传资源提供国中土著和地方社区的获益权,这既是当时时代趋势使然,也彰显了《名古屋议定书》对弱势群体的人权重视。第5.3条规定"每一个缔约方应酌情采取立法、行政或政策措施",其强调的"每一缔约方"实质上针对的是代表国家为发达国家的遗传资源获得和利用方,突出此条为缔约国的平等义务,为督促发达国家遵守承诺提供合法依据。第5.4条将"惠益"解释为"货币"和"非货币"惠益,实际上是延续了《波恩准则》,但是其详细列举了具体的非货币惠益的清单,为实际操作提供有效指导,使得相关国家在立法、制定政策时有章可循[53]。

7.2.2.3 对我国的影响及意义

总的来说,虽然《名古屋议定书》是专门针对遗传资源获取和惠益分享问题而产生的,但是其仍然意义重大,是实现《生物多样性公约》三大目标(即保护生物多样性、确保生物多样性及其组成部分的可持续利用、确保公平合理的分享由利用遗传资源而产生的惠益)的关键一步,也是建立遗传资源获取与惠益分享国际制度的基础[58]。由于具有法律约束力,其内容不仅触及遗传资源提供国和遗传资源获得国的利益关联,还影响到各个跨国公司、商业科研机构的利益,也就是说,《名古屋议定书》也是利益妥协的产物,因此也难免删去或者搁置一些具有争议但是具有可操作性的条款,这就导致各国需要依据自己的实际情况制定相应的国内法规,以适应这种状况。我国也是《名古屋议定书》的条约国之一,加之生物多样性保护、开发和利用的现实需求也迫在眉睫,因而有必要组织专门的专家团队对国际条约的背景、规则进行研究,同时实时动态监测各国履约情况,一方面加强国内立法的适用性,以便遇到有关遗传资源保护、开发和应用的立法工作时有应对之策,另一方面立法要体现保障我国遗传资源安全性的基本原则,不可被国际条约限制甚至阻碍遗传资源发展。

7.2.3 《粮食和农业植物遗传资源国际条约》

《粮食和农业植物遗传资源国际条约》(*International Treaty on Plant Genetic Resources for Food and Agriculture*)是在《生物多样性公约》通过9年后修订并通过的,其修订的对象

是 1983 年的《植物遗传资源国际约定》,修订目的是为了使得《粮食和农业植物遗传资源国际条约》和《植物遗传资源国际约定》保持步调一致,在联合国粮农组织牵头和推动下,多方积极谈判协商最终达成共识。2001 年 11 月 3 日,联合国粮农组织第 31 届大会通过了《粮食和农业植物遗传资源国际条约》[59]。

7.2.3.1 缔结背景

《植物遗传资源国际约定》的起源是有关植物遗传资源的争议,尤其是有关农业植物遗传资源的争议。植物遗传资源在 20 世纪之前普遍被认为是"公共物品",而以美欧为首的发达国家则先从植物遗传资源丰富的国家获取植物遗传资源,使用先进的技术进行开发和应用,通过制定有利于自身的知识产权保护法来控制开发应用成果,并将知识产权保护制度推广至其他国家,这其中包括那些植物遗传丰富的发展中国家,使得发展中国家不能获得自己提供植物遗传资源应得的收益,由此产生双方之间关于如何控制和获取植物遗传资源的矛盾。1981 年,鉴于发展中国家和多方人员组织的呼吁和倡议,联合国粮农组织开始制定有关植物遗传资源的国际法律文件,此后的两年间,经过激烈讨论,虽然发达国家一致反对,但是发展中国家凭借联合国投票表决机制,还是通过了《植物遗传资源国际约定》。

然而,《植物遗传资源国际约定》在实施过程中,发达国家因《植物遗传资源国际约定》规定削弱了其依赖于知识产权的收益权,而拒不履行,发展中国家则因《植物遗传资源国际约定》仍然保护育种人员或者公司的财产所有权而不保护农民的权利而表示抗议。因此,从 1991 年 2 月,为了解决这一问题,《粮食和农业植物遗传资源国际条约》谈判正式启动,围绕农业植物遗传资源获取和惠益分享,以及农民权(农民权是指农民特别是原产地和生物多样性中心的农民,基于他们过去、现在和将来在保存、改良和提供植物遗传资源中所做的贡献而产生的权利)问题展开,经过长时间的马拉松式谈判,2001 年 11 月 3 日,《粮食和农业植物遗传资源国际条约》通过。

7.2.3.2 主要内容

1. 农民权

《粮食和农业植物遗传资源国际条约》关于农民权问题做了如下规定:第 9.1 条指出世界各国、各组织要认可"农作物原产地和多样性保护区的农民对全球粮农植物资源保护和开发的巨大贡献",接着第 9.2 条规定各国要采取立法措施保护和增强农民权,规定仍然较为笼统,与其说是义务性规定,不如说是针对主体是各国政府的号召和倡议,实际上仍然给各国立法和政策预留了一定的弹性空间。其次,第 9.2 条又强调农民有权利分享开发利用这些资源所产生的收益,同时要确保农民有权利参与到本国粮农植物资源保护、开发和利用的政策立法等事项中。例如,政府召开听证会,农民有权参与并发表观点和意见,实质上可以看作对《名古屋议定书》保护土著和地方社区的获益权的延伸,将获益权的主体范围从群体具体到个人即农民身上。第9.3条则规定农民享有保留、利用、交换和出售种子的权利。这个权利是古往今来全世界国家公认的农民固有权利,但是随着规模化的大农场种植模式和种子公司的兴起,农民逐渐与其重要的生产资料土地分离,土地的使用和开发逐渐由大农场主和商业公司来具体实施,此条约依然确认农民的种子所有权意味着种子产业的商业利益相将无法受到法律保护,会产生较多的争议。

2. 获取和惠益多边系统

为了让各国更加切实履行获取和惠益分享植物遗传资源制度,《粮食和农业植物遗传资源国际条约》明确了获益和惠益分享农业植物的范围,并在附件一中列出了清单目录,包括大部分的粮食作物,一共35种,以及29种饲料作物。其次为了进一步方便各国获取粮农植物遗传资源,第12.2条规定各国要采取必要和适当的措施帮助其他国家获取遗传资源,第12.3条对此作了8条细化规定,包括提供遗传资源相关的基本信息、其他非机密信息、知识产权转让相关的法律知识等。《粮食和农业植物遗传资源国际条约》对遗传资源的惠益分享提出了4种机制,即信息交流、技术转让、能力建设以及商业化货币惠益和其他惠益的分享。其中,能力建设针对发展中国家而言是非常关键的。能力建设即支持他们制定法律,建造遗传资源保护,开发基础设施和积极开展合作,目的是提高合作开发遗传资源的能力,这有助于减小发达国家和发展中国家之间保护与开发植物遗传资源的能力差距,进而有利于发展中国家在有能力保护和开发植物遗传资源的基础上,对发达国家滥用其经济和技术优势而不遵守公约的行为进行制约。

7.2.3.3 对我国的影响及意义

《粮食和农业植物遗传资源国际条约》开启了全球同心共治粮食和农业植物遗传资源保护、开发和应用工作的新征程,对世界粮食和农业发展具有里程碑的意义。虽然我国植物遗传资源丰富,有关粮食和农业植物遗传资源的科学技术研发在全世界也名列前茅,但是基于国家安全利益的考虑,并没有加入到《粮食和农业植物遗传资源国际条约》中。事实上,加入这一公约已经是时代趋势,同时对我国也有许多益处,可以说利大于弊。加入《粮食和农业植物遗传资源国际条约》能够使我国更加方便获取到各国的植物遗传资源,对我国保存植物遗传资源的多样性同样有重要推动作用;其次以国际法的要求倒逼我国可持续利用遗传资源工作的发展,而不是仅仅集中于遗传资源基础科学技术研发领域;最后,加入《粮食和农业植物遗传资源国际条约》有利于资金、技术、人才和管理制度交融,更容易衍生和创造出新技术、新管理模式[60]。总之,在保障我国安全和发展的利益前提下,加入《粮食和农业植物遗传资源国际条约》对我国融入世界、完善自身、掌握话语权,进而实现进一步的粮食安全和植物生物多样性的保护、开发和应用都有着深远意义。

（袁　丽　王显众）

参考文献

[1] 国务院办公厅转发科学技术部卫生部《人类遗传资源管理暂行办法》的通知 [EB/OL]. (1998 – 06 – 10) [2022 – 8 – 10].
https://www. pkulaw. com/chl/4a9e5feee614c8d0bdfb. html? keyword = % E9% 81% 97% E4% BC% A0% E8% B5% 84% E6% BA% 90&way = listView.

[2] 中华人民共和国科学技术部《中华人民共和国人类遗传资源管理条例》吹风会文字实录[EB/OL]. (2019 – 06 – 14) [2022 – 8 – 29]. https://www. most. gov. cn/xwzx/ twzb/fbh19061201/twbbwzsl/201906/t20190614_147075. html.

[3] 中华人民共和国人类遗传资源管理条例[EB/OL]. (2019 – 5 – 28) [2022 – 8 – 13].
https://www. pkulaw. com/chl/089bca0349d42372bdfb. html.

[4] 中华人民共和国民法典[EB/OL]. (2019 – 8 – 13) [2022 – 8 – 13]. https://www. pkulaw. com/chl/aa00daaeb5a4fe4ebdfb. html? keyword = % E6% B0% 91% E6% B3% 95% E5% 85% B8&way = listView.

[5] 中华人民共和国个人信息保护法[EB/OL]. (2006 – 3 – 20) [2022 – 8 – 14].
https://www. pkulaw. com/chl/d653ed619d0961c0bdfb. html? keyword = % E4% B8% AA% E4% BA% BA% E4% BF% A1% E6% 81% AF% E4% BF% 9D% E6% 8A% A4% E6% B3% 95&way = listView.

[6] 中华人民共和国生物安全法[EB/OL]. (2020 – 10 – 17) [2022 – 8 – 20]. https:// www. pkulaw. com/chl/8256e7fe708366cbbdfb. html? keyword = % E5% BE% AE% E7% 94% 9F% E7% 89% A9.

[7] 秦天宝. 我国生物安全领域首部基本法的亮点与特征[J]. 人民论坛, 2021(11)：68 – 71.

[8] 中华人民共和国专利法(2020 修正)[EB/OL]. (2020 – 10 – 17) [2022 – 9 – 2].
https://www. pkulaw. com/chl/417f520f8bcb8de2bdfb. html? keyword = % E4% B8% 93% E5% 88% A9% E6% B3% 95&way = listView.

[9] 人胚胎干细胞研究伦理指导原则[EB/OL]. (2003 – 12 – 24) [2022 – 9 – 2].
https://www. pkulaw. com/chl/4df9a593bb64620dbdfb. html? keyword = % E4% BA% BA% E8% 83% 9A% E8% 83% 8E% E5% B9% B2% E7% BB% 86% E8% 83% 9E% E7% A0% 94% E7% A9% B6% E4% BC% A6% E7% 90% 86% E6% 8C% 87% E5% AF% BC% E5% 8E% 9F% E5% 88% 99&way = listView.

[10] "基因编辑婴儿"案一审宣判贺建奎等三被告人被追究刑事责任[EB/OL].
(2019 – 12 – 30) [2022 – 9 – 2]. http://m. news. cctv. com/2019/12/30/

ARTIt3JhoV7SsTVQK1zw0z8S191230. shtml.

[11] 涉及人的生物医学研究伦理审查办法[EB/OL]. (2016 - 10 - 12)[2022 - 9 - 2].
https://www. pkulaw. com/chl/e57b9e2de5aa4e9ebdfb. html? keyword = % E7% 94%
9F% E7% 89% A9% E5% 8C% BB% E5% AD% A6% E7% A0% 94% E7% A9% B6%
E4% BC% A6% E7% 90% 86&way = listView.

[12] 人类辅助生殖技术管理办法[EB/OL]. (2001 - 2 - 20)[2022 - 9 - 2]. https://
www. pkulaw. com/chl/ab078729235464e2bdfb. html? keyword = % E4% BA% BA%
E7% B1% BB% E8% BE% 85% E5% 8A% A9% E7% 94% 9F% E6% AE% 96% E6%
8A% 80% E6% 9C% AF% E7% AE% A1% E7% 90% 86% E5% 8A% 9E% E6% B3%
95&way = listView.

[13] 刘银良. 生物技术的法律问题研究[M]. 北京:科学出版社,2007.

[14] 于文轩,牟桐. 论生物遗传资源安全的法律保障[J]. 新疆师范大学学报(哲学社会
科学版),2020,41(4):58 - 64.

[15] 中华人民共和国宪法[EB/OL]. (2018 - 03 - 11)[2022 - 9 - 20]. https://www.
pkulaw. com/chl/7c7e81f43957c58bbdfb. html? keyword = % E5% AE% AA% E6%
B3% 95&way = listView.

[16] 中华人民共和国野生动物保护法[EB/OL]. (2018 - 10 - 26)[2022 - 8 - 14].
https://www. pkulaw. com/chl/8b3433ba2e14a34fbdfb. html? way = textLawChange.

[17] 中华人民共和国森林法(2019 修订)[EB/OL]. (2019 - 12 - 8)[2022 - 8 - 16].
https://www. pkulaw. com/chl/18f51223ed33afa2bdfb. html? keyword = % E6% A3%
AE% E6% 9E% 97% E6% B3% 95&way = listView.

[18] 中华人民共和国草原法(2021 修订)[EB/OL]. (2021 - 4 - 29)[2022 - 8 - 16].
https://www. pkulaw. com/chl/63ca5e3a0ea5872fbdfb. html? keyword = % E8% 8D%
89% E5% 8E% 9F% E6% B3% 95&way = listView.

[19] 中华人民共和国种子法(2021 修订)[EB/OL]. (2021 - 12 - 24)[2022 - 9 - 27].
https://www. pkulaw. com/chl/ea6fdcb572b889f6bdfb. html? keyword = % E7% A7%
8D% E5% AD% 90% E6% B3% 95&way = listView.

[20] 王镕权,赵富伟. 我国生物遗传资源立法模式路径选择[J]. 东北农业大学学报(社
会科学版),2016,14(4):48 - 55.

[21] 武建勇,薛达元. 生物遗传资源获取与惠益分享国家立法的重要问题[J]. 生物多样
性,2017,25(11):1156 - 1160.

[22] 中华人民共和国野生动物保护法[EB/OL]. (1988 - 11 - 8)[2022 - 9 - 2].
https://www. pkulaw. com/chl/8b3433ba2e14a34fbdfb. html? way = textLawChange.

［23］中华人民共和国野生动物保护法（2004 修订）［EB/OL］.（2004 – 8 – 28）［2022 – 9 – 2］. https：//www. pkulaw. com/chl/6cd73c8f68ac2bf3bdfb. html？ way = textLawChange.

［24］中华人民共和国野生动物保护法（2016 修订）［EB/OL］.（2016 – 7 – 2）［2022 – 9 – 2］. https：//www. pkulaw. com/chl/47e34d55a20fd3b4bdfb. html？ way = textLawChange.

［25］中华人民共和国濒危野生动植物进出口管理条例［EB/OL］.（2006 – 4 – 29）［2022 – 8 – 14］. https：//www. pkulaw. com/chl/9fe46bfae72bd49ebdfb. html？ way = textLawChange.

［26］中华人民共和国水生野生动物保护实施条例（2013 修订）［EB/OL］.（2013 – 12 – 7）［2022 – 8 – 16］. https：//www. pkulaw. com/chl/755cbbeedf6a78f5bdfb. html？ keyword = % E6% B0% B4% E7% 94% 9F&way = listView.

［27］中华人民共和国畜牧法（2015 修订）［EB/OL］.（2015 – 4 – 24）［2022 – 8 – 14］. https：//www. pkulaw. com/chl/38b843998c7c4807bdfb. html？ keyword = % E7% 95% 9C% E7% 89% A7% E6% B3% 95&way = listView.

［28］中华人民共和国畜禽遗传资源进出境和对外合作研究利用审批办法［EB/OL］.（2008 – 8 – 28）［2022 – 8 – 15］. https：//www. pkulaw. com/chl/cdc649d3d7a23259 bdfb. html？ keyword = % E7% 95% 9C% 20% E7% A6% BD% E9% 81% 97% E4% BC% A0% E8% B5% 84% E6% BA% 90% E8% BF% 9B% E5% 87% BA% E5% A2% 83% E5% 92% 8C% E5% AF% B9% E5% A4% 96% E5% 90% 88% E4% BD% 9C% E7% A0% 94% E7% A9% B6% E5% 88% A9% E7% 94% A8% E5% AE% A1% E6% 89% B9% E5% 8A% 9E% E6% B3% 95&way = listView.

［29］中华人民共和国野生植物保护条例（2017 修订）［EB/OL］.（2017 – 10 – 7）［2022 – 8 – 16］. https：//www. pkulaw. com/chl/97c17dc43622d537bdfb. html？ keyword = % E9% 87% 8E% E7% 94% 9F% E6% A4% 8D% E7% 89% A9% E4% BF% 9D% E6% 8A% A4&way = listView.

［30］周荣敏，田侃，贺云龙，等. 中药资源法律保护现状与完善研究［J］.时珍国医国药，2016,27（2）：464 – 467.

［31］野生药材资源保护管理条例［EB/OL］.（1987 – 12 – 1）［2022 – 8 – 20］. https：// www. pkulaw. com/chl/2af6b8ce5e7a9592bdfb. html？ keyword = % E9% 87% 8E% E7% 94% 9F% E8% 8D% AF% E6% 9D% 90% E8% B5% 84% E6% BA% 90% E4% BF% 9D% E6% 8A% A4% E7% AE% A1% E7% 90% 86% E6% 9D% A1% E4% BE% 8B&way = listView.

[32] 黑龙江省野生药材资源保护条例(2018 第二次修正)[EB/OL].(2018 - 6 - 28)
[2022 - 8 - 20]. https://www. pkulaw. com/lar/520e5dad867611009e39218be222
e4cabdfb. html? keyword = % E9% BB% 91% E9% BE% 99% E6% B1% 9F% E7% 9C%
81% E9% 87% 8E% E7% 94% 9F% E8% 8D% AF% E6% 9D% 90% E8% B5% 84%
E6% BA% 90% E4% BF% 9D% E6% 8A% A4% E6% 9D% A1% E4% BE% 8B&way =
listView

[33] 广西壮族自治区发展中医药壮医药条例[EB/OL].(2008 - 11 - 28)[2022 - 8 -
20]. https://www. pkulaw. com/lar/66bf5a32a86db639c160aad494f8cd8bbdfb. html?
way = textSlc.

[34] 张雪松,苏彦斌,陈小文,等. 我国植物种质资源的搜集、保护与发展[J]. 中国野生
植物资源,2022,41(3):96 - 102.

[35] 武晶,郭刚刚,张宗文,等.作物种质资源管理:现状与展望[J].植物遗传资源学报,
2022,23(3):627 - 635.

[36] 农作物种质资源管理办法(2022 修订)[EB/OL].(2022 - 1 - 7)[2022 - 8 - 15].
https://www. pkulaw. com/chl/1028b94af8ecaf37bdfb. html? keyword = % E5% 86%
9C% E4% BD% 9C% E7% 89% A9% E7% A7% 8D% E8% B4% A8% E8% B5% 84%
E6% BA% 90% E7% AE% A1% E7% 90% 86% E5% 8A% 9E% E6% B3% 95&way =
listView.

[37] 中华人民共和国环境保护法(2014 修订)[EB/OL].(2014 - 4 - 24)[2022 - 8 -
21]. https://www. pkulaw. com/chl/c24f71752129d23dbdfb. html? keyword = % E7%
8E% AF% E5% A2% 83% E4% BF% 9D% E6% 8A% A4% E6% B3% 95&way = list-
View.

[38] 中国生物多样性保护与绿色发展基金会诉宁夏瑞泰科技股份有限公司环境污染公
益诉讼案——指导案例 75 号的理解与参照:社会组织是否具备环境民事公益诉讼
原告主体资格的认定[EB/OL].(2016 - 1 - 28)[2022 - 8 - 15]. https://www. pku-
law. com/pfnl/a6bdb3332ec0adc49ad99dcf16509fc4ca82d422de89ad72bdfb. html? way
= listView.

[39] 中华人民共和国海洋环境保护法(2017 修正)[EB/OL].(2017 - 11 - 4)[2022 - 8 -
16]. https://www. pkulaw. com/chl/174b2b5043ca235dbdfb. html? keyword =
% E6% B5% B7% E6% B4% 8B% E7% 8E% AF% E5% A2% 83% E4% BF% 9D% E6%
8A% A4% E6% B3% 95&way = listView.

[40] 中华人民共和国渔业法(2013 修正)[EB/OL].(2013 - 12 - 28)[2022 - 8 - 16].
https://www. pkulaw. com/chl/1c35234d8bc1dc10bdfb. html? keyword = % E6% B8%

94％E4％B8％9A％E6％B3％95&way＝listView.

［41］中华人民共和国陆生野生动物保护实施条例（2016 修订）［EB/OL］.（2016－2－6）
［2022－8－16］https：//www. pkulaw. com/chl/97063bb58916bf17bdfb. html？
keyword＝％E9％99％86％E7％94％9F％E9％87％8E％E7％94％9F％E5％8A％
A8％E7％89％A9％E4％BF％9D％E6％8A％A4％E5％AE％9E％E6％96％BD％
E6％9D％A1％E4％BE％8B&way＝listView.

［42］农业野生植物保护办法（2022 修订）［EB/OL］.（2022－1－7）［2022－8－16］.
https：//www. pkulaw. com/chl/c557e78f1a1694b1bdfb. html？keyword＝％E9％87％
8E％E7％94％9F％E6％A4％8D％E7％89％A9％E4％BF％9D％E6％8A％A4&way
＝listView.

［43］主要农作物品种审定办法（2022 修订）［EB/OL］.（2022－1－21）［2022－8－16］.
https：//www. pkulaw. com/chl/7804c8fe51b64446bdfb. html？keyword＝％E4％B8％
BB％E8％A6％81％E5％86％9C％E4％BD％9C％E7％89％A9％E5％93％81％
E7％A7％8D％E5％AE％A1％E5％AE％9A％E5％8A％9E％E6％B3％95&way＝
listView.

［44］中华人民共和国植物新品种保护条例（2014 修订）［EB/OL］.（2014－7－29）
［2022－8－20］. https：//www. pkulaw. com/chl/534e33ba567c55d5bdfb. html？key-
word＝％E6％A4％8D％E7％89％A9％E6％96％B0％E5％93％81％E7％A7％
8D&way＝listView.

［45］最高人民法院发布第二批人民法院种业知识产权司法保护典型案例［EB/OL］.
（2022－3－31）［2022－8－20］. https：//www. pkulaw. com/chl/b1d04b423dafa57
dbdfb. html？keyword＝％E6％9C％80％E9％AB％98％E4％BA％BA％E6％B0％
91％E6％B3％95％E9％99％A2％E5％93％81％E7％A7％8D％E5％85％B8％E5％
9E％8B&way＝listView.

［46］中华人民共和国农业农村部发布2022 年农业植物新品种保护十大典型案例［EB/
OL］.（2022－4－24）［2022－8－20］. https：//www. pkulaw. com/pal/a3ecfd5d734
f711daebddbc0406f144ca9b397e3df1d2184bdfb. html.

［47］中华人民共和国中医药法［EB/OL］.（2016－12－25）［2022－8－20］. https：//
www. pkulaw. com/chl/b15e8388fd0077ddbdfb. html？keyword＝％E4％B8％AD％
E5％8C％BB％E8％8D％AF&way＝listView.

［48］中药品种保护条例（2018 修订）［EB/OL］.（2018－09－18）［2022－8－20］.
https：//www. pkulaw. com/chl/e42eff7db40c3ec1bdfb. html？keyword＝％E4％B8％
AD％E8％8D％AF％E5％93％81％E7％A7％8D％E4％BF％9D％E6％8A％A4％

E6％9D％A1％E4％BE％8B&way = listView.

[49] 动物病原微生物菌(毒)种保藏管理办法(2022 修订)[EB/OL]. (2022 – 1 – 7) [2022 – 8 – 20]. https://www. pkulaw. com/chl/15b827cce8266427bdfb. html? keyword = ％E5％BE％AE％E7％94％9F％E7％89％A9&way = listView.

[50] 病原微生物实验室生物安全管理条例(2018 修订)[EB/OL]. (2018 – 3 – 19) [2022 – 8 – 20]. https://www. pkulaw. com/chl/c4e8bf0723a651c1bdfb. html? keyword = ％E5％BE％AE％E7％94％9F％E7％89％A9&way = listView.

[51] 中华人民共和国森林法实施条例(2018 修订)[EB/OL]. (2018 – 3 – 19) [2022 – 8 – 20]. https://www. pkulaw. com/chl/daca60805e567b33bdfb. html? keyword = ％E6％A3％AE％E6％9E％97％E6％B3％95％E5％AE％9E％E6％96％BD％E6％9D％A1％E4％BE％8B&way = listView.

[52] 费艳颖,杨元海.我国微生物遗传资源产权归属正当性审视[J].学术探索,2022 (1):80 – 87.

[53] 张小勇.遗传资源国际法问题研究[M].北京:知识产权出版社,2017.

[54] JEFFERY M I,FIRESTONE J,BUBNA – LITIC K. Biodiversity Conservation,Law Livelihoods[M]. Cambridge:Cambridge University Press,2008.

[55] ROSENDAL G K. The convention on biological diversity and developing countries[M]. Dordrecht:Springer Netherlands,2000.

[56] 秦天宝.中国履行《生物多样性公约》的过程及面临的挑战[J].武汉大学学报(哲学社会科学版),2021,74(1):95 – 107.

[57] 薛达元.《生物多样性公约》履约新进展[J].生物多样性,2017,25(11):1145 – 1146.

[58] 薛达元.《名古屋议定书》的主要内容及其潜在影响[J].生物多样性,2011,19(1): 113 – 119.

[59] KLOPPENBURG J R. First the seed:The political economy of plant biotechnology[M]. Madison:Univ of Wisconsin Press,2005.

[60] 张小勇,杨庆文.我国加入《粮食和农业植物遗传资源国际条约》的选择和建议[J]. 植物遗传资源学报,2019,20(5):1110 – 1117.

索　引